华东交通大学教材（专著）基金资助项目

 21 世纪高等院校电气工程与自动化规划教材

21 century institutions of higher learning materials of Electrical Engineering and Automation Planning

Microcontroller Principle and Application —Based on Keil C and Proteus

单片机原理及应用技术

——基于 Keil C 和 Proteus 仿真

邓胡滨 陈梅 周洁 黄德昌 编著

人民邮电出版社

北 京

图书在版编目（CIP）数据

单片机原理及应用技术：基于Keil C和Proteus仿真/
邓胡滨等编著. -- 北京：人民邮电出版社，2014.12（2023.1重印）
21世纪高等院校电气工程与自动化规划教材
ISBN 978-7-115-37499-8

Ⅰ. ①单… Ⅱ. ①邓… Ⅲ. ①单片微型计算机－高等
学校－教材 Ⅳ. ①TP368.1

中国版本图书馆CIP数据核字(2014)第302115号

内　容　提　要

本书选用的STC89C52单片机是51系列单片机的增强型，它完全兼容传统51系列单片机产品性能，具有在线编程、开发方便的特点。由于开发成本低，学生普遍使用该单片机进行开发。

本书详细介绍该单片机的片内所有资源，如：单片机的硬件基本结构、引脚功能、存储器结构、特殊功能寄存器功能以及并行 I/O 口的结构和特点、中断、定时/计数器、串行口，同时介绍了单片机最新版的集成开发环境 Keil μVision4 和集成开发工具 Proteus7 Professional 以及单片机两种开发语言（汇编和C51）。

本书由浅入深地介绍常用的片外资源以及单片机接口扩展方法，包括键盘、显示器、A/D 和 D/A 转换器，以及存储器扩展、串/并行接口扩展。串行接口以单总线、IIC 总线、SPI 总线为例，介绍用单片机软件模拟串行接口总线时序以及单片机扩展串行总线接口的具体应用实例。同时，综合实例还选用大学生竞赛获奖案例，贴近实际应用。全书每章都附有小结和习题，并免费提供电子课件。

本书内容丰富实用，层次清晰，叙述详尽，方便教学与自学，可作为高等院校电子信息工程、通信工程、电气自动化、自动控制、智能仪器仪表、电气工程、机电一体化、计算机科学与技术等专业单片机原理及应用课程教学教材，也可以作为全国大学生电子设计竞赛培训教材，以及工程技术人员进行单片机系统开发的参考书。

◆ 编　著　邓胡滨　陈　梅　周　洁　黄德昌
　　责任编辑　刘　博
　　责任印制　沈　蓉　彭志环

◆ 人民邮电出版社出版发行　　北京市丰台区成寿寺路 11 号
　　邮编　100164　电子邮件　315@ptpress.com.cn
　　网址　http://www.ptpress.com.cn
　　北京天宇星印刷厂印刷

◆ 开本：787×1092　1/16
　　印张：21.25　　　　　　　　2014 年 12 月第 1 版
　　字数：521 千字　　　　　　　2023 年 1 月北京第 8 次印刷

定价：45.00 元

读者服务热线：(010)81055256　印装质量热线：(010)81055316
反盗版热线：(010)81055315

本书选用 STC89C52 单片机，它以 MCS-51 为内核。选用该单片机最主要的原因是该单片机具有在系统可编程功能（ISP），无需专用编程器，可通过串口直接下载用户程序，便于开发，因此受到初学者特别是学生的青睐。同时，由于该单片机可有效减少系统开发时间，因此亦被一些开发人员所选用。

本书以让读者掌握单片机应用技能为目标，将先进的单片机仿真软件 Proteus 和 Keil μVision 引入到单片机课堂教学和实践教学中，并使之与现行教学大纲和实验大纲基本内容紧密融合。通过单片机仿真实验，在近似真实的应用环境下培养学生的单片机专业技能，不再受实验器材和实验学时的限制，并解决了以往基于电路实验箱教学验证性实验偏多所带来的学生难以得到足够的动手机会和教学实践效果不理想的问题。这种虚拟仿真平台便于学习者灵活、大胆地进行单片机电路设计、软件开发和系统调试的训练，能够极大程度地激发学生的学习兴趣，提高其学习效果。

本书作者为华东交通大学精品课程——单片机原理及应用课程负责人，因此，书中也融入了作者多年来从事单片机原理及应用课程教学工作以及科研工作的经验。

全书共分 13 章。

第 1 章将传统的 51 系列单片机与 STC 系列单片机进行了比较，指出了 STC 单片机的优势所在；并在此处还涉及了嵌入式系统的概念及相关知识。

第 2 章介绍了 STC89C52 单片机的集成开发环境 Keil μVision，并介绍了集成开发工具 Proteus7 Professional，这是本书的特色之处。

第 3 章既讲解了 51 单片机汇编语言又讲解了目前单片机设计中普遍采用的 C51 编程语言，并且特别指出 C51 语言与标准 C 的区别，即 C 语言在单片机设计中的注意点。

第 4 章针对 STC89C52 单片机的硬件结构进行详细说明，特别是 STC89C52 的存储器结构、I/O 端口、时钟复位方式和省电工作模式，指出了该单片机与传统 51 单片机的不同之处。

第 5 章介绍 STC89C52 单片机中断基本概念、常用中断术语、中断系统的结构图，中断源、中断优先级、中断响应和中断处理方法；并阐述传统单片机与 STC89C52 单片机在中断系统异同点，即传统单片机有 2 级中断优先级，STC89C52 有 4 级中断优先级以及 STC89C52 单片机中断系统优势。

第 6 章介绍 STC89C52 单片机定时/计数器 T0 和 T1 的组成、4 种工作方式、它们的电路结构模型以及各自的适合应用范围；由于其他教材对定时/计数器 T2 讲解内容不多甚至缺少，针对这一情况，增加了该部分内容，详细叙述定时/计数器 T2 的工作原理、3 种工作方式和 2 种工作模式以及定时器 T2 的应用实例。

第 7 章介绍了 STC89C52 单片机串行口的内部结构、串行口的 4 种工作方式以及 4 种工作方式下波特率的计算方法、串行口多机通信的工作原理及双机串行通信的软件编程。

第 8 章介绍了 STC89C52 单片机外部扩展数据存储器和程序存储器地址空间分配的方法和具体设计。

第 9 章介绍单片机 I/O 扩展方法，讲述应用广泛的单总线、SPI 总线、IIC 总线，还详细叙述其他教材没有涉及的单总线连接多个外设器件设计方法和软硬件设计方案。

第 10 章叙述 STC89C52 单片机应用系统的人机接口，配置输入外设和输出外设。常用的输入外设有键盘、BCD 键盘等，常用的输出外设有 LED 点阵、LED 数码管、LCD 显示器等，此处对这些设备都有详细介绍，这对单片机系统的应用具有指导意义。

第 11 章介绍了典型的 ADC、DAC 集成电路芯片，以及与 STC89C52 单片机的硬件接口设计及软件设计。

第 12 章通过介绍基于 STC89C52 单片机的智能交通灯、倒车雷达和万年历 3 个实例，阐述 STC 单片机的实际应用意义。

第 13 章分为基础实验部分和课程设计部分。基础实验包括硬件实验和软件实验两部分，针对每一章都有相应的实验内容来巩固所学知识，将理论联系实际，培养学习者动手、动脑学习习惯；课设部分内容进一步培养学习者单片机应用系统开发技术的技能和技巧。

全书绝大部分程序，均配有与此程序相对应的 Proteus 格式的电路原理图，打开原理图文件，单击"运行"按钮可以看到该示例程序的仿真运行情况。

为了方便教师备课和读者学习，本书提供配套教辅资料，内容除教学课件外，还包括各章 Proteus 单片机仿真电路、相应源程序和工程文件，单击课件中的 CAI 图标，即可打开相应的仿真电路。请登录人民邮电出版社教学服务与资源网（http://www.ptpedu.com.cn）免费下载。课程的讲授也不必完全拘泥于本书，教师可根据实际情况，对各章所讲授的内容进行取舍。

本书由邓胡滨拟订编写了本书大纲和目录。邓胡滨编写第 5 章、第 6 章、第 9 章、第 13 章，陈梅编写第 1 章、第 3 章、第 4 章，周洁编写第 7 章、第 8 章、第 11 章，黄德昌编写第 2 章、第 10 章、第 12 章、附录内容。华东交通大学甘岚教授、东华理工大学何月顺教授、华东交通大学信息工程学院 11 级通信卓越班的黄健、詹灵、周佳丽和林洪城，12 级通信卓越班的曾德平、沈文波、李振邦、王一帆，12 级通信班陈越亮等同学为本书的编写做了大量的工作，在此一并表示衷心的感谢。同时感谢华东交通大学信息工程学院领导给予的支持和鼓励，感谢华东交通大学教材著作出版基金委员会的基金资助。

由于时间仓促和水平有限，书中难免有疏漏和不足之处，敬请各位读者批评指正（请发邮件至 hubind66@aliyun.com）。

作 者
2014 年 9 月

目 录

第 1 章 绪论

计算机对人类社会的发展起到了极大的推动作用。然而，真正使计算机的应用深入到社会生活的各个方面，促使人类社会跨入计算机时代的，是微型计算机和单片微型计算机的产生和发展。

1.1 单片机概述

单片机就是在一片半导体硅片上集成了中央处理单元（CPU）、存储器（RAM、ROM）、输入/输出接口及外围设备（并行 I/O、串行 I/O、定时器/计数器、中断系统、系统时钟电路及系统总线等）的微型计算机。这样一块集成电路芯片具有一台微型计算机的属性，因而被称为单片微型计算机，简称单片机。在个人计算机上，这些部分被分成若干块芯片，安装在一个称之为主板的印制线路板上。在单片机中，这些部分全部被做到一块集成电路芯片中了，所以被称为单片机。

单片机使用时，通常是处于测控系统的核心地位并嵌入其中，国际上，通常把单片机称为嵌入式控制器（Embedded Micro Controller Unit，EMCU），或微控制器（Micro Controller Unit，MCU）。在我国，大部分工程技术人员还是习惯于使用"单片机"这一名称。

单片机体积小、成本低，由于单片机具有较高的性价比、良好的控制性能和灵活的嵌入特性，使单片机在各个领域都获得了极为广泛的应用，它可广泛地嵌入到工业控制单元、机器人、智能仪器仪表、汽车电子系统、武器系统、家用电器、办公自动化设备、金融电子系统、玩具、个人信息终端及通信产品中。

单片机是计算机技术发展史上的一个重要里程碑，标志着计算机正式形成了通用计算机系统和嵌入式计算机系统两大分支。

单片机按照其用途可分为通用型和专用型两大类。

通用型单片机就是其内部可开发的资源（如存储器、I/O 等各种外围功能部件等）可以全部提供给用户。用户根据需要，设计一个以通用单片机芯片为核心，配以外围接口电路及其他外围设备，并编写相应的软件来满足各种不同需要的测控系统。通常所说的和本书介绍的单片机均是指通用型单片机。

专用型单片机是专门针对某些产品的特定用途而制作的单片机。例如，各种家用电器中的控制器等。由于用于特定用途，单片机芯片制造商常与产品厂家合作，设计和生产专用的单片机芯片。由于在设计中已经对专用型单片机系统结构的最简化、可靠性和成本的最优化等方面都做了全面的综合考虑，所以专用型单片机具有十分明显的综合优势。

无论专用单片机在用途上有多么"专"，其基本结构和工作原理都是以通用单片机为基础的。

1.2 单片机的发展历史及趋势

1970 年微型计算机研制成功后，随后就出现了单片机。因工艺限制，单片机采用双片的形式而且功能比较简单。Intel 公司 1971 年推出了 4 位单片机 4004，1972 年推出了雏形 8 位单片机 8008；1974 年仙童公司推出了 8 位的 F8 单片机。1976 年 Intel 公司推出 MCS-48 单片机以后，单片机的发展和其相关的技术经历了数次的更新换代，其发展速度要三四年更新一代、集成度增加一倍、功能翻一番。

尽管单片机出现的历史并不长，按其处理的二进制位数不同，主要可分为：4 位单片机、8 位单片机、16 位单片机和 32 位单片机。但以 8 位单片机的推出为起点，单片机的发展史大致分为 4 个阶段。

第一阶段（1976 年—1978 年）：初级单片机阶段。以 1976 年 Intel 公司推出的 MCS-48 为代表。这个系列的单片机内集成有 8 位 CPU、I/O 接口、8 位定时器/计数器，寻址范围不大于 4 KB，具有简单的中断功能，无串行接口。

第二阶段（1978 年—1982 年）：单片机完善阶段。在这一阶段推出的单片机其功能有较大的加强，能够应用于更多的场合。这个阶段的单片机普遍带有串行 I/O 口、有多级中断处理系统、16 位定时器/计数器，片内集成的 RAM、ROM 容量加大，寻址范围可达 64 KB，一些单片机片内还集成了 A/D 转换接口。这类单片机的典型代表有 Intel 公司的 MCS-51、Motorola 公司的 6801 和 Zilog 公司的 Z8 等。

第三阶段（1982 年—1992 年）：8 位单片机巩固发展及 16 位高级单片机发展阶段。在此阶段，尽管 8 位单片机的应用已广泛普及，但为了更好地满足测控系统嵌入式应用的要求，单片机集成的外围接口电路有了更大的扩充。这个阶段单片机的代表为 8051 系列。许多半导体公司和生产厂以 MCS-51 的 8051 为内核，推出了满足各种嵌入式应用的多种类型和型号的单片机。其主要技术发展有：

① 外围功能集成：满足模拟量直接输入的 ADC 接口；满足伺服驱动输出的 PWM；保证程序可靠运行的程序监控定时器 WDT（俗称看门狗电路）。

② 出现了为满足串行外围扩展要求的串行扩展总线和接口，如 SPI、I^2C、1-Wire 单总线等。

③ 出现了为满足分布式系统，突出控制功能的现场总线接口，如 CAN Bus 等。

④ 在程序存储器方面广泛使用了片内程序存储器技术，出现了片内集成 EPROM、E^2PROM、Flash ROM 以及 Mask ROM、OTP ROM 等各种类型的单片机，以满足不同产品的开发和生产的需要，也为最终取消外部程序存储器扩展奠定了良好的基础。

与此同时，一些公司面向更高层次的应用，发展推出了 16 位的单片机，典型代表有 Intel 公司的 MCS-96 系列的单片机。

第四阶段（1993 年至今）：百花齐放阶段。现阶段单片机发展的显著特点是百花齐放、技术创新，以满足日益增长的广泛需求，主要包括以下方面：

① 推出适应不同领域需求的单片机系列。单片嵌入式系统的应用是面对最底层的电子技

术应用，从简单的玩具、小家电到复杂的工业控制系统、智能仪表、电器控制，以及机器人、个人通信信息终端、机顶盒等。因此，面对不同的应用对象，应不断推出适合不同领域要求的、从简单功能到多功能、全功能的单片机系列。

② 大力发展专用型单片机。早期的单片机是以通用型为主的，随着单片机设计生产技术的提高，其周期缩短、成本下降。同时，许多特定类型电子产品（如家电类产品）的巨大的市场需求，也推动了专用型单片机的发展。在这类产品中采用专用型单片机，具有成本低、系统外围电路少、可靠性高、可有效利用资源的优点。因此专用单片机也是单片机发展的一个主要方向。

③ 致力于提高单片机的综合品质。采用更先进的技术来提高单片机的综合品质，如提高 I/O 口的驱动能力、增加抗静电和抗干扰措施、宽（低）电压低功耗等。

综观单片机 40 多年的发展过程，预计其今后的发展趋势主要体现在以下几方面：

（1）CPU 的改进。

增加单片机的 CPU 数据总线宽度。例如，各种 16 位单片机和 32 位单片机，数据处理能力要优于 8 位单片机。另外，8 位单片机内部采用 16 位数据总线，其数据处理能力明显优于一般 8 位单片机。另外，采用双 CPU 结构，可以提高数据处理能力。

（2）存储器的发展。

一方面，片内程序存储器普遍采用闪速（Flash）存储器，可不用外扩程序存储器，简化了系统结构。另一方面，应加大片内存储容量，目前有的单片机片内程序存储器容量可达 128 KB 甚至更多。

（3）片内 I/O 的改进。

有的单片机增加并行口驱动能力，以减少外部驱动芯片；有的单片机可以直接输出大电流和高电压，以便能直接驱动 LED 和 VFD（荧光显示器）；有的单片机设置一些特殊的串行 I/O 功能，为构成分布式、网络化系统提供方便条件。

（4）低功耗化。

使单片机 CMOS 化，配置有等待状态、睡眠状态、关闭状态等工作方式可以降低功耗，消耗电流仅在 μA 或 nA 量级，因此可适用于电池供电的便携式、手持式的仪器仪表以及其他消费类电子产品。

（5）外围电路内装化。

单片机系统的单片化是目前发展趋势之一，即众多外围电路全部装入片内。例如，美国 Cygnal 公司的 C8051F020 这款 8 位单片机，内部采用流水线结构，大部分指令的完成时间为 1 或 2 个时钟周期，峰值处理能力为 25 MIPS，片上集成有 8 通道 A/D、两路 D/A、两路电压比较器、内置温度传感器、定时器、可编程数字交叉开关和 64 个通用 I/O 口、电源监测、看门狗、多种类型的串行接口（两个 UART、SPI）等，一片芯片就是一个"测控"系统。

综上所述，单片机正朝着多功能、高性能、高速度、大容量、低功耗、低价格和外围电路内装化的方向发展。

1.3 单片机的特点及应用

单片机是集成电路技术与微型计算机技术高速发展的产物，其体积小、价格低、应用方便、稳定可靠，因此给工业自动化等领域带来了重大变革和技术进步。

单片机因其体积小，可很容易地嵌入到系统之中，实现各种方式的检测、计算或控制，而一般的微型计算机很难做到。由于单片机本身就是一个微型计算机，因此只要在单片机的外部适当增加一些必要的外围扩展电路，就可以灵活地构成各种应用系统，如工业自动检测监视系统、数据采集系统、自动控制系统、智能仪器仪表等。

单片机之所以能被广泛应用，主要是因为其具有以下特点。

（1）功能较齐全，抗干扰能力很强，应用可靠。

（2）简单易学，使用方便，易于普及。单片机技术是一门较易掌握的技术，其应用系统设计、组装、调试已是一件容易的事情，工程技术人员通过学习可很快掌握相关知识。

（3）发展迅速，前景广阔。短短几十年，单片机经过 4 位机、8 位机、16 位机、32 位机等几大发展阶段。尤其随着形式多样、集成度高、功能日臻完善的单片机不断问世，使单片机在工业控制及工业自动化领域获得长足发展和大量应用。目前，单片机内部结构愈加完美，配套的外围功能部件越来越完善，这为单片机应用系统向更高层次和更大规模发展奠定了坚实的基础。

（4）嵌入容易，用途广泛。在单片机出现以后，电路的组成和控制方式都发生了很大变化，因为单片机具有体积小、性价比高、应用灵活性强等特点，使得完成一套测控系统不再需要大量的分立元件，简化了线路的复杂性，提高了电路的可靠性，并且测控功能的绝大部分都已经由单片机的软件程序实现，因此在嵌入式微控制系统中单片机具有十分重要的地位。

因此，以单片机为核心的嵌入式控制系统在下述的各个领域得到了广泛的应用。

（1）工业检测与控制。

在工业领域，单片机的主要应用有：工业过程控制、智能控制、设备控制、数据采集和传输、测试、测量、监控等。在工业自动化领域，机电一体化技术将发挥越来越重要的作用，在这种集机械、微电子和计算机技术为一体的综合技术（如机器人技术）中，单片机发挥着非常重要的作用。

（2）仪器仪表。

目前对仪器仪表的自动化和智能化要求越来越高。单片机的使用有助于提高仪器仪表的精度和准确度，简化结构，减小体积且易于携带和使用，加速仪器仪表向数字化、智能化、多功能化方向发展。

（3）消费类电子产品。

单片机在家用电器中的应用也已经是非常普及。目前，家电产品的一个重要发展趋势是不断提高其智能化程度。例如，洗衣机、电冰箱、空调机、电风扇、电视机、微波炉、加湿器、消毒柜等，在这些设备中嵌入了单片机后，功能和性能大大提高，并实现了智能化、最优化控制。

（4）通信。

在调制解调器、各类手机、传真机、程控电话交换机、信息网络及各种通信设备中，单片机也已经得到广泛应用。

（5）武器装备。

在现代化的武器装备中，如飞机、军舰、坦克、导弹、鱼雷制导、智能武器装备、航天飞机导航系统，都有单片机嵌入其中。

（6）各种终端及计算机外部设备。

计算机网络终端（如银行终端）以及计算机外部设备（如打印机、硬盘驱动器、绘图机、传真机、复印机等）中都使用了单片机作为控制器。

（7）汽车电子设备。

单片机已经广泛地应用在各种汽车电子设备中，如汽车安全系统、汽车信息系统、智能自动驾驶系统、卫星汽车导航系统、汽车紧急请求服务系统、汽车防撞监控系统、汽车自动诊断系统以及汽车黑匣子等。

（8）分布式多机系统。

在比较复杂的多节点测控系统中，常采用分布式多机系统。它一般由若干台功能各异的单片机组成，各自完成特定的任务，它们通过串行通信相互联系、协调工作。在这种系统中，单片机往往作为一个终端机，安装在系统的某些节点上，对现场信息进行实时测量和控制。

综上所述，从工业自动化、自动控制、智能仪器仪表、消费类电子产品等领域，到国防尖端技术领域，单片机都发挥着十分重要的作用。

1.4 MCS-51 系列与 STC 系列单片机

20 世纪 80 年代以来，单片机发展迅速，世界一些著名厂商投放市场的产品就有几十个系列，数百个品种，比如 Intel 公司的 MCS-48、MCS-51，Motorola 公司的 6801、6802，Zilog 公司的 Z8 系列，Rockwell 公司的 6501、6502 等。此外，荷兰的 Philips 公司、日本的 NEC 公司、日立公司等也相继推出了各自的产品。

尽管机型很多，但是在 20 世纪 80 年代以及 90 年代，在我国使用最多的 8 位单片机还是 Intel 公司的 MCS-51 系列单片机以及与其兼容的单片机（都被称为 51 系列单片机）。

1.4.1 MCS-51 系列单片机

MCS 是 Intel 公司单片机的系列符号，如 MCS-48、MCS-51、MCS-96 系列单片机。MCS-51 系列是在 MCS-48 系列基础上于 20 世纪 80 年代初发展起来的，是最早进入我国，并在我国得到广泛应用的单片机主流品种。

MCS-51 系列单片机主要包括：基本型 8031/8051/8751（对应的低功耗型为 80C31/80C51/87C51）和增强型 8032/8052/8752。它们都是 8 位单片机，兼容性强、性价比高，且软硬件应用设计资料丰富，已被我国广大技术人员熟悉和掌握。在 20 世纪 80 年代—90 年代，MCS-51 系列是在我国应用最为广泛的单片机机型之一。

MCS-51 系列品种丰富，经常使用的是基本型和增强型。

（1）基本型的典型产品：8031/8051/8751。

8031 内部包括 1 个 8 位 CPU、128 B RAM、21 个特殊功能寄存器（SFR）、4 个 8 位并行 I/O 口、1 个全双工串行口、2 个 16 位定时器/计数器、5 个中断源，但片内无程序存储器，需外扩程序存储器芯片。

8051 是在 8031 的基础上在片内集成 4 KB ROM 作为程序存储器，所以 8051 是一个程序不超过 4 KB 的小系统。其 ROM 内的程序是公司制作芯片时为用户烧制的，主要用在程序已定制好且大批量生产的单片机产品中。

8751 与 8051 相比，片内集成的 4 KB EPROM 取代了 8051 的 4 KB ROM 来作为程序存储器。8031 外扩一个 4 KB 的 EPROM 就相当于 8751。

（2）增强型的典型产品：8032/8052/8752。

它们是 Intel 公司在 3 种基本型产品的基础上推出的 52 子系列，其内部 RAM 增到 256 B。另外，8052、8752 的片内程序存储器扩展到 8 KB，增强型产品的 16 位定时器/计数器也均增至 3 个，中断源增至 6 个，串行口通信速率提高了 5 倍。

基本型和增强型的 MCS-51 系列单片机片内的基本硬件资源如表 1-1 所示。

表 1-1　　　　　　基本型和增强型的 MCS-51 系列单片机片内的基本硬件资源

	型号	片内程序存储器	片内数据存储器（B）	I/O 口线（位）	定时器/计数器（个）	中断源个数（个）
基本型	8031	无	128	32	2	5
	8051	4KB ROM	128	32	2	5
	8751	4KB EPROM	128	32	2	5
增强型	8032	无	256	32	3	6
	8052	8KB ROM	256	32	3	6
	8752	8KB EPROM	256	32	3	6

1.4.2　STC 系列单片机

STC 系列单片机是深圳宏晶科技公司研发的基于 8051 内核的新一代增强型单片机，指令代码完全兼容传统 8051 单片机。相比传统的 8051 内核单片机，STC 系列单片机在片内资源、性能以及工作速度上都有很大的改进，有全球唯一的 ID 号，加密性好，抗干扰强。尤其采用了基于 Flash 的在线系统编程（ISP）技术，使得单片机应用系统的开发变得简单，无需仿真器或专用编程器就可进行单片机应用系统的开发，同时也便于单片机的学习。

STC 单片机产品系列化、种类多，现有超过百种的单片机产品，能满足不同单片机应用系统的控制需求。按照工作速度与片内资源配置的不同，STC 系列单片机有若干个系列产品。如按照工作速度可分为 12T/6T 和 1T 系列，其中 12T/6T 系列产品指一个机器周期可设置 12 个时钟或 6 个时钟，包括 STC89 和 STC90 两个系列；而 1T 系列产品是指一个机器周期仅为 1 个时钟，包括 STC11/10 系列和 STC12/15 等系列。

STC89、STC90 和 STC11/10 系列属于基本配置，而 STC12/15 系列产品则相应地增加了 PWM、A/D 和 SPI 等接口模块。在每个系列中包含若干个产品，其差异主要是片内资源数量上的差异。

在进行产品设计选型时，应根据控制系统的实际需求，选择合适的单片机，即单片机内部资源要尽可能地满足控制系统要求，且要减少外部接口电路，同时，选择片内资源时应遵循够用原则，以保证单片机应用系统具有最高的性价比和可靠性。

1.5　其他常见系列单片机

1.5.1　AT89 系列单片机

20 世纪 80 年代中期以后，Intel 精力集中在高档 CPU 芯片的开发、研制上，淡出单片机芯片的开发和生产。MCS-51 系列设计上的成功，以及较高的市场占有率，已成为许多厂家、电气公司竞相选用的对象。

Intel 公司以专利形式把 8051 内核技术转让给 Atmel、Philips、Cygnal、Analog、LG、ADI、

Maxim、Dallas 等公司,他们生产的兼容机与 8051 兼容,采用 CMOS 工艺,因而常用 80C51 系列单片机来统称所有这些具有 8051 指令系统的单片机,这些兼容机的各种衍生品种又称为 51 系列单片机或简称为 51 单片机。若在 8051 的基础上又增加一些功能模块,则被称为增强型或扩展型子系列单片机。

在众多的衍生机型中,Atmel 公司的 AT89C5x/AT89S5x 系列,尤其是 AT89C51/AT89S51 和 AT89C52/AT89S52 在 8 位单片机市场中占有较大的市场份额。Atmel 公司 1994 年以 E^2PROM 技术与 Intel 公司的 80C51 内核的使用权进行交换。Atmel 公司的技术优势是闪速(Flash)存储器技术,将 Flash 技术与 80C51 内核相结合,形成了片内带有 Flash 存储器的 AT89C5x/AT89S5x 系列单片机。

AT89C5x/AT89S5x 系列与 MCS-51 系列在原有功能、引脚以及指令系统方面完全兼容。此外,某些品种又增加了一些新的功能,如看门狗定时器 WDT、ISP(在系统编程也称在线编程)及 SPI 串行接口技术等。片内 Flash 存储器允许在线(+5 V)电擦除、电写入或使用编程器对其重复编程。另外,AT89C5x/AT89S5x 单片机还支持由软件选择的两种节电工作方式,非常适于低功耗的场合。与 MCS-51 系列的 87C51 单片机相比,AT89C51/AT89S51 单片机片内的 4 KB Flash 存储器取代了 87C51 片内的 4 KB EPROM。AT89S51 片内的 Flash 存储器可在线编程或使用编程器重复编程,且价格较低。

AT89S5x 的 S 档系列机型是 Atmel 公司继 AT89C5x 系列之后推出的新机型,代表性产品为 AT89S51 和 AT89S52。基本型的 AT89C51 与 AT89S51 以及增强型的 AT89C52 与 AT89S52 的硬件结构和指令系统完全相同。

使用 AT89C51 的系统,在保留原来软硬件的条件下,完全可以用 AT89S51 直接代换。与 AT89C5x 系列相比,AT89S5x 系列的时钟频率以及运算速度有了较大的提高,例如,AT89C51 工作频率的上限为 24 MHz,而 AT89S51 则为 33 MHz。AT89S51 片内集成有双数据指针 DPTR、看门狗定时器,具有低功耗空闲工作方式和掉电工作方式。目前,AT89S5x 系列已逐渐取代 AT89C5x 系列。

在我国,除 8 位单片机得到广泛应用外,16 位单片机也受到了广大用户的青睐,例如,美国 TI 公司的 16 位单片机 MSP430 和台湾的凌阳 16 位单片机。本身带有 A/D 转换器,一片芯片就构成了一个数据采集系统,这使得其设计使用起来非常方便。尽管如此,16 位单片机还远远没有 8 位单片机应用得那样广泛和普及,因为目前的主要应用中,8 位单片机的性能已能够满足大部分的实际需求,而且 8 位单片机的性格比也较高。

在众多厂家生产的各种不同的 8 位单片机中,与 MCS-51 系列单片机兼容的各种 51 单片机,目前仍然是 8 位单片机的主流品种,若干年内仍是自动化、机电一体化、仪器仪表、工业检测控制应用的主角。

1.5.2 AVR 系列单片机

除了 51 单片机外,目前某些非 51 单片机也得到了较为广泛的应用,目前应用较广泛的是 AVR 系列与 PIC 系列单片机,它们博采众长,具独特技术,受到广大设计工程师的关注。

AVR 系列是 1997 年 Atmel 公司挪威设计中心的 Alf-Egil Bogen 与 Vegard Wollan 共同研发出的精简指令集(Reduced Instruction Set Computer,RISC)的高速 8 位单片机,简称 AVR。

AVR 系列单片机的特点如下:

（1）高速、高可靠性、功能强、低功耗和低价位。

早期单片机采取稳妥方案，即采用较高的分频系数对时钟分频，使指令周期长，执行速度慢。之后的单片机虽采用提高时钟频率和缩小分频系数等措施，但这种状态并未被彻底改观（例如 51 单片机）。虽有某些精简指令集单片机问世，但依旧沿袭对时钟分频的作法。

AVR 单片机的推出，彻底打破这种旧设计格局，废除了机器周期，抛弃复杂指令计算机（CISC）追求指令完备的做法。采用精简指令集，以字作为指令长度单位，将操作数与操作码安排在一个字中，指令长度固定，指令格式与种类相对较少，寻址方式也相对较少。且绝大部分指令都为单周期指令，取指周期短，又可预取指令，可实现流水作业，故可高速执行指令。当然这种"高速度"是以高可靠性来保障的。

（2）采用片内 Flash 存储器给用户的开发带来方便。

AVR 单片机片内大容量的 RAM 不仅能满足一般场合的使用要求，同时也更有效地支持使用高级语言开发系统程序，并可像 MCS-51 单片机那样扩展外部 RAM。

（3）丰富的片内外设。

AVR 单片机片内具有定时器/计数器、看门狗电路、低电压检测电路 BOD、多个复位源（自动上/下电复位、外部复位、看门狗复位、BOD 复位），可设置的启动后延时运行程序增强了单片机应用系统的可靠性。其片内还有多种串口，如通用的异步串行口（UART）、面向字节的高速硬件串行接口 TWI（与 I²C 接口兼容）、SPI。此外，还有 ADC、PWM 等部件。

（4）I/O 口功能强、驱动能力大。

AVR 的工业级产品，具有大电流（最大可达 40 mA），驱动能力强，省去了功率驱动器件，可直接驱动固态继电器（SSR）或可控硅继电器。

AVR 单片机的 I/O 口能正确反映 I/O 口输入/输出的真实情况。I/O 口的输入可设定为三态高阻抗输入或带上拉电阻输入，以便于满足各种多功能 I/O 口应用的需要，具备 10~20 mA 灌电流的能力。

（5）低功耗。

AVR 单片机具有省电功能（Power Down）及休眠功能（Idle）的低功耗的工作方式。一般耗电在 1~2.5 mA；典型功耗为 WDT 关闭时 100 nA，更适用于电池供电。有的器件最低 1.8 V 即可工作。

（6）支持程序的在系统编程（In System Program，ISP）即在线编程，开发门槛较低。

只需一条 ISP 并口下载线，就可以把程序写入 AVR 单片机，所以使用 AVR 门槛低、花钱少。其中 ATmega 系列还支持在线应用编程（IAP，可在线升级或销毁应用程序）。

（7）程序保密性好。

AVR 单片机具有不可破解的位加密锁（Lock Bit）技术，且具有多重密码保护锁死（Lock）功能，使得用户编写的应用程序不被读出。

AVR 单片机系列齐全，有 3 个档次，可满足不同用户的各种要求：

低档 Tiny 系列：Tiny11/12/13/15/26/28 等；

中档 AT90S 系列：AT90S1200/2313/8515/8535 等；

高档 ATmega 系列：ATmega8/16/32/64/128（存储容量为 8/16/32/64/128 KB）以及 ATmega8515/8535 等。

1.5.3 PIC 系列单片机

美国 Microchip 公司的产品。特性如下：

（1）最大的特点是从实际出发，重视性价比，已经开发出多种型号来满足应用需求。

PIC 系列从低到高有几十个型号，在满足用户的需求的前提下，可保证产品最高的性价比。例如，一个摩托车的点火器需要一个 I/O 较少、RAM 及程序存储空间不大、可靠性较高的小型单片机，若用 40 引脚功能强大的单片机，投资大，使用也不方便。PIC12C508 单片机仅有 8 个引脚，是世界最小的单片机，具有 512 B ROM、25 B RAM、一个 8 位定时器、一根输入线、5 根 I/O 线，价格非常便宜，用在摩托车点火器非常适合。而 PIC 的高档型，如 PIC16C74（尚不是最高档型号）有 40 个引脚，其内部资源为 ROM 共 4 KB、192 B RAM、8 路 A/D、3 个 8 位定时器、2 个 CCP 模块、3 个串行口、1 个并行口、11 个中断源、33 个 I/O 脚，可以和其他品牌的高档型号媲美。

（2）精简指令集使执行效率大为提高。

PIC 系列 8 位单片机采用精简指令集（RISC），及数据总线和指令总线分离的哈佛总线（Harvard）结构，指令单字长，且允许指令代码的位数可多于 8 位的数据位数，这与传统的采用复杂指令结构（CISC）结构的 8 位单片机相比，可以达到 2∶1 的代码压缩，速度提高 4 倍。

（3）优越的开发环境。

51 单片机的开发系统大都采用高档型号仿真低档型号，实时性不理想。PIC 推出一款新型号单片机的同时推出相应的仿真芯片，所有的开发系统由专用的仿真芯片支持，实时性非常好。

（4）其引脚具有防瞬态能力，通过限流电阻可以接至 220 V 交流电源，可直接与继电器控制电路相连，无须光电耦合器隔离，给应用带来极大方便。

（5）保密性好。

PIC 以保密熔丝来保护代码，用户在烧入代码后熔断熔丝，别人再也无法读出，除非恢复熔丝。目前，PIC 采用熔丝深埋工艺，恢复熔丝的可能性极小。

（6）片内集成了看门狗定时器，可以用来提高程序运行的可靠性。

（7）设有休眠和省电工作方式。可大大降低系统功耗并可采用电池供电。

PIC 单片机分低档型、中档型和高档型：

低档 8 位单片机：PIC12C5XXX / 16C5X 系列。

中档 8 位单片机：PIC12C6XX/PIC16CXXX 系列。

高档 8 位单片机：PIC17CXX 系列。

1.6 嵌入式系统定义及组成

1.6.1 嵌入式系统定义

由美国普林斯顿大学电子工程系教授 WayneWolf 编著被称为嵌入式系统设计的第一本教科书《嵌入式计算系统设计原理》一书中指出："不严格地说，它是任意包含一个可编程计算机的设备，但这个设备不是作为通用计算机而设计的。因此，一台个人计算机并不能称之为嵌入式计算系统……但是，一台包含了微处理器的传真机或时钟就可以算是一种嵌入式计算系统。"

IEEE（国际电气和电子工程师协会）对嵌入式系统的定义："用于控制、监视或者辅助操作机器和设备的装置"（原文为：Devices used to control, monitor or assist the operation of equipment, machinery or plants）。

根据英国电器工程师协会（U.K. Institution of Electrical Engineer）的定义，嵌入式系统为控制、监视或辅助设备、机器或用于工厂运作的设备。

国内普遍认同的嵌入式系统定义为：以应用为中心，以计算机技术为基础，软硬件可裁剪，适应应用系统对功能、可靠性、成本、体积、功耗等严格要求的专用计算机系统。

嵌入式系统（Embedded System），是一种"完全嵌入受控器件内部、为特定应用而设计的专用计算机系统"，与个人计算机这样的通用计算机系统不同，嵌入式系统通常执行的是带有特定要求的预先定义的任务。由于嵌入式系统只针对一项特殊的任务，设计人员能够对它进行优化，减小尺寸，降低成本。由于嵌入式系统通常大批量生产，所以若节约单个系统成本，总成本会大大降低。

嵌入式系统是面向用户、面向产品、面向应用的，它必须与具体应用相结合才会具有生命力、才更具有优势。因此可以这样理解上述三个面向的含义，即嵌入式系统是与应用紧密结合的，它具有很强的专用性，必须结合实际系统需求进行合理的裁减利用。

1.6.2 嵌入式系统组成

一个嵌入式系统装置一般都由嵌入式计算机系统和执行装置组成，如图 1-1 所示。

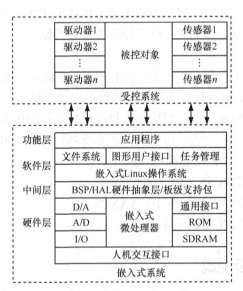

图 1-1　嵌入式系统典型组成

执行装置由传感器、驱动器和被控对象组成，它可以接收嵌入式计算机系统发出的控制命令，执行所规定的操作或任务。执行装置可以很简单，如手机上的一个微小型的电机，当手机处于振动接收状态时打开；也可以很复杂，如 Sony 智能机器狗，上面集成了多个微小型控制电机和多种传感器，从而可以执行各种复杂的动作和感受各种状态信息。

嵌入式计算机系统才是整个嵌入式系统的核心，由硬件层、中间层、系统软件层和应用功能层组成。下面对嵌入式计算机系统的组成进行介绍。

（1）硬件层中包含嵌入式微处理器、存储器（SDRAM、ROM、Flash 等）、通用设备接口和 I/O 接口（A/D、D/A、I/O 等）。在一片嵌入式处理器基础上添加电源电路、时钟电路和存储器电路，就构成了一个嵌入式核心控制模块。其中操作系统和应用程序都可以固化在 ROM 中。

（2）硬件层与软件层之间为中间层，也称为硬件抽象层（Hardware Abstract Layer，HAL）或板级支持包（Board Support Package，BSP），它将系统上层软件与底层硬件分离开来，使系统的底层驱动程序与硬件无关，上层软件开发人员无需关心底层硬件的具体情况，根据 BSP 层提供的接口即可进行开发。该层一般包含相关底层硬件的初始化、数据的输入/输出操作和硬件设备的配置功能。BSP 具有以下两个特点。

硬件相关性：因为嵌入式实时系统的硬件环境具有应用相关性，而作为上层软件与硬件平台之间的接口，BSP 需要为操作系统提供操作和控制具体硬件的方法。

操作系统相关性：不同的操作系统具有各自的软件层次结构，因此，不同的操作系统具有特定的硬件接口形式。

实际上，BSP 是一个介于操作系统和底层硬件之间的软件层次，包括了系统中大部分与硬件联系紧密的软件模块。设计一个完整的 BSP 需要完成两部分工作：嵌入式系统的硬件初始化以及 BSP 功能、设计硬件相关的设备驱动。

（3）系统软件层由实时多任务操作系统（Real-time Operation System，RTOS）、文件系统、图形用户接口（Graphic User Interface，GUI）、网络系统及通用组件模块组成。RTOS 是嵌入式应用软件的基础和开发平台。

（4）应用功能层由应用程序检测传感器的信号，计算并通过驱动器实现对被控对象的控制，根据需要提供友好的人机界面。传感器和驱动器根据具体需求可以有不同的选择。

嵌入式系统的核心是由一个或几个预先编程好以用来执行少数几项任务的微处理器或者单片机组成。与通用计算机能够运行用户选择的软件不同，嵌入式系统上的软件通常是暂时不变的，所以经常称为"固件"。

嵌入式系统必须根据应用需求对软硬件进行裁剪，满足应用系统的功能、可靠性、成本、体积等要求。所以，如果能建立相对通用的软硬件基础，然后在其上开发出适应各种需要的系统，是一个比较好的发展模式。目前的嵌入式系统的核心往往是一个只有几 K 到几十 K 微内核，需要根据实际的使用进行功能扩展或者裁减，但是由于微内核的存在，使得这种扩展能够非常顺利的进行。

嵌入式系统是将先进的计算机技术、半导体技术和电子技术和各个行业的具体应用相结合后的产物，这一点就决定了它必然是一个技术密集、资金密集、高度分散、不断创新的知识集成系统。所以，介入嵌入式系统行业，必须有一个正确的定位。例如 Palm 之所以在 PDA 领域占有 70%以上的市场，就是因为其立足于个人电子消费品，着重发展图形界面和多任务管理；而风河（Wind River）的 VxWorks 之所以在火星车上得以应用，则是因为其高实时性和高可靠性。

实际上，嵌入式系统本身是一个外延极广的名词，凡是与产品结合在一起的具有嵌入式特点的控制系统都可以称为嵌入式系统，而且有时很难以给它下一个准确的定义。现在人们讲嵌入式系统时，某种程度上指近些年比较热的具有操作系统的嵌入式系统。

1.7 常见的各类嵌入式处理器

随着集成电路技术及电子技术的飞速发展，各种体系结构的处理器品种繁多，且都嵌入到系统中实现数据处理、数据传输和控制功能，各类嵌入式处理器为核心的嵌入式系统的应用，是当今电子信息技术应用的一大热点。

具有各种不同体系结构的处理器，构成了嵌入式处理器家族，是嵌入式系统的核心。全世界嵌入式处理器的品种总量已经超过 1000 种，按体系结构主要分为如下几类：嵌入式微控制器（单片机）、嵌入式数字信号处理器（DSP）、嵌入式微处理器以及片上系统（SOC）等。

1.7.1 嵌入式微控制器

嵌入式微控制器也可称为单片机，用于测控目的的计算机小系统集成到一块芯片中。一般以某一种微处理器内核为核心，片内集成 ROM/EPROM、RAM、总线及总线控制逻辑、定时/计数器、WatchDog、I/O、串行口、脉宽调制输出、A/D、D/A、Flash 存储器等各种必要的功能部件和外设。

一个系列的单片机具有多种衍生产品，每种衍生产品的处理器内核都是一样的，不同的是存储器和外设的配置及封装，使单片机与需求相匹配，减少功耗和成本。

单片机最大特点是单片化，价廉，功耗和成本下降、可靠性提高，是目前嵌入式系统工业的主流。

1.7.2 嵌入式数字信号处理器

数字信号处理器（DSP，Digital Signal Processor），非常擅长于高速实现各种数字信号处理运算（如数字滤波、FFT、频谱分析等）。由于硬件结构和指令的特殊设计，使其能够高速完成各种数字信号处理算法。

1981 年，TI 公司研制出 TMS320 系列的首片低成本、高性能 DSP 处理器芯片，使 DSP 技术向前跨出意义重大的一步。

20 世纪 90 年代，由于无线通信、各种网络通信、多媒体技术的普及和应用，及高清晰度数字电视的研究，极大地推动了 DSP 在工程上的应用，DSP 大量进入嵌入式领域。推动 DSP 快速发展的是嵌入式系统的智能化，例如各种带有智能逻辑的消费类产品、生物信息识别终端、实时语音压解系统、数字图像处理等。这类智能化算法一般运算量较大，特别是向量运算、指针线性寻址等较多，而这些正是 DSP 的长处所在。

但在一些实时性要求很高的场合，单片 DSP 的处理能力还是不能满足要求。因此，又研制出了多总线、多流水线和并行处理的包含多个 DSP 处理器的芯片，大大提高了系统的性能。

与单片机相比，DSP 的高速运算能力、多总线、所处理算法的复杂度和大数据处理流量是单片机不可企及的。DSP 的主要厂商有美国 TI、ADI、Motorola、Zilog 等公司。TI 公司位居榜首，占全球 DSP 市场份额的 60%左右。DSP 代表性的产品是 TI 公司的 TMS320 系列。TMS320 系列处理器包括用于工业控制领域的 C2000 系列、移动通信的 C5000 系列，以及应用在通信和数字图像处理的 C6000 系列等。

今天，随着全球信息化和 Internet 的普及，多媒体技术的广泛应用，尖端技术向民用领域迅速转移，数字技术大范围进入消费类电子产品，这些使 DSP 不断更新换代，性能指标不断提高，价格不断下降，已成为新兴科技，包括通信、多媒体系统、消费电子、医用电子等飞速发展的推动力量。据国际著名市场调查研究公司 Forward Concepts 发布的一份统计和预测报告显示，目前世界 DSP 产品市场每年正以 30％的增幅大幅度增长，是目前最有发展和应用前景的嵌入式处理器之一。

1.7.3 嵌入式微处理器

嵌入式微处理器（Embedded Micro Processor Unit，EMPU）的基础是通用计算机中的 CPU。与单片机相比，单片机本身（或稍加扩展）就是一个小的计算机系统，可独立运行，具有完整的功能。而嵌入式微处理器仅仅相当于单片机中的 CPU。

在应用设计中，将嵌入式微处理器装配在专门设计的电路板上，只保留和嵌入式应用有关的母板功能，可大幅减小系统体积和功耗。为满足嵌入式应用的特殊要求，嵌入式微处理器虽然在功能上与标准微处理器基本是一样的，但在工作温度、抗电磁干扰、可靠性等方面一般都做了各种增强。

嵌入式微处理器代表性产品为 ARM 系列，ARM 是 Advanced RISC Machines 的缩写，其中 RISC 是精简指令集计算机的缩写。同时 ARM 也是设计 ARM 处理器的美国公司的简称。ARM 家族主要有 5 个产品系列：ARM7、ARM9、ARM9E、ARM10 和 SecurCore。

以 ARM7 为例说明嵌入式微处理器基本性能。

嵌入式处理器的地址线为 32 条，能扩展较大的存储器空间，所以可配置实时多任务操作系统（RTOS）。

RTOS 是嵌入式应用软件的基础和开发平台。常用的 RTOS 为 Linux（数百 KB）和 VxWorks（数 MB）以及 μC-OS II。由于嵌入式实时多任务操作系统具有高度灵活性，可很容易地对它进行定制或适当开发，即对它进行"裁减""移植"和"编写"，从而设计出用户所需的应用程序，来满足需要。

由于能运行实时多任务操作系统，所以能处理复杂的系统管理任务和处理工作。因此，在移动计算平台、媒体手机、工业控制和商业领域（例如，智能工控设备、ATM 机等）、电子商务平台、信息家电（机顶盒、数字电视）、军事等，已成为继单片机、DSP 之后的电子信息技术应用的又一大热点。

广义上讲，凡是系统中嵌入了嵌入式处理器，如单片机、DSP、嵌入式微处理器，都称为嵌入式系统。也有仅把嵌入了嵌入式微处理器的系统，称为嵌入式系统。但目前还没有严格的定义，现在通常所说的嵌入式系统多指后者。

1.7.4 嵌入式片上系统

随着超大规模集成电路设计技术发展，一个硅片上实现一个复杂的系统，即 System On Chip（SOC），即片上系统。其核心思想是把整个电子系统全部集成在一个芯片中，避免大量 PCB 设计及板级的调试工作。设计者面对的不再是电路及芯片，而是根据系统的固件特性和功能要求，把各种通用处理器内核及各种外围功能部件模块作为 SOC 设计公司的标准库，成为 VLSI 设计中的标准器件，用 VHDL 等语言描述，存储在器件库中。用户只需定义整个应用系统，仿真通过后就可以将设计图交给半导体器件厂商制作样品。

除无法集成的器件外，SOC 整个系统大部分均可集成到一块或几块芯片中去，系统电路板简洁，对减小体积和功耗、提高可靠性非常有利。SOC 使系统设计技术发生革命性变化，标志着一个全新时代的到来。

至此，已介绍了嵌入式处理器家族的各成员。由于单片机体积小、价格低、很容易嵌入到系统中，应用十分广泛，且易掌握和普及，市场占有率最高。据统计，8051 体系结构的单片机的用量占全部嵌入式处理器总用量的 50%以上。因此，8051 体系结构的单片机技术是首先要掌握的。

1.8 小结

本章介绍了有关单片机的基本概念、特点、发展历史及趋势以及应用领域，并对当前主流的 MCS-51 系列单片机与 STC 系列单片机进行了简要概述，同时介绍了其他常见系列的单片机。本章最后还介绍了嵌入式系统的基本概念及组成，以及包括单片机在内的各类嵌入式处理器。

1.9 习题

1．什么是单片机？STC 单片机有哪几大系列？

2．单片机与普通微型计算机的不同之处是什么？

3．STC 单片机与 MCS-51 系统单片机有什么区别？

4．STC 单片机有哪些系列？它们有什么差别？

5．什么是嵌入式系统？

6．嵌入式处理器家族中的单片机、DSP、嵌入式微处理器、SOC 各有何特点？它们的应用领域有何不同？

第2章 单片机应用系统开发简介

学习本章前希望读者自学以掌握一些标准 C 语言，下面主要介绍如何使用集成开发环境 Keil μVision 4 编辑、编译、调试 STC89C52 单片机的应用程序，并采用集成开发工具 Proteus7 Professional 进行软件仿真测试。

2.1 集成开发环境 Keil μVision4 简介

当前主流的 C51 程序开发是在 Keil μVision4 开发环境下进行的，下面首先介绍该开发环境。

Keil μ Vision4 集成开发环境是 Keil Software 公司于 2009 年 2 月发布的，用于在微控制器和智能设备上创建、仿真和调试嵌入式应用。Keil μVision4 引入灵活的窗口管理系统，使开发人员能够使用多台监视器，能够拖放到窗口的任何地方。新的用户界面可以更好地利用屏幕空间和更有效地组织多个窗口，提供一个整洁、高效的环境来开发应用程序。新版本支持最新的 ARM 芯片，还添加了一些新功能。2011 年 3 月 ARM 公司发布最新集成开发环境 RealView MDK 开发工具中集成了最新版本的 Keil μVision4，其编译器、调试工具能完美地与 ARM 器件进行匹配。

2.1.1 Keil μVision4 运行环境介绍

STC 单片机应用程序的开发与在 Windows 系统中运行的项目工程开发有所不同。Windows 系统编译程序后会生成后缀名为.exe 的可执行文件，该文件能在 Windows 环境下直接运行；而 STC 单片机编译的目标文件为 HEX 文件，该文件包含了在单片机上可执行的机器代码，这个文件经过烧写软件下载到单片机 Flash ROM 中就可以运行了。

在 Keil μVision4 中新建工程的具体步骤如下：

双击快捷键图标，进入 Keil μVision4 集成开发环境，出现如图 2-1 所示的窗口。

（1）建立一个新工程，单击【Project】下拉菜单中的【New μVsion Project】选项，如图 2-2 所示。

（2）选择工程保存路径，输入过程文件名，然后单击"保存"按钮，如图 2-3 所示。

（3）保存后会弹出一个对话框，这时用户可以选择单片机的各种型号，如图 2-4 所示。

（4）对话框中不存在 STC89C52，因为 51 内核单片机具有通用性，在这里选择 Atmel 的 AT89C52 来说明，右边的 Description 是对用户选择芯片的介绍，如图 2-5 所示。

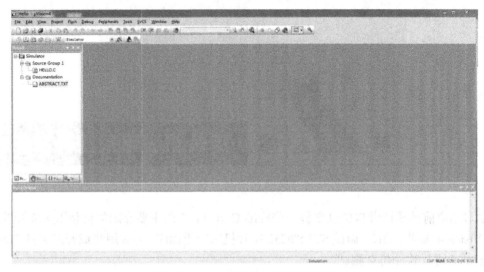

图 2-1 启动 Keil 软件初始的编辑页面

图 2-2 新建工程

图 2-3 保存工程

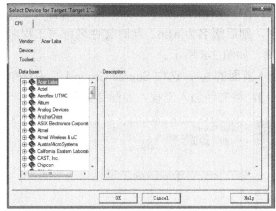 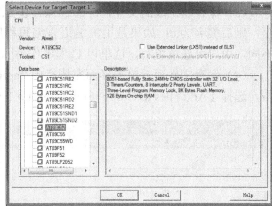

图 2-4 单片机型号选择 图 2-5 所选单片机型号的介绍

2.1.2 Keil μVision4 集成开发环境的 STC 单片机开发流程

（1）选择芯片型号后，生成如图 2-6 所示的界面。

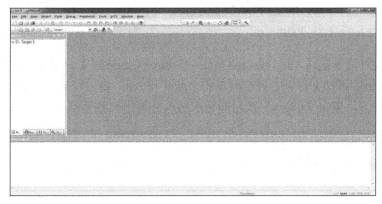

图 2-6 新生成的页面

（2）在工程里添加用于写代码的文件，这时单击【File】里的【New】或者单击界面快捷方式 生成文件，如图 2-7 所示。

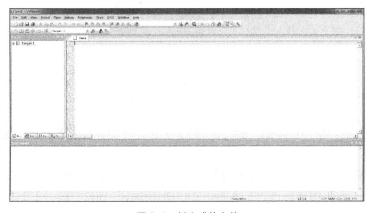

图 2-7 新生成的文件

（3）保存新生成的文件，注意应保存在 2.1.1 节中存储的工程里。如果用 C 语言编写程序，则后缀名为.c；如果是用汇编语言编写程序，则后缀名为.asm。此时文件名可与工程名不同，用户可任意填写，这里以 C 程序作为示例，如图 2-8 所示。

（4）保存文件后，单击界面左侧栏中 Target 1 前面的 ⊞，选中 Source Group 1 后右键单击，选择【Add Files to Group 'Source Group 1'…】，将文件加入工程，如图 2-9 所示。

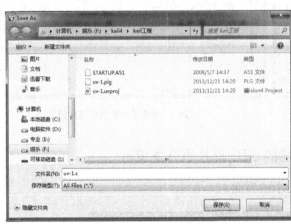

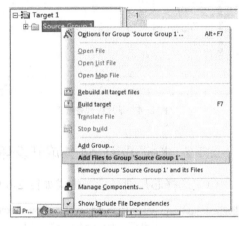

图 2-8　保存新生成的文件　　　　　　　　　　图 2-9　将文件加入工程

（5）加入文件后弹出【Add Files to Group 'Source Group 1'】对话框，如图 2-10 所示。单击"Add"按钮可添加文件，之后若再单击"Add"按钮，将出现提示音表示已经加入文件了，不需要再加入，单击"Close"按钮即完成加入并退出该对话框。

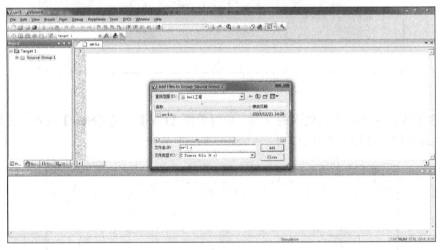

图 2-10　选中文件加入工程

（6）完成加入后，单击 Source Group 1 前面的 ⊞，即界面左侧栏中 ，如图 2-11 所示。

（7）本例中编写了单片机控制流水灯亮灭的程序，代码编写完成后，对程序进行编译，🔨 为编译当前程序，🔨 为编译修改过的程序，🔨 为重新编译当前程序。图 2-12 为编译后输出信息窗口显示的结果。

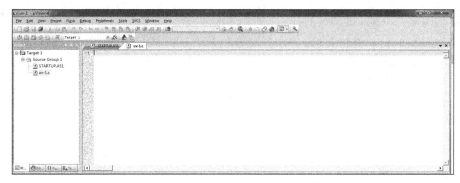

图 2-11 文件加入工程后的编程页面

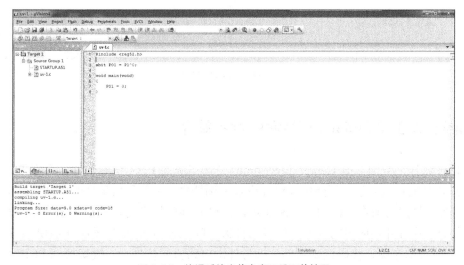

图 2-12 编译后输出信息窗口显示的结果

（8）单击，弹出如图 2-13 所示对话框，单击【Output】选项卡，勾选【Create HEX File】后，单击，如图 2-14 所示，即单片机可执行文件。

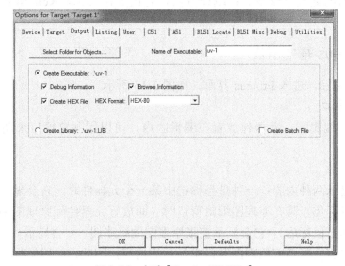

图 2-13 勾选【Create HEX File】

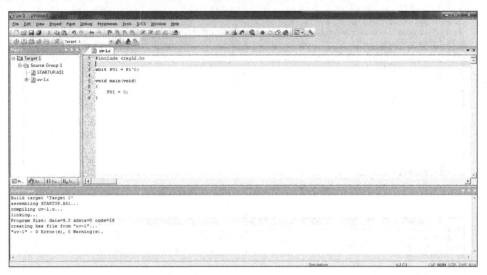

图 2-14　生成 HEX 文件

2.2　集成开发工具 Proteus 7 Professional 简介

　　Proteus 软件是英国 Lab Center Electronics 公司出版的 EDA 工具软件。它不仅具有其他 EDA 工具软件的仿真功能，还能仿真单片机及外围器件。它是目前最好的仿真单片机及外围器件的工具。虽然目前在国内的推广刚起步，但已受到单片机爱好者、从事单片机教学的教师、致力于单片机开发应用的科技工作者的青睐。Proteus 是世界上著名的 EDA 工具（仿真软件），从原理图布图、代码调试到单片机与外围电路协同仿真，一键切换到 PCB 设计，真正实现了从概念到产品的完整设计。它是目前世界上唯一将电路仿真软件、PCB 设计软件和虚拟模型仿真软件三合一的设计平台，其处理器模型支持 8051、HC11、PIC10/12/16/18/24/30/dsPIC33、AVR、ARM、8086 和 MSP430 等，2010 年增加了 Cortex 和 DSP 系列处理器，并不断增加其他系列的处理器模型。在编译方面，它也支持 IAR、Keil 和 MPLAB 等多种编译器。

2.2.1　Proteus 基本用法

　　单击 Proteus 图标，进入 Proteus 界面，如图 2-15 所示。

1. 图形编辑窗口

　　蓝色方框为可编辑区，元器件放置在编辑区内，可以用预览窗口来调节原理图的可视范围。

2. 预览窗口

　　预览窗口可显示两种内容：一种是当你选中某一个元器件时，它会显示该元器件的预览图；另一种是当鼠标焦点落在原理图编辑窗口时（即放置元器件到原理图编辑窗口后或在原理图编辑窗口中单击鼠标后），它会显示整张原理图的缩略图，并会显示一个绿色的方框，绿色的方框里面的内容就是当前原理图窗口中显示的内容，因此，可用鼠标在它上面单击来改变绿色的方框的位置，从而改变原理图的可视范围。

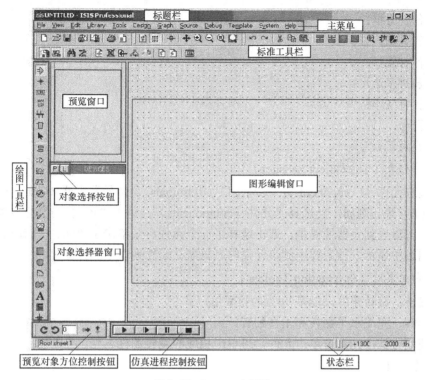

图 2-15 Proteus 主界面

3. 模型工具选择栏

（1）主要模型工具（Main Modes）。

① 选择元件（Components）（默认选择的）；

② 放置连接点；

③ 放置标签（用总线时会用到）；

④ 放置文本；

⑤ 用于绘制总线；

⑥ 用于放置子电路；

⑦ 用于即时编辑元件参数（先单击该图标再单击要修改的元件）。

（2）配件（Gadgets）。

① 终端接口（Terminals）：有 VCC、地、输出、输入等接口；

② 器件引脚：用于绘制各种引脚；

③ 仿真图表（Graph）：用于各种分析，如 Noise Analysis；

④ 录音机；

⑤ 信号发生器（Generators）；

⑥ 电压探针：使用仿真图表时要用到；

⑦ 电流探针：使用仿真图表时要用到；

⑧ 虚拟仪表：如示波器等。

（3）2D 图形（2D Graphics）。

① 画各种直线；

② 画各种方框；

③ 画各种圆；

④ 画各种圆弧；

⑤ 画各种多边形；

⑥ 画各种文本；

⑦ 画符号；

⑧ 画原点等。

4. 元件列表（The Object Selector）

用于挑选元件（Components）、终端接口（Terminals）、信号发生器（Generators）、仿真图表（Graph）等。例如，当选择"元件（components）"，单击"P"按钮会打开挑选元件对话框，单击可以看到元器件模型，双击选择了一个元件后（单击了"OK"按钮后），该元件会在元件列表中显示，以后要用到该元件时，只需在元件列表中选择即可。

5. 方向工具栏（Orientation Toolbar）

（1）旋转：旋转角度只能是 90°的整数倍；

（2）翻转：完成水平翻转和垂直翻转；

（3）使用方法：先右键单击元件，再单击相应的旋转图标。

6. 仿真工具栏

（1）运行；

（2）单步运行；

（3）暂停；

（4）停止。

7. 操作简介

（1）绘制原理图：绘制原理图要在原理图编辑窗口中的蓝色方框内完成。按下左键拖动并放置元件；单击选择元件；双击右键删除元件；单击选中画框，选中部分变红，再用左键拖动选多个元件；双击编辑元件属性；选择即可按住左键拖动元件；连线用左键，删除用右键；改连接线：先右击连线，再左键拖动；滚动是缩放，单击可移动视图。

（2）定制自己的元件：有两个实现途径，一是用 Proteus VSM SDK 开发仿真模型，并制作元件；另一个是在已有的元件基础上进行改造。

（3）Sub-Circuits 应用：用一个子电路可以把部分电路封装起来，这样可以节省原理图窗口的空间。

2.2.2 实例分析

本例是利用单片机最小系统来控制 LED 亮灭。

打开 Proteus 软件，如图 2-16 所示。

添加元件到元件列表中，本例要用到的的元件有 STC89C52、CAP、CAP-ELEC、CRYSTAL、LED-YELLOW、RES。

单击"P"按钮 P L DEV 出现挑选文件对话框，如图 2-17 所示。

相继在对话框中输入元件名称，如图 2-18 所示。

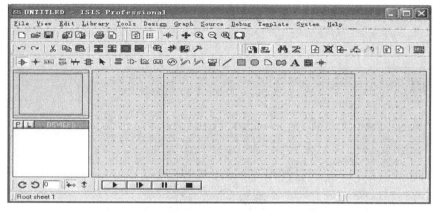

图 2-16　打开 Proteus 界面

图 2-17　查找元件

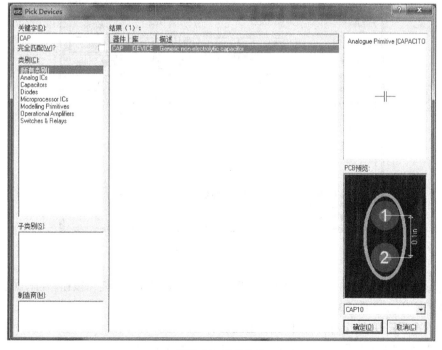

图 2-18　选择元件

将元件添加到原理图编辑区，在对象选择窗口双击元件，然后放置到编辑区中，如图 2-19 所示。

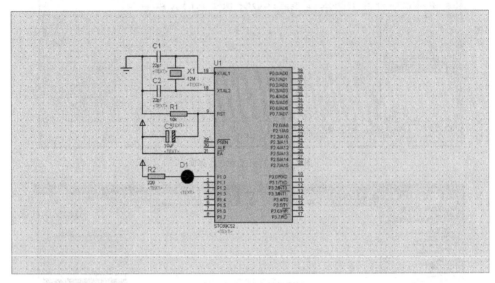

图 2-19　元件添加到编辑区

将机器文件添加到 STC 单片机内部，使原理图正常工作，双击 STC89C52，会弹出如图 2-20 所示的对话框。

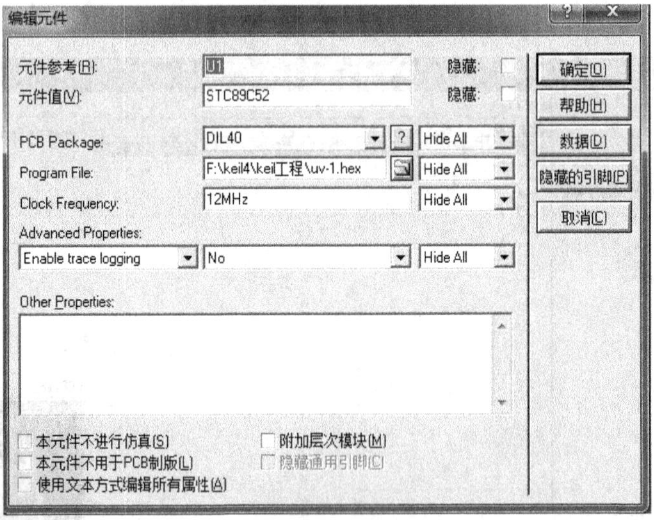

图 2-20　添加机器文件

单击🖳H，选中 HEX 文件并单击，如图 2-21 所示，单击"确定"按钮，自动回到图 2-20 所示界面，则添加文件成功。

然后单击▶开始运行，结果如图 2-22 所示。

以上就是利用单片机最小系统来控制 LED 亮灭的仿真过程。

图 2-21 添加 HEX 文件

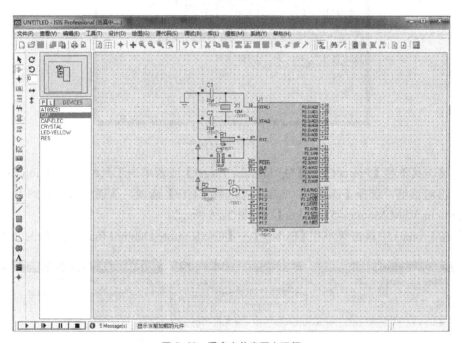

图 2-22 程序在仿真图上运行

2.3 Keil μ Vision4 与 Proteus 7 Professional 的联调

（1）把 Proteus 7 中的 vdm51.dll 复制到 X:\Program Files\Keil\C51\BIN 里（X 是 Keil 安装的盘符），如图 2-23 所示。

图 2-23 找出 vdm51.dll

（2）用记事本打开 Keil 目录下的 tools.ini，在[C51]栏目下加入 TDRV9=BIN\VDM51.DLL（"Proteus VSM Monitor-51 Driver"），其中"TDRV9"中的"9"要根据实际情况写，不要和原来的重复。还有双引号内里的文字其实就是在 Keil 文件里显示的文字，所以也可以自己定义，如图 2-24 所示。

图 2-24　记事本打开 tools.ini

（3）单击菜单栏【Project】→【Options for Target】或者单击工具栏的"Option for Target"按钮，弹出对话框，选择【Debug】选项卡，选择【Use】选项，从该选项后面的下拉菜单中选择【Proteus VSM Monitor-51 Driver】，如图 2-25 所示。

（4）在 Proteus 中单击菜单栏【Debug】→【Use Remote Debug Monitor】，如图 2-26 所示。

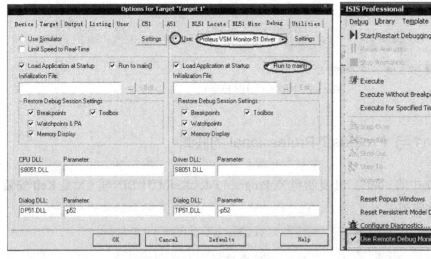

图 2-25　Keil 的设置

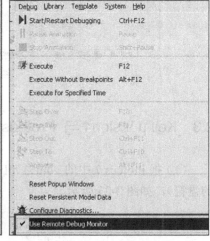

图 2-26　远程调试监控

以上为联调的步骤。接下来请重新编译、链接、生成可执行文件就可以了。

2.4 小结

本章介绍了 STC 单片机的集成开发环境 Keil μ Vision4，及仿真软件 Proteus 7 Professional 的功能，最后阐述了两个开发环境如何联调。这部分内容主要是软件环境的搭建和软件测试，很基础但比较重要，所以希望读者熟练掌握两个集成开发环境，为后续单片机开发打好基础。

2.5 习题

1. 熟悉 Keil μ Vision4 的集成开发环境，用 C 语言编程循环程序代码进行编译，并查看编译结果是否正确。

2. 熟悉 Keil μ Vision4 的集成开发环境，用 C 语言编程分支程序代码进行编译，并查看编译结果是否正确。

3. 熟悉 Keil μ Vision4 的集成开发环境，用 C 语言编程加法程序代码进行编译，并查看编译结果是否正确。

4. 熟悉 Proteus 7 Professional 的集成开发环境，创建一个工程，学会添加元件与画线并仿真与门电路。

5. 熟悉 Proteus 7 Professional 的集成开发环境，创建一个工程，仿真与门和非门组成的与非门电路。

第 3 章 单片机编程语言

单片机的编程语言常用的是汇编语言和高级语言。汇编语言是能直接控制单片机硬件的编程语言。因此，要求程序设计者要"软硬结合"。高级语言不受具体硬件的限制，通用性强，直观、易懂、易学，可读性好，但在对程序的空间和时间要求较高的场合，汇编语言仍必不可少。掌握汇编语言并能用它进行程序设计，是学习和掌握单片机程序设计的基本功之一。

3.1 STC89C52 单片机指令系统基本概念

指令是 CPU 按照人们的意图来完成某种操作的命令，一种微处理器所能执行全部指令的集合称为这个微处理器的指令系统。STC89C52 的指令系统与传统的 MCS-51 单片机完全兼容，基本指令共 111 条。

3.1.1 指令书写格式

指令的表示方法称为指令格式。单片机汇编语言的指令书写格式表示如下：

[标号：] 操作码　[操作数1] [, 操作数 2] [, 操作数 3]　[；注释]

其中，[]号内为可选项。各部分之间必须用分隔符隔开：

标号字段和操作码字段间要用"："相隔；

操作码字段和操作数字段间用空格相隔；

操作数之间用"，"相隔；

操作数字段和注释字段间用"；"相隔。

【例 3-1】下面是一段程序的四分段书写格式。

标号字段	操作码字段	操作数字段	注释字段
START:	MOV	A,#00H	;0→A
	MOV	R1,#10	;10→R1
	MOV	R2,#00000011B	;03H→R2
LOOP:	ADD	A,R2	;(A)+(R2)→A
	DJNZ	R1,LOOP	;R1 减 1 不为零，则跳 LOOP 处
	NOP		
HERE:	SJMP	HERE	

上述 4 个字段应该遵守的基本语法规则如下：

（1）标号：表示该语句的符号地址，可根据需要而设置。有了标号，程序中的其他指令（如转移指令）才能访问该语句。在编程过程中，适当地使用标号，使程序便于查询、修改、以及方便转移指令的编程。有关标号规定如下：

① 标号由 1～8 个 ASCII 码字符组成，第一个字符必须是字母，其余的可以是字母、数字或下画线符号"_"。

② 同一标号在一个程序中只能定义一次，不能重复定义。

③ 不能使用汇编语言已经定义的符号作为标号，如指令助记符、伪指令以及寄存器的符号名称等。

④ 标号的有无，取决于本程序中的其他语句是否访问该条语句。如无其他语句访问，则该语句前不需标号。

（2）操作码：规定了语句执行的操作，用助记符表示，是汇编语言指令中唯一不能空缺的部分。

（3）操作数：用于存放指令的操作数或操作数地址。操作数的个数因指令的不同而不同。通常有单操作数、双操作数和无操作数 3 种情况。在操作数的表示中，有以下几种情况需要注意：

① 十六进制、二进制和十进制形式的操作数的表示。若操作数用十进制表示需加后缀"D"，也可省略；若操作数用二进制表示需加后缀"B"；若操作数用十六进制表示需加后缀"H"，若十六进制数以字符 A～F 开头，还需在它前面加一个数字"0"，以便汇编时把它后面的字符 A～F 作为数来处理，而不是作为字符处理。

② 工作寄存器和特殊功能寄存器的表示。若操作数是某个工作寄存器或特殊功能寄存器时，允许用其代号表示，也可用其地址来表示。例如，累加器用 A（或 Acc）表示，还可用其地址 E0H 来表示。

（4）注释：用于解释指令或程序的含义，对编写程序和提高程序的可读性非常有用。编程使用时注释长度不限，可换行书写，但必须注意每行都必须以分号开头。在汇编时，汇编程序遇到"；"就停止"翻译"，因此，注释字段不会产生机器代码。

3.1.2 指令编码格式

为了便于编写程序，一般采用汇编语言和高级语言编写程序，但必须经过汇编程序或编译程序转换成机器代码后，单片机才能识别和执行。单片机指令系统采用的助记符指令格式，与机器码有一一对应的关系。

机器码通常由操作码和操作数（或操作数地址）两部分构成。STC89C52 的基本指令按指令所生成机器码在程序存储器所占字节来划分可分为单字节指令、双字节指令和三字节指令。

1. 单字节指令

单字节指令编码格式有两种：

（1）8 位编码仅为操作码，指令的操作数隐含在其中。

位号	7 6 5 4 3 2 1 0
字节	opcode*

*opcode 表示操作码

如：DEC A，其指令编码的十六进制表示为 14H，累加器 A 隐藏在操作码中，指令的功能是累加器的内容减 1。

（2）8 位编码含有操作码（高 5 位）和寄存器编码（低 3 位）。

位号	76543	210
字节	opcode	rrr*

*rrr 表示寄存器编码

如：INC R1，其指令编码为 0000 1001B，它的十六进制表示为 09H，其中高 5 位 opcode=00001B，低 3 位 rrr=001B 是寄存器 R1 对应的编码，指令的功能是寄存器内容加 1。

2. 双字节指令

双字节指令的第一字节为操作码，第二字节为参与操作的数据或存放数据的地址。

位号	76543210	76543210
字节	opcode	data 或 direct*

*opcode 表示操作码；data 或 direct 表示操作数或其地址

如：MOV A，#60H，其指令编码的十六进制表示为 74H 60H，其中高 8 位字节 opcode=74H、低 8 位字节 data=60H 是对应的立即数。指令的功能是将立即数 60H 传送到累加器 A 中。

3. 三字节指令

三字节指令的第一字节为操作码，后两字节为参与操作的数据或存放数据的地址。

位号	76543210	76543210	76543210
字节	opcode	data 或 direct	data 或 direct*

*opcode 表示操作码；后两个字节的 data 或 direct 表示操作数或其地址

如：MOV 10H，#60H 的指令编码的十六进制表示为 75H 10H 60H，其中最高 8 位字节 opcode=75H，次 8 位字节 direct=10H 是目标操作数对应的存放地址，最低 8 位字节 data=60H 是对应的立即数。指令的功能是将立即数 60H 传送到内部 RAM 的 10H 单元中。

3.1.3 指令系统中常用的符号

先简单介绍指令格式中用到的符号如下。

（1）#data ：表示 8 位立即数，即 8 位常数，取值范围#00H～#0FFH。

（2）#data16：表示 16 位立即数，即 16 位常数，取值范围#0000H～#0FFFFH。

（3）Rn（n=0～7）：表示当前选中工作寄存器区的 8 个工作寄存器 R0～R7。

（4）Ri（i=0，1）：表示当前寄存器区中作为间接寻址寄存器，只能是 R0 和 R1 中之一。

（5）direct ：表示片内 RAM 和特殊功能寄存器的 8 位直接地址。

（6）addr16：16 位目的地址，只限于在 LCALL 和 LJMP 指令中使用。

（7）addr11：11 位目的地址，只限于在 ACALL 和 AJMP 指令中使用。

（8）rel：相对转移指令中的偏移量，8 位的带符号补码数，为 SJMP 和所有条件转移指令所用。转移范围为相对于下一条指令首址的-128～+127。

（9）DPTR：数据指针，可用作 16 位数据存储器单元地址的寄存器。

（10）bit：片内 RAM 或部分特殊功能寄存器中的直接寻址位。

（11）/bit：表示对 bit 位先取反再参与运算，但不影响该位的原值。

（12）C 或 Cy：进位标志位或位处理机中的累加器。

（13）@：间接寻址寄存器或基址寄存器的前缀，如@Ri、@A+DPTR。

（14）（x）：表示 x 地址单元或寄存器中的内容。

（15）（(x)）：表示以 x 单元或寄存器中的内容作为地址再间接寻址单元的内容。

（16）→：箭头右边的内容被箭头左边的内容所取代。

3.1.4 指令系统的寻址方式

寻址方式是指在执行一条指令的过程中，寻找操作数或操作数地址的方式。一般寻址方式越多，功能就越强，灵活性就越大，指令系统就越复杂。STC89C52 单片机的寻址方式和传统的 MCS-51 单片机的寻址方式一致，包含操作数寻址和指令寻址两个方面，但寻址方式更多是指操作数的寻址，而且如果有两个操作数时，默认是源操作数的寻址方式。本节仅介绍操作数的 7 种寻址方式，如表 3-1 所示。

表 3-1　　　　　　　　　　　　　　　寻址方式

序号	寻址方式	寻址空间
1	立即数寻址	程序存储器中的立即数
2	直接寻址	内部 128 B RAM、特殊功能寄存器
3	寄存器寻址	R0～R7、A、B、C（位）、DPTR 等
4	寄存器间接寻址	片内数据存储器、片外数据存储器
5	基址加变址寻址	读程序存储器固定数据和程序散转
6	相对寻址	程序存储器相对转移
7	位寻址	内部 RAM 中的可寻址位、SFR 中的可寻址位

下面分别介绍指令系统的这 7 种数据寻址方式。

1. 立即数寻址

直接在指令中给出操作数即立即数，就是放在程序存储器内的常数。为了与下面介绍的直接寻址指令中的直接地址加以区别，需在操作数前加前缀标志"#"。

【例 3-2】MOV　A，#7AH；机器码 74H 7AH，把立即数 7AH 送累加器 A。

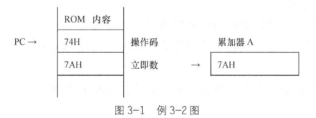

图 3-1　例 3-2 图

2. 直接寻址

指令中直接给出操作数的单元地址，而不是操作数，该单元地址中的内容才是真正的操作数。格式上没有"#"号，以区别于立即数寻址。

【例 3-3】MOV　A，30H；机器码为 E5H 30H，把直接地址 30H 单元的内容送累加器 A。

该寻址方式只能给出 8 位地址，能用这种方式访问的地址空间有：

（1）内部数据存储器低 128 B 地址空间（00H～7FH），在指令中直接以单元地址的形式给出。例如：MOV　A，00H 或 MOV 30H，20H。

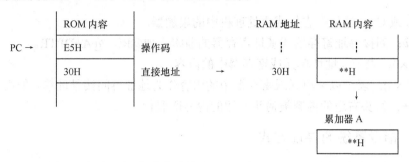

图 3-2 例 3-3 图

（2）特殊功能寄存器 SFR 地址空间（80H～0FFH），在指令中可以以符号形式给出，也可以以单元地址形式给出。例如：MOV A，80H 或 MOV A，P0，这两条指令等价。

直接寻址是访问片内所有特殊功能寄存器的唯一寻址方式。

3. 寄存器寻址

指令中的操作数放在某一寄存器中，能用寄存器寻址的寄存器包括累加器 A、寄存器 B、数据指针 DPTR、进位位 CY 以及工作寄存器组中的 R0～R7。

【例 3-4】MOV A，R3；机器码为 0EBH，把当前 R3 中的操作数送累加器 A。

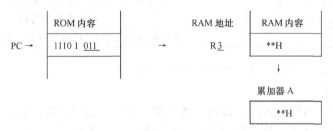

图 3-3 例 3-4 图

4. 寄存器间接寻址

在指令中给出的寄存器内容是操作数的地址，而不是操作数，从该地址中取出的数才是真正的操作数。能用于寄存器间接寻址的寄存器有 R0、R1、DPTR、SP，其中 SP 仅用于堆栈操作。

为了区别寄存器寻址和寄存器间接寻址，在寄存器间接寻址方式中，应在寄存器名称前面加前缀标志"@"。

【例 3-5】MOV A，@R1 ；机器码为 0E7H，把当前 R1 中所取得的数作为地址所对应的存储单元中的内容作为操作数送累加器 A。

寄存器间接寻址的寻址范围如下。

（1）访问内部 RAM 或外部数据存储器的低 256 B 时，可采用 R0 或 R1 作为间址寄存器，通用形式为@Ri。例如：

```
MOV A ,@Ri（i=0、1）  ;访问片内单元
MOVX A ,@Ri（i=0、1）   ;访问片外256字节范围内的单元
```

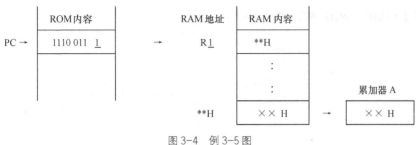

图 3-4 例 3-5 图

（2）访问片外数据存储器还可用数据指针 DPTR 作为间址寄存器，可对整个 64 KB 外部数据存储器空间寻址。例如：

```
MOV DPTR,#****H
MOVX A ,@DPTR        ;访问片外 64KB 范围内的单元
```

（3）执行 PUSH 和 POP 指令时，使用堆栈指针 SP 作间址寄存器来进行对栈区的间接寻址。这点的举例说明将在堆栈部分举例讲解。

5．基址加变址寻址

基址寄存器加变址寄存器间接寻址是以 DPTR 或 PC 为基址寄存器，累加器 A 为变址寄存器，以两者内容相加，形成的 16 位程序存储器地址作为操作数地址。本寻址方式的指令只有 3 条：MOVC A，@A+DPTR、MOVC A，@A+PC 和 JMP @A+DPTR，前两条指令适用于读程序存储器中固定的数据，如表格处理；第三条为散转指令，A 中内容为程序运行后的动态结果，可根据 A 中内容的不同，实现向不同程序入口处的跳转。

基址加变址寻址只能对程序存储器中数据进行操作，由于程序存储器是只读的，因此该寻址只有读操作而无写操作，此种寻址方式对查表访问特别有用，具体用法将在 MOVC 指令处举例讲解。

【例 3-6】设 DPTR=2000H，A=10H。

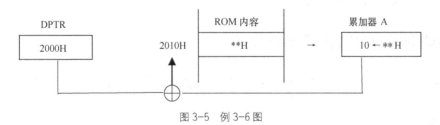

图 3-5 例 3-6 图

6．相对寻址

相对寻址是为解决程序转移而专门设置的，为转移指令所采用。它是以 PC 的当前值为基准。PC 的当前值是指执行完该指令后的 PC 值，即该转移指令的地址值加上它的字节数。因此，转移的目的地址可用下列公式计算：

有效转移地址= PC 的当前值+ rel =转移指令所在地址值+转移指令字节数+rel

其中，偏移量 rel 是单字节的带符号的 8 位二进制数补码数。它所能表示的范围是-128～+127，因此，程序的转移范围是以转移指令的下一条指令首地址为基准地址，相对偏移在-128～+127 单元之间，即可向前转移，也可向后转移。

【例 3-7】SJMP　08H；PC←PC+2+08H。

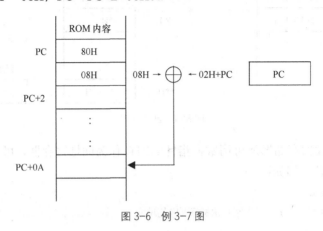

图 3-6　例 3-7 图

7. 位寻址

由于该微处理器具有位处理功能，可直接对数据位进行多种操作，为测控系统的应用提供了最佳代码和速度，大大增强了实时性。

位寻址的寻址范围是 216 位的位地址空间，分为两部分：

（1）内部 RAM 中的位寻址区中字节地址为 20H～2FH，共 128 个位。例如，把位 40H 的值送到进位位 C，可写为 MOV　C，40H 或 MOV　C，(28H).0。

（2）可位寻址的 11 个特殊功能寄存器，共 88 位。例如，把 PSW 第 5 位 F0 置 1，有以下 4 种表示方法：

① 直接使用位表示方法：SETB　0D5H；

② 位名称的表示方法：SETB　F0；

③ 单元地址加位数的表示方法：SETB　(0D0H).5；

④ 特殊功能寄存器符号加位数的表示方法：SETB　PSW.5。

至此，7 种寻址方式介绍完毕。

3.2　STC89C52 单片机指令分类介绍

STC89C52 指令系统与传统 MCS-51 单片机的指令完全兼容，共 111 条指令，按功能分为五类：

数据传送类（28 条）；

算术运算类（24 条）；

逻辑操作类（25 条）；

控制转移类（17 条）；

位操作类（17 条）。

3.2.1　数据传送类指令

数据传送类指令是使用最频繁的指令，有 MOV、MOVX、MOVC、XCH、XCHD、SWAP、PUSH、POP 这 8 种。

数据传送属"复制"性质，而不是"搬家"，即该类指令执行后，源操作数不变，目的操作数被源操作数取代。

数据传送类指令不影响进位标志位 Cy、辅助进位标志位 Ac 和溢出标志位 OV，但不包括检验累加器奇偶性的标志位 P。

1. 内部 RAM 传送指令 MOV

（1）以累加器为目的操作数的指令。

```
MOV  A, Rn       ; A← Rn
MOV  A, direct   ; A←(direct)
MOV  A, @Ri      ; A←((Ri))
MOV  A, #data    ; A← #data
```

这组指令的功能是把源操作数的内容送入累加器 A。例如：

```
MOV  A, R6       ; A ←(R6)
MOV  A, @R0      ; A ←((R0))
MOV  A, 70H      ; A ←(70H)
MOV  A, #78H     ; A ← 78H
```

（2）以 Rn 为目的操作数的指令。

```
MOV  Rn, A       ; Rn ←(A)
MOV  Rn, direct  ; Rn ←(direct)
MOV  Rn, #data   ; Rn ← data
```

这组指令的功能是把源操作数的内容送入当前工作寄存器区 R0～R7 中的某一个寄存器。

注意 这组指令中没有 MOV　Rn, @Ri 和 MOV　Rn, Rn 这两种形式。

（3）以直接地址为目的操作数的指令。

```
MOV  direct, A           ; direct ←(A)
MOV  direct, Rn          ; direct ←(Rn)
MOV  direct1, direct2    ; direct1←(direct2)
MOV  direct, @Ri         ; direct ←((Ri))
MOV  direct, #data       ; direct ← data
```

这组指令的功能是把源操作数送入直接地址指出的存储单元。

（4）以寄存器间接地址为目的操作数的指令。

```
MOV  @Ri,A        ;((Ri))← A      ,i=0,1
MOV  @Ri,direct   ;((Ri))← direct ,i=0,1
MOV  @Ri,#data    ;((Ri))← data   ,i=0,1
```

这组指令的功能是把源操作数内容送入 R0 或 R1 指出的存储单元。

注意 这组指令没有 MOV　@Ri, Rn 和 MOV　@Ri, @Ri 这两种形式。

（5）16 位数传送指令。

```
MOV  DPTR,#data16    ;把高 8 位立即数送入 DPH，低 8 位立即数送入 DPL
                     ;地址指针 DPTR 由 DPH 和 DPL 组成
```

这是整个指令系统中唯一的一条 16 位数据传送指令，用来设置地址指针。

对于所有 MOV 类指令，累加器 A 是一个特别重要的 8 位寄存器，CPU 对它具有其他寄存器所没有的操作指令。

2. 外部 RAM 传送指令 MOVX

MOV 后面加"X"，表示访问的是片外 RAM 或 I/O 口，该类指令必须通过累加器 A 与外部 RAM 或 I/O 间相互传送数据。

```
MOVX  A, @Ri      ; A←((Ri))
MOVX  A, @DPTR    ; A←((DPTR))
```

这两条指令是单片机读取外部 RAM 或 I/O 的数据，此时引脚 P3.7（$\overline{RD}$）有效。

```
MOVX  @Ri, A      ;((Ri))  ← A
MOVX  @DPTR, A    ;((DPTR))← A
```

这两条指令是单片机写入数据到外部 RAM 或 I/O，此时引脚 P3.6（$\overline{WR}$）有效。

上述 4 条指令中，分别是采用 DPTR 和 Ri 间接寻址的。对于采用 DPTR 进行间接寻址的，因为 DPTR 是 16 位的，故可寻址片外整个 64 KB 数据存储器空间，高 8 位地址 DPH 由 P2 口输出，低 8 位地址 DPL 由 P0 口输出；而采用 Ri 进行间接寻址的，因为 Ri 是 8 位的，故只可寻址片外 256 个单元的数据存储器空间，这 8 位地址由 P0 口输出。

【例 3-8】将片外 2010H 单元内容送到片内 30H 单元中。

方法一：

```
MOV  DPTR,#2010H
MOVX A,@DPTR
MOV  30H,A
```

方法二：

```
MOV  P2,#20H
MOV  R0,#10H
MOVX A,@R0
MOV  30H,A
```

3. 程序存储器访问指令 MOVC

由于程序存储器只读不写，传送为单向，仅有以下两条从程序存储器中读出数据到累加器 A 的指令。程序存储器中的常数被称为表格常数，该两条指令也被称为查表指令。

MOVC A,@A+DPTR ；以 DPTR 为基址寄存器，A 的内容（无符号数）和 DPTR 的内容相加得到一个 16 位地址，把由该地址指定的程序存储器单元的内容送到累加器 A。

MOVC A,@A+PC；以 PC 作为基址寄存器，A 的内容（无符号数）和 PC 的当前值（下一条指令的起始地址）相加后得到一个新的 16 位地址，把该地址的内容送到 A。

通过以下两例来说明这两条指令各自的优缺点。

【例3-9】设(DPTR)=8100H，(A)=40H，执行1000H处的指令。

```
1000H: MOVC A, @A+DPTR
```

执行时，(8100H+40H)=(8140H)→A，此执行过程与指令的当前地址1000H无关。执行结果：将程序存储器中的8140H单元内容送入A。

【例3-10】设(A)=30H，执行地址1000H处的指令。

```
1000H: MOVC  A, @A+PC
```

执行时，首先求得PC的值，即下一条指令的地址=当前指令地址+该指令字节数，由于该指令占用一个字节，故PC=1000H+1=1001H，此执行过程与当前指令地址有关；然后将所求PC值加上A的内容求得所要访问程序存储器单元的地址即(PC+A)=(1001H+30H)=(1031H)，最后将该地址所对应单元的内容送入A。执行结果：将程序存储器中1031H的内容送入A。

通过以上两例的执行过程可以得知，MOVC A, @A+DPTR指令的特点是其执行结果只和指针DPTR及累加器A的内容有关，与该指令存放的地址及常数表格存放的地址无关，因此常数表格的大小和位置可以在64 KB程序存储器中任意安排，一个表格可以为各个程序块公用。而MOVC A, @A+PC指令的特点是根据A的内容就可以取出程序存储器中的常数。但因为PC的值是一个字值，指向下一条指令的首地址，而A的值最大为256 B，则常数表格只能存放在该条查表指令后面的256 B单元之内，表格的大小受到限制，而且表格只能被一段程序所利用。

【例3-11】将程序存储器2010H单元中的数据传送到累加器A中。设程序的起始地址为2000H。

方法一：

```
ORG  2000H
MOV  DPTR,#2000H
MOV  A,#10H
MOVC A,@A+DPTR
```

分析：在访问前，必须保证A+DPTR等于访问地址，如该例中2010H，一般方法是访问地址低8位值(10H)赋给A，剩下的16位地址(2010H-10H)=2000H，赋给DPTR。该编程与指令所在的地址无关。

方法二：

```
ORG  2000H
MOV  A,#0DH
MOVC A,@A+PC
```

分析：因为程序的起始地址为2000H，第一条指令为双字节指令，第二条指令为单字节指令，则第二条指令的地址为2002H，第二条指令的下一条指令的首地址就应为2003H，即PC=2003H，因为A+PC=2010H，故A=0DH。该编程与指令所在地址有关，由此例可见，此方法不利于修改程序，故不建议使用。

两条指令的助记符都是在MOV的后面加"C"，是CODE的第一个字母，即表示访问程序存储器中的数据。

4. 堆栈操作指令

堆栈是在片内RAM区中按"先进后出，后进先出"原则设置的专用存储区，STC89C52

的堆栈是向上生长型，即此堆栈是向地址增加的方向生长。堆栈的操作只有进栈和出栈两种，进栈操作地址增加，出栈操作地址减少。堆栈的操作主要用于子程序、中断服务程序中的现场保护和现场恢复。

数据的进栈出栈由指针 SP 统一管理。单片机复位后，SP 为 07H，使得堆栈实际上从 08H 单元开始，由于 08H～1FH 单元分别是属于工作寄存器区，20H～2FH 是位寻址区，故最好在复位后把 SP 值改置为 30H 或更大的值，避免堆栈与工作寄存器冲突。

只有以下两条指令用于堆栈操作。

（1）进栈指令。其功能为：将栈顶指针 SP 的内容加 1，然后将直接寻址单元中的数据压入到 SP 所指的单元中。

```
PUSH  direct  ; SP←SP+1,(SP)←(direct)
```

（2）出栈指令。其功能为：将堆栈内容弹出到直接寻址单元中，然后将 SP 的内容减 1，指向下一个单元。

```
POP  direct  ;(direct)←(SP), SP←SP-1
```

【例 3-12】设 A=40H，B=41H，分析执行下列指令序列后的结果。

```
MOV     SP,#30H    ;(SP)=30H
PUSH    ACC        ;(SP)=31H, (31H)=40H
PUSH    B          ;(SP)=32H, (32H)=41H
MOV     A,#00H     ;修改 A 的值
MOV     B,#00H     ;修改 B 的值
POP     B          ;B=41H, SP=31H
POP     ACC        ;A=40H, SP=30H
```

执行后，A=40H，B=41H，SP=30H，与执行前一致。也就是 A 和 B 压栈保护后，即使改变了 A 和 B 的值，也可对 A 和 B 进行出栈操作使其内容恢复原样。

说明　在堆栈操作指令中，累加器 A 一定要用 ACC 表示。

5. 交换指令

（1）字节交换。其功能是将累加器 A 和源操作数的内容交换。

```
XCH  A, Rn
XCH  A, direct
XCH  A, @Ri
```

（2）半字节交换。其功能是累加器 A 的低 4 位与内部 RAM 低 4 位交换。

```
XCHD  A, @Ri
```

（3）累加器内交换。其功能是将累加器内高低半字节交换，即累加器 A 内的高 4 位与低 4 位交换。

```
SWAP  A
```

3.2.2 算术运算类指令

算术运算类指令主要是对 8 位无符号数进行算术操作。这类指令会影响 PSW 的有关位，对这一类指令要特别注意正确地判断结果对标志位的影响。

1. 加法指令

```
ADD  A, Rn       ; A←(A)+(Rn)
ADD  A, direct   ; A←(A)+(direct)
ADD  A, @Ri      ; A←(A)+((Ri))
ADD  A, #data    ; A←(A)+data
```

2. 带进位加法指令

```
ADDC  A, Rn      ; A←(A)+(Rn) + Cy
ADDC  A, direct  ; A←(A)+(direct) + Cy
ADDC  A, @Ri     ; A←(A)+((Ri)) + Cy
ADDC  A, #data   ; A←(A)+data + Cy
```

这两组指令的特点如下：

① 一个加数总是来自累加器 A；

② 运算结果总是放在累加器 A 中；

③ 对各个标志位的影响：

位 7 有进位，则 Cy=1，否则 Cy=0；

位 3 有进位，则 Ac=1，否则 Ac=0；

位 6、位 7 任一个有进位，而另一个无进位，则 OV=1，否则 OV=0；

累加器 A 的结果影响 P 标志。

注意 溢出标志位 OV,只有在有符号数加法运算时才有意义。当两个有符号数相加时，OV=1，表示加法运算超出了累加器 A 所能表示的有符号数的有效范围（-128～+127）。

3. 加 1 指令

```
INC  A         ; A←(A)+1
INC  Rn        ; Rn←(Rn)+1
INC  @Ri       ; direct←(direct)+1
INC  direct    ; Ri←(Ri)+1
INC  DPTR      ; DPTR←(DPTR)+1, 16 位数加 1 指令,
; 首先对 DPL 的内容加 1, 当产生溢出时再对 DPH 的内容加 1。
```

这组指令特点：不影响任何标志，除了 A 加 1 指令影响奇偶标志位 P 外。

4. 带进位减法指令

注意 无不带进位的减法指令。

```
SUBB  A,Rn       ; A ←(A)-(Rn)- Cy
SUBB  A,direct   ; A←(A)-(direct) - Cy
```

```
SUBB   A,@Ri      ; A←(A) -(@Ri) - Cy
SUBB   A,#data    ; A←(A)-data - Cy
```

这组指令特点如下：

① 从累加器 A 中减去指定变量和进位标志；

② 结果存在累加器 A 中；

③ SUBB 指令对标志位的影响：

位 7 需借位则 Cy=1，否则 Cy=0；

位 3 需借位则 Ac=1，否则 Ac=0；

位 6、位 7 任一个有借位，而另一个无借位，则 OV=1，否则 OV=0；

累加器 A 的结果影响 P 标志。

5. 减 1 指令

```
DEC    A          ; A← (A)-1
DEC    Rn         ; Rn← (Rn) -1
DEC    direct     ; direct← (direct)-1
DEC    @Ri        ; (Ri) ← ((Ri))-1
```

无 DEC DPTR 指令。

这组指令特点：不影响标志位，除了 A 减 1 指令影响奇偶标志位 P 外。

6. 十进制调整指令

```
DA  A
```

该指令是对压缩 BCD 码加法运算时，跟在 ADD 和 ADDC 指令之后，用于对 BCD 码的加法运算结果进行修正，使其结果仍为 BCD 表达形式。

该"DA A"指令不适用于减法指令，即不能对减法进行 BCD 码调整。

关于 BCD 调整的原因：

① 十进制调整问题。

对 BCD 码加法运算，只能借助于二进制加法指令。但二进制数加法原则上并不适于十进制数的加法运算，有时会产生错误结果。例如：

编号	十进制加法运算	转换为二进制进行加法运算
（a）	3+6=9	0011+0110=1001
（b）	7+8=15	0111+1000=1111
（c）	9+8=17	1001+1000=10001

上述的 BCD 码运算中：

（a）结果正确。

（b）结果不正确，因为 BCD 码中没有 1111 这个编码。

（c）结果不正确，正确结果应为 17，而运算结果却是 11。

可见，二进制数加法指令不能完全适用于 BCD 码十进制数的加法运算，要对结果做有条件的修正，这就是所谓的十进制调整问题。

② 出错原因和调整方法。

出错原因在于 BCD 码共有 16 个编码，但只用到其中的 10 个，剩下 6 个没用到。这 6 个没用到的编码为无效编码。

在如下 BCD 码加运算中，凡结果进入或者跳过无效编码区时，结果出错。因此 1 位 BCD 码加法运算出错的情况有如下两种：

相加结果大于 9，说明已经进入无效编码区；

相加结果有进位，说明已经跳过无效编码区。

无论哪种错误，都因为 6 个无效编码造成的。因此，只要出现上述两种情况之一，就必须调整。方法是把运算结果加 6 调整，即加上无效编码的个数。调整方案：

若（A_{0-3}）>9 或（AC）=1 则（A_{0-3}）+06H→（A_{0-3}）；

若（A_{4-7}）>9 或（Cy）=1 则（A_{4-7}）+60H→（A_{4-7}）。

中间结果的修正是由 ALU 硬件中的十进制修正电路自动进行的。

【例 3-13】（A）=56H，（R5）=67H，56H+67H=123H。执行以下指令：

```
ADD A, R5
DA  A
```

ADD A, R5		0101 0110
	+	0110 0111
DA A		1011 1101
调整：	+	0110 0110
	1←	0010 0011

结果：（A）=23H，Cy=1，由此可见，56+67=123，结果正确。

7. 乘法指令

```
MUL AB   ;BA←A*B
```

功能：累加器 A 和寄存器 B 中的无符号 8 位整数相乘。

结果：其 16 位积的低位字节存放在累加器 A 中，高位字节在 B 中。

对标志位的影响：

进位标志 Cy 总是清"0"；

如果积大于 0FFH 即 255，则 OV=1，否则 OV=0；

累加器 A 的结果影响 P 标志。

8. 除法指令

```
DIV AB   ;A←A/B的商，B←A/B的余数
```

功能：累加器 A 中 8 位无符号整数除以寄存器 B 中的 8 位无符号整数。

结果：商存放在累加器 A 中，余数存放在寄存器 B 中。

对标志位的影响：

进位标志 Cy 总是清"0"；

如果 B 的内容为 0，结果 A、B 中的内容不定，则溢出标志位 OV=1；

累加器 A 的结果影响 P 标志。

算术运算类指令小结：

算术运算指令都是针对 8 位二进制无符号数的,如要进行带符号或多字节二进制数运算,需编写具体的运算程序,通过执行程序实现。

算术运算的结果将使 PSW 的进位（Cy）、辅助进位（Ac）、溢出（OV）3 种标志位置 1 或清 0。但增 1 和减 1 指令不影响这些标志。

3.2.3 逻辑操作类指令

1. 简单逻辑操作指令

（1）清 "0" 指令。

```
CLR  A;累加器 A 清"0",不影响 Cy、Ac、OV 等标志。
```

（2）取反指令。

```
CPL  A;累加器 A 按位取反,不影响 Cy、Ac、OV 等标志。
```

2. 移位指令

（1）左环移指令（见图 3-7）。

```
RL  A  ;累加器 A 的 8 位向左环移一位,不影响标志。
```

（2）右环移指令（见图 3-8）。

```
RR  A  ;累加器 A 的 8 位向右环移一位,不影响标志。
```

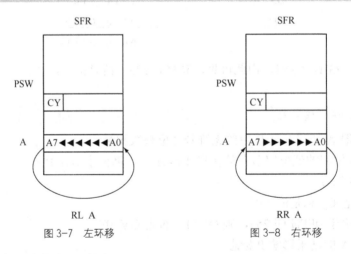

图 3-7　左环移　　　　　图 3-8　右环移

（3）带进位左环移指令（见图 3-9）。

```
RLC  A  ;累加器 A 的内容和进位标志位一起向左环移 1 位,不影响其他标志。
```

（4）带进位右环移指令（见图 3-10）。

```
RRC  A  ;累加器 A 的内容和进位标志位一起向右环移 1 位,不影响其他标志。
```

3. 逻辑与指令

```
ANL  A, Rn          ; A←(A)∧(Rn)
ANL  A, direct      ; A←(A)∧(direct)
```

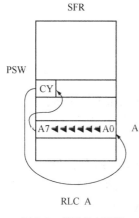

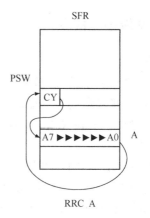

图 3-9 带进位左环移   图 3-10 带进位右环移

```
ANL    A, #data        ; A←(A)∧data
ANL    A, @Ri          ; A←(A)∧((Ri))
ANL    direct,A        ; direct←(direct)∧A
ANL    direct,#data    ; direct←(direct)∧data
```

这组指令的功能：在指出的变量之间以位为基础进行逻辑"与"操作，结果存放到目的变量所在的寄存器或存储器中去。

4. 逻辑或指令

```
ORL    A, Rn           ; A←(A)∨(Rn)
ORL    A, direct       ; A←(A)∨(direct)
ORL    A, #data        ; A←(A)∨data
ORL    A, @Ri          ; A←(A)∨((Ri))
ORL    direct, A       ; direct←(direct)∨A
ORL    direct, #data   ; direct←(direct)∨data
```

这组指令功能：在指出的变量之间执行以位为基础的逻辑"或"操作，结果存放到目的变量所在的寄存器或存储器中去。

5. 逻辑异或指令

```
XRL    A, Rn           ; A←(A)⊕(Rn)
XRL    A, direct       ; A←(A)⊕(direct)
XRL    A, #data        ; A←(A)⊕data
XRL    A, @Ri          ; A←(A)⊕((Ri))
XRL    direct,A        ; direct←(direct)⊕(A)
XRL    direct,#data    ; direct←(direct)⊕data
```

这组指令功能：在指出的变量之间执行以位为基础的逻辑"异或"操作，结果存放到目的变量所在的寄存器或存储器中去。

　　逻辑运算中，"与"运算常用于对某些位清零，"或"运算常用于对某些位置1，"异或"运算常用于对某些位取反。

3.2.4 控制转移类指令

1. 长转移指令

```
LJMP addr16  ；指令长度为三字节
```

该指令执行时，把转移的目的地址，即指令的第二和第三字节分别装入 PC 的高位和低位字节中，无条件地转向 addr16 指定的目的地址，即 64 KB 程序存储器地址空间的任何位置。

需要说明以下两点：

① 该指令是 64 KB 范围内的跳转，是因指令中包含 16 位地址；

② 执行：先 PC+3→PC，然后 addr16→PC，由此可见，第一步无实际作用。

【例 3-14】执行 2000H　　LJMP　　3000H 后，PC 的变化？

分析：① PC+3=2003H；② PC=3000H。

2. 相对转移指令

```
SJMP rel   ；指令长度为双字节
```

需要说明以下几点：

① rel 为 8 位有符号数，所以是-128～+127 范围内的无条件跳转；

② 执行过程：先 PC+2→PC，然后 PC=PC+rel，rel 为正数补码，或 PC=PC-(FFH+1-rel)，rel 为负数补码；

③ 实际编程只需写上目的地址标号，相对偏移量 rel 由汇编程序自动计算。

例如：

```
LOOP: MOV A, R6
      SJMP   LOOP
```

汇编时，跳到 LOOP 处的偏移量由汇编程序自动计算和填入。

3. 绝对转移指令

```
AJMP addr11   ；指令长度为双字节
```

该指令提供 11 位地址 A10～A0（即 addr11），其中 A10～A8 则位于第 1 字节的高 3 位，A7～A0 在第 2 字节。操作码只占第 1 字节的低 5 位。

需要说明以下几点：

① 因为指令中包含 11 位地址，所以这是 2 KB 范围内的无条件跳转。

② 执行：先 PC+2→PC，然后 addr11→PC.10～PC.0，PC.15～PC.11 不变。

【例 3-15】执行 2000H　　AJMP　　600H 之后，PC 的变化？

分析：①PC+2=2002H；②PC 由 2002H->2600H，属于 PC 变化范围内：0010 0000 0000 0010～0010 0111 1111 1111 即 2000H～27FFH。

需注意，目标地址必须与 AJMP 指令的下一条指令首地址的高 5 位地址码 A15～A11 相同，否则将混乱。所以，是 2 KB 范围内的无条件跳转指令。

若执行指令 2000H: AJMP　　2800H 可以吗？答案显然是不可以。读者请自行思考。

4. 间接跳转指令

```
JMP   @A+DPTR  ；指令长度为单字节
```

该指令功能：累加器中的 8 位无符号数与数据指针 DPTR 的 16 位数相加，结果作为下一条指令的地址送入 PC。

注意   该指令不会改变累加器 A 和数据指针 DPTR 的内容，也不影响标志位。

用法：DPTR 的值固定，A 变化，即可实现程序的多分支转移。

5. 条件转移指令

条件转移指令是依某种特定条件转移的指令。条件满足时转移，不满足时顺序执行下一条指令。

```
JZ   rel        ;若A=0，则转移
JNZ  rel        ;若A≠0，则转移
```

6. 比较不相等转移指令

```
CJNE  A,direct,rel
CJNE  A,#data,rel
CJNE  Rn,#data,rel
CJNE  @Ri,#data,rel
```

功能：比较前面两个操作数大小，若值不相等则转移。常用于循环结构。

特点：

① 前两个操作数相减，但不保留结果，也不改变任何一个操作数的内容。

② 影响标志位：当第一操作数<第二操作数，则进位标志位 CY=1；

当第一操作数≥第二操作数，则进位标志位 CY=0。

7. 减 1 不为 0 转移指令

```
DJNZ  Rn, rel
DJNZ  direct, rel
```

功能：先(Rn 或 direct)-1→(Rn 或 direct)，若结果不为 0 则转移。

用法：用于控制程序循环。预先装入循环次数，以减 1 后是否为"0"作为转移条件，这样可以实现按次数控制循环。

【例 3-16】班级成绩存在片内以 30H 为首址的单元中，统计该班及格、不及格人数。

程序段如下：

```
        MOV   R0, #52H
        MOV   R7, #23H
AAA:    MOV   A, @R0
        CJNE  A,#60,XU60
        INC   R1              ;=60
        SJMP  DEND
XU60:   JNC   DU60
        INC   R2              ;<60
        SJMP  DEND
DU60:   INC   R1              ;>60
DEND:   DEC   R0
        DJNZ  R7, AAA
        END
```

程序示意图如下：

	RAM
30H	69
31H	100
	98
	13
	55
	:
R0→52H	100

8. 调用子程序指令

（1）长调用指令。

```
LCALL   addr16   ; 3 字节指令
```

特点：可调用 64 KB 范围内程序存储器中的任何一个子程序。

操作：① PC+3→PC，即获得下一条指令的地址（断点地址）；

② SP+1→SP，PCL→(SP)；SP+1→SP，PCH→(SP)，即压入堆栈保护断点地址；

③ addr16→PC，即将指令的第二和第三字节（A15~A8，A7~A0）分别装入 PC 的高位和低位字节中，然后从 PC 指定的地址开始执行程序，执行后不影响任何标志位。

（2）绝对调用指令。

```
ACALL   addr11   ; 2 字节指令，指令字节如表 3-2 所示。
```

表 3-2　　　　　　　　　　　　　　　ACALL 指令字节内容

第 1 字节	A10	A9	A8	0	1	0	0	1
第 2 字节	A7	A6	A5	A4	A3	A2	A1	A0

操作：与 AJMP 指令类似，不影响标志位。

① PC+2→PC；

② SP+1→SP，PCL→(SP)；SP+1→SP，PCH→(SP)；

③ addr11→PC.10~PC.0。

注意　　　　该指令为 2 KB 范围内的调用子程序的指令。子程序地址必须与 ACALL 指令下一条指令的 16 位首地址中的高 5 位地址相同，否则将混乱。

9. 子程序的返回指令

```
RET
```

执行本指令时，(SP)→PCH，然后(SP)-1→SP；(SP)→PCL，然后(SP)-1→SP。

功能：从堆栈中弹出数据到 PC 的高 8 位和低 8 位字节，把栈指针减 2，从刚恢复的 PC 值处开始继续执行程序，不影响任何标志位。

10. 中断返回指令

```
RETI
```

与 RET 指令相似，不同之处是：该指令同时还清除了中断响应时被置 1 的内部中断优先级寄存器的中断优先级状态，其他操作与 RET 相同。

11. 空操作指令

```
NOP
```

操作：PC+1→PC

特点：

CPU 不进行任何实际操作，只消耗 1 个机器周期的时间。

常用于程序中的等待或时间的延迟。

3.2.5 位操作类

由于 STC89C52 单片机内部有一个位处理机，所以对位地址空间具有比较丰富的位操作指令。这类指令不影响其他标志位，只影响本身的 CY（写作 C）。

1. 数据位传送指令

其中一个操作数必须是进位标志。

```
MOV  C , bit
MOV  bit , C
```

2. 位变量修改指令

```
CLR   C ; 清零
CLR   bit
CPL   C ; 取反
CPL   bit
SETB  C ; 置位
SETB  bit
```

3. 位变量逻辑与指令

```
ANL   C,bit
ANL   C,/bit
```

4. 位变量逻辑或指令

```
ORL   C,bit
ORL   C,/bit
```

指令中的/bit，不影响直接寻址位求反前原来的状态。

5. 条件转移类指令

```
JC    rel          ; Cy=1，则转移
JNC   rel          ; Cy=0，则转移
JB    bit, rel     ; bit=1，则转移
JNB   bit, rel     ; bit=0，则转移
JBC   bit, rel     ; 先 bit=1，则转移，再清 bit
```

至此，前面按功能分类介绍了汇编语言指令系统，作为指令系统的总结如表 3-3 所示。

表 3-3 汇编指令总表

分类	助记符		说明	字节数	机器周期	指令代码（机器代码）
1. 数据传送类	MOV	A,Rn	寄存器内容传送到累加器 A	1	1	E8H～EFH
	MOV	A,direct	直接寻址字节传送到累加器	2	1	E5H,direct
	MOV	A,@Ri	间接寻址 RAM 传送到累加器	1	1	E6H～E7H
	MOV	A,#data	立即数传送到累加器	2	1	74H,data
	MOV	Rn,A	累加器内容传送到寄存器	1	1	F8H～FFH
	MOV	Rn,direct	直接寻址字节传送到寄存器	2	2	A8H～AFH,direct
	MOV	Rn,#data	立即数传送到寄存器	2	1	78H～7FH,data
	MOV	direct,A	累加器内容传送到直接寻址字节	2	1	F5H,direct
	MOV	direct,Rn	寄存器内容传送到直接寻址字节	2	2	88H～8FH,direct
	MOV	direct1,direct2	直接寻址字节 2 传送到直接寻址字节 1	3	2	85H,direct2,direct1
	MOV	direct,@Ri	间接寻址 RAM 传送到直接寻址字节	2	2	86H～87H,direct
	MOV	direct,#data	立即数传送到直接寻址字节	3	2	75H,direct,data
	MOV	@Ri,A	累加器传送到间接寻址 RAM	1	1	F6H～F7H
	MOV	@Ri,direct	直接寻址字节传送到间接寻址 RAM	2	2	A6H～A7H,direct
	MOV	@Ri,#data	立即数传送到间接寻址 RAM	2	1	76H～77H,data
	MOV	DPTR,#data16	16 位常数装入到数据指针	3	2	90H,dataH,dataL
	MOVC	A,@A+DPTR	程序存储器代码字节传送到累加器	1	2	93H
	MOVC	A,@A+PC	程序存储器代码字节传送到累加器	1	2	83H

分类	助记符		说明	字节数	机器周期	指令代码（机器代码）
1. 数据传送类	MOVX	A,@Ri	外部 RAM（8 位地址）传送到 A	1	2	E2H～E3H
	MOVX	A,@DPTR	外部 RAM（16 位地址）传送到 A	1	2	E0H
	MOVX	@Ri,A	累加器传送到外部 RAM（8 位地址）	1	2	F2H～F3H
	MOVX	@DPTR,A	累加器传送到外部 RAM（16 位地址）	1	2	F0H
	PUSH	direct	直接寻址字节压入栈顶	2	2	C0H,direct
	POP	direct	栈顶字节弹到直接寻址字节	2	2	D0H,direct
	XCH	A,Rn	寄存器和累加器交换	1	1	C8H～CFH
	XCH	A,direct	直接寻址字节和累加器交换	2	1	C5H,direct
	XCH	A,@Ri	间接寻址 RAM 和累加器交换	1	1	C6H～C7H
	XCHD	A,@Ri	间接寻址 RAM 和累加器交换低半字节	1	1	D6H～D7H
	SWAP	A	累加器内高低半字节交换	1	1	C4H
2. 算术运算类	ADD	A,Rn	寄存器内容加到累加器	1	1	28H～2FH
	ADD	A,direct	直接寻址字节内容加到累加器	2	1	25H,direct
	ADD	A,@Ri	间接寻址 RAM 内容加到累加器	1	1	26H～27H
	ADD	A,#data	立即数加到累加器	2	1	24H,data
	ADDC	A,Rn	寄存器加到累加器（带进位）	1	1	38H～3FH
	ADDC	A,direct	直接寻址字节内容加到累加器（带进位）	2	1	35H,direct
	ADDC	A,@Ri	间接寻址 RAM 内容加到累加器（带进位）	1	1	36H～37H
	ADDC	A,#data	立即数加到累加器（带进位）	2	1	34H,data
	SUBB	A,Rn	累加器内容减去寄存器内容（带借位）	1	1	98H～9FH
	SUBB	A,direct	累加器内容减去直接寻址字节（带借位）	2	1	95H,direct
	SUBB	A,@Ri	累加器内容减去间接寻址 RAM（带借位）	1	1	96H～97H
	SUBB	A,#data	累加器内容减去立即数（带借位）	2	1	94H,data

续表

分类	助记符		说明	字节数	机器周期	指令代码（机器代码）
2. 算术运算类	INC	A	累加器增 1	1	1	04H
	INC	Rn	寄存器增 1	1	1	08H～0FH
	INC	direct	直接寻址字节增 1	2	1	05H,direct
	INC	@Ri	间接寻址 RAM 增 1	1	1	06H～07H
	DEC	A	累加器减 1	1	1	14H
	DEC	Rn	寄存器减 1	1	1	18H～1FH
	DEC	direct	直接寻址字节减 1	2	1	15H,direct
	DEC	@Ri	间接寻址 RAM 减 1	1	1	16H～17H
	INC	DPTR	数据指针增 1	1	2	A3H
	MUL	AB	累加器和寄存器 B 相乘	1	4	A4H
	DIV	AB	累加器除以寄存器 B	1	4	84H
	DA	A	累加器十进制调整	1	1	D4H
3. 逻辑运算类	ANL	A,Rn	寄存器"逻辑与"到累加器	1	1	58H～5FH
	ANL	A,direct	直接寻址字节"逻辑与"到累加器	2	1	55H,direct
	ANL	A,@Ri	间接寻址 RAM "逻辑与"到累加器	1	1	56H～57H
	ANL	A,#data	立即数"逻辑与"到累加器	2	1	54H,data
	ANL	direct,A	累加器"逻辑与"到直接寻址字节	2	1	52H,direct
	ANL	direct,#data	立即数"逻辑与"到直接寻址字节	3	1	53H,direct,data
	ORL	A,Rn	寄存器"逻辑或"到累加器	1	1	48H～4FH
	ORL	A,direct	直接寻址字节"逻辑或"到累加器	2	1	45H,direct
	ORL	A,@Ri	间接寻址 RAM "逻辑或"到累加器	1	1	46H～47H
	ORL	A,#data	立即数"逻辑或"到累加器	2	1	44H,data
	ORL	direct,A	累加器"逻辑或"到直接寻址字节	2	2	42H,direct
	ORL	direct,#data	立即数"逻辑或"到直接寻址字节	3	2	43H,direct,data
	XRL	A,Rn	寄存器"逻辑异或"到累加器	1	1	68H～6FH
	XRL	A,direct	直接寻址字节"逻辑异或"到累加器	2	1	65H,direct

续表

分类	助记符		说明	字节数	机器周期	指令代码（机器代码）
3. 逻辑运算类	XRL	A,@Ri	间接寻址 RAM "逻辑异或"到累加器	1	1	66H～67H
	XRL	A,#data	立即数"逻辑异或"到累加器	2	1	64H,dataH
	XRL	direct,A	累加器"逻辑异或"到直接寻址字节	2	1	62H,direct
	XRL	direct,#data	立即数"逻辑异或"到直接寻址字节	3	2	63H,direct,data
	CLR	A	累加器清 0	1	1	E4H
	CPL	A	累加器求反	1	1	F4H
	RL	A	累加器循环左移	1	1	23H
	RLC	A	经过进位标志位的累加器循环左移	1	1	33H
	RR	A	累加器循环右移	1	1	03H
	RRC	A	经过进位标志位的累加器循环右移	1	1	13H
4. 控制转移类	ACALL	Addr11	绝对调用子程序	2	2	a10a9a810001,addr(7～0)
	LCALL	Addr16	长调用子程序	3	2	12H,addr(15～8),addr(7～0)
	RET		子程序返回	1	2	22H
	RETI		中断返回	1	2	32H
	AJMP	Addr11	绝对转移	2	2	a10a9a800001,addr(7～0)
	LJMP	Addr16	长转移	3	2	02H,addr(15～8),addr(7～0)
	SJMP	rel	短转移（相对偏移）	2	2	80H,rel
	JMP	@A+DPTR	相对 DPTR 的间接转移	1	2	73H
	JZ	rel	累加器为零则转移	2	2	60H,rel
	JNZ	rel	累加器为非零则转移	2	2	70H,rel
	CJNE	A,direct,rel	比较直接寻址字节和 A,不相等则转移	3	2	B5H,direct,rel
	CJNE	A,#data,rel	比较立即数和 A,不相等则转移	3	2	B4H,data,rel
	CJNE	Rn,#data,rel	比较立即数和寄存器,不相等则转移	3	2	B8H～BFH,data,rel
	CJNE	@Ri,#data,rel	比较立即数和间接寻址 RAM,不相等则转移	3	2	B6H～B7H,data,rel
	DJNZ	Rn,rel	寄存器减 1,不为零则转移	2	2	D8H～DFH,rel
	DJNZ	direct,rel	地址字节减 1,不为零则转移	3	2	D5H,direct,rel
	NOP		空操作	1	1	00H

续表

分类	助记符		说明	字节数	机器周期	指令代码（机器代码）
5.位操作类	CLR	C	进位标志位清 0	1	1	C3H
	CLR	bit	直接寻址位清 0	2	1	C2H,bit
	SETB	C	进位标志位置 1	1	1	D3H
	SETB	bit	直接寻址位置 1	2	1	D2H,bit
	CPL	C	进位标志位取反	1	1	B3H
	CPL	bit	直接寻址位取反	2	1	B2H,bit
	ANL	C,bit	直接寻址位"逻辑与"到进位标志位	2	2	82H,bit
	ANL	C,/bit	直接寻址位的反码"逻辑与"到进位标志位	2	2	B0H,bit
	ORL	C,bit	直接寻址位"逻辑或"到进位标志位	2	2	72H,bit
	ORL	C,/bit	直接寻址位的反码"逻辑或"到进位标志位	2	2	A0H,bit
	MOV	C,bit	直接寻址位传送到进位标志位	2	2	A2H,bit
	MOV	bit,C	进位标志位传送到直接寻址标志位	2	2	92H,bit
	JC	rel	进位标志位为 1 则转移	2	2	40H,rel
	JNC	rel	进位标志位为 0 则转移	2	2	50H,rel
	JB	bit,rel	直接寻址位为 1 则转移	3	2	20H,bit,rel
	JNB	bit,rel	直接寻址位为 0 则转移	3	2	30H,bit,rel
	JBC	bit,rel	直接寻址位为 1 则转移，并清除该位	3	2	10H,bit,rel

3.3 STC89C52 单片机汇编语言程序设计概述

3.3.1 汇编语言程序设计基础

程序是指令的有序集合。单片机运行就是执行指令序列的过程。编写这一指令序列的过程称为程序设计。

1. 单片机常用编程语言

单片机编程语言常用的是汇编语言和高级语言。

（1）汇编语言。

用英文字符来代替机器语言，这些英文字符被称为助记符。

用汇编语言编写的程序称为汇编语言源程序。汇编语言源程序需转换（翻译）成为二进制代码表示的机器语言程序，才能识别和执行，这一过程称为汇编。完成"翻译"的程序称为汇编程序。经汇编程序"汇编"得到的以"0""1"代码形式表示的机器语言程序称为目标程序。

优点：用汇编语言编写程序效率高，占用存储空间小，运行速度快，能编写出最优化的程序。

缺点：可读性差，离不开具体的硬件，面向"硬件"的语言通用性差。

（2）高级语言。

目前，多数的 51 单片机用户使用 C 语言（C51）来进行程序设计，已公认为高级语言中高效简洁而又贴近 51 单片机硬件的编程语言。其优点有：不受具体"硬件"的限制，通用性强，直观、易懂、易学，可读性好。

尽管目前已有不少设计人员使用 C51 来进行程序开发，但在对程序的空间和时间要求较高的场合，汇编语言仍必不可少。

在这种场合下，可使用 C 语言和汇编语言混合编程。在很多需要直接控制硬件且对实时性要求较高的场合，则更是非用汇编语言不可。

因此，掌握汇编语言并能进行程序设计，是学习和掌握单片机程序设计的基本功之一。

2. 汇编语言的伪指令语句

汇编语言的两种基本语句：指令语句和伪指令语句。

（1）指令语句。

其格式已经在前面的小节介绍过。每一指令语句在汇编时都产生一个指令代码（机器代码），执行该指令代码对应着机器的一种操作。

（2）伪指令语句。

"伪"体现在汇编后，伪指令没有相应的机器代码产生。只有在汇编前的源程序中才有伪指令。伪指令是在汇编语言源程序中向汇编程序发出的指示信息，告诉它如何完成汇编工作。

伪指令不属于指令系统中的汇编语言指令，是控制汇编（翻译）过程的一些控制命令，它是程序员发给汇编程序的命令，也称为汇编程序控制命令。

伪指令具有控制汇编程序的输入/输出、定义数据和符号、条件汇编、分配存储空间等功能，下面介绍常用的伪指令。

① 汇编起始地址命令 ORG。

格式：ORG   十进制/十六进制数

功能：用来规定程序的起始地址。在一个源程序中，可多次用 ORG 指令，规定不同的程序段的起始地址。但是，地址必须由小到大排列，且不能交叉、重叠。如果不用 ORG，则汇编得到的目标程序将从 0000H 地址开始。

例如：这种顺序是正确的。

```
ORG  2000H
......
ORG  2500H
......
ORG  3000H
......
```

下面这种顺序是错误的，因为地址出现了交叉。

```
ORG  2500H
……
ORG  2000H
……
ORG  3000H
……
```

② 汇编终止命令 END。

格式：　END

功能：源程序结束标志，终止源程序的汇编工作。整个源程序中只能有一条 END 命令，且位于程序的最后。如果 END 出现在程序中间，其后的源程序将不进行汇编处理。

③ 标号赋值命令 EQU 。

格式：标号 EQU　数值/符号

功能：用于给标号赋值，其标号值在整个程序有效。一般放在程序开始处。

例如：

```
        ORG  0000H
        LJMP START
        ORG  2000H
COUNT EQU  10H
START: MOV  10H,#20H
        MOV  11H,#30H
        MOV  R0,#10H
        MOV  R1,#COUNT
        MOV  R2,COUNT
        MOV  R3,#COUNT+1
        MOV  R4,COUNT+1
        SJMP  $
  END
```

执行后结果为：R0=10H，R1=10H，R2=20H，R3=11H，R4=30H。

④ 定义数据字节命令 DB（Define Byte）。

格式：DB　　字节常数或 ASCII 字符

功能：用于从指定地址开始在程序存储器连续单元中定义字节数据。

例如：

```
ORG 2000H
DB  30H, 24,"C","B"
DB  0ACH
```

汇编后结果如下：

```
(2000H)=30H
(2001H)=18H  ;十进制数 24
(2002H)=43H  ;字符"C"的 ASCII 码
(2003H)=42H  ;字符"B"的 ASCII 码
(2004H)=ACH
```

程序结果示意图如下：

⑤ 定义数据字命令 DW（Define Word）。

格式：DB　字常数或 ASCII 字符

功能：用于从指定的地址开始在程序存储器的连续单元中定义字数据。

例如：

```
ORG 2000H
DW  1246H,7BH,10
```

汇编后结果如下：

```
(2000H)=12H  ;第1个字
(2001H)=46H
(2002H)=00H  ;第2个字
(2003H)=7BH
(2004H)=00H  ;第3个字
(2005H)=0AH
```

程序结果示意图如下：

⑥ 定义存储区命令 DS（Define Storage）。

格式：DS　表达式

功能：从指定地址开始，保留指定数目的字节单元作为存储区，供程序运行使用。

例如：

```
ORG   2000H
DS    08H
DB    30H,8AH    ;则30H从2008H单元开始存放
```

DB、DW 和 DS 命令只能对程序存储器有效，不能对数据存储器使用。

⑦ 位定义命令 BIT。

格式：字符名称　　BIT　　位地址操作数

功能：用于给字符名称赋以位地址，位地址可以是绝对位地址，也可是符号地址。

例如：

```
P10 BIT  P1.0
WR  BIT  P3.6
```

3. 汇编语言源程序的汇编方法

（1）手工汇编。

通过查指令的机器代码表，把助记符指令逐个"翻译"成机器代码，再进行调试和运行。手工汇编遇到相对转移偏移量的计算时，较麻烦，易出错，只有小程序或受条件限制时才使用。实际中，多采用"汇编程序"来自动完成汇编。

（2）机器汇编。

用计算机上的软件（汇编程序）来代替手工汇编。在计算机上用编辑软件进行源程序编辑，然后生成一个 ASCII 码文件，扩展名为 .asm。在计算机上运行汇编程序，译成机器码。机器码通过计算机的串口（或并口）传送到用户样机（或在线仿真器），进行程序的调试和运行。有时，在分析某些产品的程序的机器代码时，需将机器代码翻译成汇编语言源程序，称为"反汇编"。

3.3.2 基本程序结构与程序设计举例

1. 顺序程序结构

查表程序是一种常用程序，可避免复杂的运算或转换过程，可完成数据补偿、修正、计算、转换等各种功能，具有程序简单、执行速度快等优点。

查表是根据自变量 x，在表格寻找 y，使 y=f(x)。单片机中，数据表格存放于程序存储器内，在执行查表指令时，发出读程序存储器选通脉冲。两条极为有用的查表指令如下：

- MOVC　A，@A+DPTR；
- MOVC　A，@A+PC。

【例 3-17】设计一子程序，功能是根据累加器 A 中的数 x（0～9 之间）查 x 的平方表 y，即根据 x 的值查出相应的平方值 y。本例中的 x 和 y 均为单字节数。

地址	子程序
Y3Y2Y1Y0	ADD　A，#01H
Y3Y2Y1Y0+2	MOVC A，@A+PC
Y3Y2Y1Y0+3	RET
Y3Y2Y1Y0+4	DB 00H，01H，04H，09H，10H DB 19H，24H，31H，40H，51H；数 0～9 的平方表

指令"ADD A，#01H"的作用是 A 中的内容加上"01H"，"01H"即为查表指令与平方表之间的"RET"指令所占的字节数。加上"01H"后，可保证 PC 指向表首。累加器 A 中

原来的内容仅是从表首开始向下查找多少个单元，在进入程序前 A 的内容在 00~09H 之间，如 A 中的内容为 02H，它的平方为 04H，可根据 A 的内容查出 x 的平方。

然而，使用指令 "MOVC　A，@A+DPTR" 时不必计算偏移量，表格可以设在 64 KB 程序存储器空间内的任何地方，而不像 "MOVC　A，@A+PC" 那样只设在 PC 下面的 256 个单元中。

例 3-21 可改成如下形式：

```
PUSH    DPH             ;保存 DPH
PUSH    DPL             ;保存 DPL
MOV     DPTR, #TAB1
MOVC    A, @A+DPTR
POP     DPL             ;恢复 DPL
POP     DPH             ;恢复 DPH
RET
TAB1:   DB 00H, 01H, 04H, 09H, 10H   ;平方表
        DB 19H, 24H, 31H, 40H, 51H
```

说明　　　如果 DPTR 已被使用，则在查表前必须保护 DPTR，且结束后恢复 DPTR。

实际查表程序设计中，有时 x 为单字节数、y 为双字节数，有时 x 和 y 都是双字节数，如下例所示。

【例 3-18】以 STC89C52 为核心的温度控制器，温度传感器输出的电压与温度为非线性关系，传感器输出的电压已由 A/D 转换为 10 位二进制数。测得不同温度下的电压值数据构成一个表，表中温度值为 y（双字节无符号数），电压值数据为 x（双字节无符号数）。设测得电压值 x 放入 R2R3 中，根据电压值 x 查找对应的温度值 y，仍放入 R2R3 中。

参考程序：

```
LTB2:   MOV     DPTR, #TAB2
        MOV     A, R3
        CLR     C
        RLC     A
        MOV     R3, A
        XCH     A, R2
        RLC     A
        XCH     R2, A
        ADD     A, DPL          ;(R2R3)+(DPTR)→(DPTR)
        MOV     DPL, A
        MOV     A, DPH
        ADDC    A, R2
        MOV     DPH, A
        CLR     A
        MOVC    A, @A+DPTR      ;查第一字节
        MOV     R2, A           ;第一字节存入 R2 中
        CLR     A
        INC     DPTR
        MOVC    A, @A+DPTR      ;查第二字节
        MOV     R3, A           ;第二字节存入 R3 中
        RET
TAB2:   DW …, … ,…             ;温度值表
```

2. 分支程序结构

分支程序结构分为无条件转移和有条件转移。有条件分支转移程序又可分为单分支转移和多分支转移。

（1）单分支选择结构。

单分支选择结构仅有两个出口，两者选一。一般根据运算结果的状态标志，用条件判跳指令来选择并转移。

【例 3-19】求单字节有符号数的二进制补码。

分析：正数补码是其本身，负数补码是其反码加 1。因此，应首先判被转换数的符号，负数进行转换，正数本身即为补码。

设二进制数放在 A 中，其补码放回到 A 中，参考程序如下：

```
CMPT:   JNB  Acc.7,RETURN    ;(A)>0,不需转换
        MOV  C,Acc.7          ;符号位保存
        CPL  A                ;(A)求反，加 1
        ADD  A,#1
        MOV  Acc.7,C          ;符号位存在 A 的最高位
RETURN: RET
```

（2）多分支选择结构。

当程序的判别部分有两个以上的出口时，为多分支选择结构。指令系统提供了非常有用的两种多分支选择指令：

间接转移指令：JMP   @A+DPTR

比较转移指令：

```
        CJNE    A，direct，rel
        CJNE    A，#data，rel
        CJNE    Rn，#data，rel
        CJNE    @Ri，#data，rel
```

间接转移指令"JMP   @A+DPTR"由数据指针 DPTR 决定多分支转移程序的首地址，由 A 的内容选择对应分支。4 条比较转移指令 CJNE 能对两个欲比较的单元内容进行比较，当不相等时，程序实现相对转移；若两者相等，则顺序往下执行。

简单的分支转移程序的设计，常采用逐次比较法，就是把所有不同的情况一个一个地进行比较，发现符合就转向对应的处理程序。缺点是程序太长，有 n 种可能的情况，就需有 n 个判断和转移。

实际中，典型例子就是当单片机系统中的键盘按下时，就会得到一个键值，根据不同的键值，跳向不同的键处理程序入口。此时，可用直接转移指令（LJMP 或 AJMP 指令）组成一个转移表，然后把该单元的内容读入累加器 A，转移表首地址放入 DPTR 中，再利用间接转移指令实现分支转移。

【例 3-20】根据寄存器 R2 的内容转向各处理程序 PRGX（X=0～n）。(R2)=0，转 PRG0；(R2)=1，转 PRG1；……；(R2)=n)，转 PRGn。

程序段如下：

```
JMP6:  MOV  DPTR,#TAB5   ;转移表首地址送 DPTR
       MOV  A,R2         ;分支转移参量送 A
```

```
        MOV    B, #03H       ;乘数 3 送 B
        MUL    AB            ;分支转移参量乘 3
        MOV    R6, A         ;乘积的低 8 位暂存 R6
        MOV    A, B          ;乘积的高 8 位送 A
        ADD    A , DPH       ;乘积的高 8 位加到 DPH 中
        MOV    DPH, A
        MOV    A, R6
        JMP    @A+DPTR       ;多分支转移选择
        ......
TAB5:   LJMP   PRG0
        LJMP   PRG1
        ......
        LJMP   PRGn
```

思考：此例题为什么分支转换参量要乘 3？答：因为 TAB5 表中的每条 LJMP 指令的长度为 3 字节。

3. 循环程序结构

（1）循环程序的结构主要由以下四部分组成。

循环初始化：完成循环前的准备工作。例如，循环控制计数初值的设置、地址指针起始地址的设置、为变量预置初值等。

循环处理：完成实际的处理工作，反复循环执行的部分，故又称循环体。

循环控制：在重复执行循环体的过程中，不断修改循环控制变量，直到符合结束条件就结束循环程序的执行。循环结束控制方法分为循环计数控制法和条件控制法。

循环结束：这部分是对循环程序执行的结果进行分析、处理和存放。

（2）循环结构的控制分为循环计数控制结构和条件控制结构。

① 计数循环控制结构。

依据计数器的值来决定循环次数，一般为减 1 计数器，计数器减到"0"时，结束循环。计数器初值在初始化时设定。

MCS-51 指令系统提供了功能极强的循环控制指令：

```
DJNZ    Rn, rel         ;以工作寄存器作控制计数器
DJNZ    direct, rel     ;以直接寻址单元作控制计数器
```

计数控制只有在循环次数已知的情况下才适用。循环次数未知，不能用循环次数来控制，往往需要根据某种条件来判断是否应该终止循环。

【例 3-21】求 n 个单字节无符号数 xi 的和，xi 按 i 顺序存放在单片机内部 RAM 从 50H 开始的单元中，n 放在 R2 中，所求和（为双字节）放在 R3R4 中。程序如下：

```
ADD1:   MOV  R2,#n      ;加法次数 n 送 R2
        MOV  R3,#0      ;R3 存放和的高 8 位，初始值为 0
        MOV  R4,#0      ;R4 存放和的低 8 位，初始值为 0
        MOV  R0,#50H
LOOP:   MOV  A,R4
        ADD  A,@R0
        MOV  R4,A
        INC  R0
```

```
        CLR      A
        ADDC     A,R3
        MOV      R3,A
        DJNZ     R2,LOOP        ;判加法循环次数是否已到?
        END
```

用寄存器 R2 作为计数控制变量, R0 作为变址单元, 用它来寻址 xi。一般来说, 循环工作部分中的数据应该用间接方式来寻址, 如这里用: ADD   A, @R0。

② 条件控制结构。

循环控制中, 设置一个条件, 判断是否满足该条件, 如满足, 则循环结束。如不满足该条件则循环继续。

【例 3-22】一串字符依次存放在内部 RAM 从 30H 单元开始的连续单元中, 字符串以 0AH 为结束标志, 测试字符串长度。

采用逐个字符依次与 0AH 比较(设置的条件)的方法。如果字符与 0AH 不等, 则长度计数器和字符串指针都加 1; 如果比较相等, 则表示该字符为 0AH, 字符串结束, 计数器值就是字符串的长度。程序如下:

```
        MOV      R4,#0FFH          ;长度计数器初值送 R4
        MOV      R1,#2FH           ;字符串指针初值送 R1
NEXT:   INC      R4
        INC      R1
        CJNE     @ R1,#0AH, NEXT   ;比较, 不等则进行下一字符比较
        END
```

上面两例都是单循环程序。如果一个循环程序中包含了其他循环程序, 则称为多重循环程序。最常见的多重循环是由 DJNZ 指令构成的软件延时程序。

【例 3-23】50 ms 延时程序。

软件延时程序与指令执行时间有很大的关系。在使用 12 MHz 晶振时, 一个机器周期为 1 μs, 执行一条 DJNZ 指令的时间为 2 μs。可用双重循环方法的延时 50 ms, 程序如下:

```
DEL:   MOV     R7,#200     ;本指令执行时间 1μs
DEL1:  MOV     R6,#125     ;本指令执行时间 1μs
DEL2:  DJNZ    R6,DEL      ;指令执行 1 次为 2μs, 125×2 μs=250μs
       DJNZ    R7,DEL1     ;指令执行时间 2μs, 本循环体执行 125 次
       RET                 ;指令执行时间 2μs
```

它的延时时间为[1+(1+250+2)×200+2] μs=50.603 ms

注意

用软件实现延时程序, 不允许有中断, 否则将严重影响定时的准确性。对于延时更长的时间, 可采用多重的循环。

4. 子程序结构

将那些需多次应用的、完成相同的某种基本运算或操作的程序段从整个程序中独立出来, 单独编成一个程序段, 需要时进行调用, 这样的程序段称为子程序。其优点是采用子程序可使程序结构简单, 缩短程序的设计时间, 减少占用的程序存储空间。

（1）子程序的设计原则和应注意的问题。

① 子程序的入口地址，子程序首条指令前必须有标号。

② 主程序调用子程序，是通过调用指令来实现。有两条子程序调用指令：

绝对调用指令 ACALL addr11。双字节，addr11 指出了调用的目的地址，PC 中 16 位地址中的高 5 位不变，被调用的子程序的首地址与绝对调用指令的下一条指令的高 5 位地址相同，即只能在同一个 2 KB 区域内。

长调用指令 LCALL addr16。三字节，addr16 为直接调用的目的地址，子程序可放在 64 KB 程序存储器区任意位置。

③ 子程序结构中必须用到堆栈，用来进行断点和现场的保护。

④ 子程序返回主程序时，最后一条指令必须是 RET 指令。其功能是把堆栈中的断点地址弹出送入 PC 指针中，从而实现子程序返回后能从主程序断点处继续执行主程序。

⑤ 子程序可以嵌套，即主程序可以调用某子程序，该子程序又可调用另外的子程序。

（2）子程序的基本结构。

典型的子程序的基本结构如下：

```
MAIN:  ......           ;MAIN 为主程序入口标号
       ......
       LCALL  SUB       ;调用子程序 SUB
       ......
SUB:   PUSH   PSW       ;现场保护
       PUSH   Acc
       ......           ;子程序处理程序段
       POP    Acc       ;现场恢复，注意要先进后出
       POP    PSW
       RET              ;最后一条指令必须为 RET
```

注意　上述子程序结构中，现场保护与现场恢复不是必需的，要根据实际情况而定。

5. STC89C52 数据传送汇编语言编程举例

通过汇编语言的学习和对 STC89C52 内部编程结构的初步了解，现举一例，用汇编语言编程实现。

【例 3-24】设单片机片内存储器存储区首地址为 30H，片外存储器存储区首地址为 3000H，存取数据字节个数 16 个，并将片内存储区的这 16 个字节的内容设置为 01H～10H，将片内首地址为 30H 开始的 16 个单元的内容传送到片外首地址为 3000H 开始的数据存储区中保存。

程序代码如下：

```
        ORG   0000H
DADDR EQU   30H       ;片内数据区首地址
XADDR EQU   3000H     ;片外数据区首地址
COUNT EQU   10H       ;传送数据大小，共16个字节
MAIN: MOV   SP,#60H   ;重置堆栈指针
```

```
        MOV     R0,#DADDR    ;设置片内数据区首地址
        MOV     R2,#COUNT    ;设置传送数据区大小即 16 个字节
/*********片内数据区初始化***********/
INIT: MOV A,#01H
LOOP1:MOV @R0,A
        INC  A
        INC  R0
        DJNZ R2,LOOP1
/***********片内外数据传送************/
DXMOV:MOV     R0,#DADDR    ;设置片内数据区首地址
        MOV     DPTR,#XADDR  ;设置片外数据区首地址
        MOV     R2,#COUNT    ;设置传送数据区大小即 16 个字节
LOOP2:MOV     A,@R0
        MOVX    @DPTR,A
        INC     R0
        INC     DPTR
        DJNZ    R2,LOOP2
        END
```

运行结果：内部数据区 30H～3FH 单元内容为 01H～10H，片外数据区 3000H～300FH 内容为 01H～10H。

在 Keil 环境下，用 Debug 调试该程序，打开 Registers 窗口，使用单步调试（Step），观察寄存器（Rn、A、DPTR、PSW）内容的变化；同时打开 Memory 窗口，输入 I:0x30 或 X:0x3000，使用单步调试（Step），可观察内部数据区 30H～3FH 单元内容以及片外数据区 3000H～300FH 内容的变化情况。

3.4 C51 程序设计语言

3.4.1 Keil C51 简介

1. C51 和标准 C 的区别

C 语言是美国国家标准协会（ANSI）制定的编程语言标准，1987 年 ANSI 公布 87 ANSI C，即标准 C 语言。目前 51 系列单片机编程的 C 语言都采用 Keil C51，Keil C51 是在标准 C 语言基础上发展起来的。

由于单片机应用系统日趋复杂，要求所写的代码规范化、模块化，并便于多数人以软件工程的形式进行协同开发，汇编语言作为传统的单片机应用系统的编程语言，已经不能满足这样的实际需要了。而 C 语言以其结构化和能产生高效代码满足了这样的需求，成为电子工程师进行单片机系统编程时的首选编程语言，而得到了广泛的支持。基于 80C51 系列单片机的广泛应用，从 1985 年开始许多公司陆续推出了 80C51 单片机的 C 语言编译器，简称 C51。C51 语言在 ANSI C 的基础上针对 51 单片机的硬件特点进行了扩展，随着 80C51 单片机硬件性能的提升，尤其是片内程序存储器容量的增大和时钟工作频率的提高，已基本克服了高级语言产生代码长、运行速度慢、不适合单片机使用的致命缺点。因此，C51 得到了广泛推广和应用，成为 80C51 系列单片机的主流程序设计语言，甚至可以说它是单片机开发人员必须

要掌握的一门"语言"。经过多年努力，C51 语言已经成为公认的高效、简洁而又贴近 51 单片机硬件的实用高级编程语言。

目前大多数的 51 单片机用户都在使用 C51 语言来进行程序设计。用 C51 进行单片机软件开发，有如下优点。

① 编程调度灵活方便。C 语言作为高级语言的特点决定了它灵活的编程方式，同时，当前几乎所有系列的单片机都有相应的 C 语言级别的仿真调试系统，使得它的调试环境十分方便。

② 模块化开发与资源共享。一种功能由一个函数模块完成，数据交换可以方便地通过约定实现，这样十分有利于多人协同进行大系统项目的合作开发。同时，由于 C 语言的模块化开发方式，使得用 C51 开发出来的程序模块可以不经修改地直接被其他项目所用，这使得开发者可以很好地利用已有的大量 C 程序资源与丰富的库函数，减少重复劳动，从而最大程度地实现资源共享。

③ 可移植性好。由于不同系列的单片机 C 语言的编译工具都是以 1983 年的 ANSI C 作为基础进行开发的，因此，一种 C 语言环境下为某种型号单片机开发的 C 语言程序，只需将与硬件相关之处和编译连接的参数进行适当修改，就可以方便地移植到其他型号的单片机上。例如，为 51 单片机编写的程序通过改写头文件以及少量的程序行，就可以方便地移植到 AVR 或 PIC 单片机上。也就是说，基于 C 语言环境下的单片机系统能基本达到平台的无关性。

④ 代码效率高。当前较好的 C51 语言编译系统编译出来的代码效率只比直接使用汇编语言低 20%左右，如果使用优化编译选项，效果会更好。

⑤ 便于项目的维护管理。用 C 语言开发的程序比汇编语言程序的可读性好，程序便于修改，且便于开发小组计划项目、灵活管理、分工合作以及后期维护，基本上可以杜绝因开发人员变化而给项目进度或后期维护或升级所带来的影响，从而保证了整个系统的高品质、高可靠性以及可升级性。

不同的嵌入式处理器的 C 编译系统与标准 C 的不同之处，主要是它们所针对的嵌入式处理器的硬件系统不同。C51 的基本语法与标准 C 相同，但对标准 C 进行了扩展。深入理解 C51 对标准 C 的扩展部分是掌握 C51 的关键之一。

C51 与标准 C 的主要区别如下。

① 头文件的差异。51 系列单片机不同厂家产品的差异在于内部资源（如定时器、中断、I/O 等）的数量以及功能的不同，而对使用者来说，只需要将相应的功能寄存器的头文件加载到程序内，就可实现所具有的功能。因此，C51 系列的头文件集中体现了各系列芯片的不同资源及功能。

② 数据类型的不同。51 系列单片机包含位操作空间和丰富的位操作指令，因此 C51 与 ANSI C 相比又扩展了 4 种类型，以便能够灵活地进行操作。

③ 数据存储类型的不同。C 语言最初是为通用计算机设计的，在通用计算机中只有一个程序和数据统一寻址的内存空间，而 51 系列单片机有片内与片外程序存储器，还有片内与片外数据存储器。标准 C 并没有提供这部分存储器的地址范围的定义。此外，对于 STC89C52 单片机中大量的特殊功能寄存器也没有定义。

④ 标准 C 语言没有处理单片机中断的定义。

⑤ C51 与标准 C 的库函数有较大的不同。由于标准 C 中的部分库函数不适于嵌入式处理器系统，因此被排除在 C51 之外，如字符屏幕和图形函数。有一些库函数可以继续使用，但这些库函数都必须针对 51 单片机的硬件特点进行相应的开发，与标准 C 库函数的构成与用法有很大的不同。例如库函数 printf 和 scanf，在标准 C 中，这两个函数通常用于屏幕打印和接收字符，而在 C51 中，它们主要用于串行口数据的收发。

⑥ 程序结构的差异。由于 51 单片机的硬件资源有限，它的编译系统不允许太多的程序嵌套。其次，标准 C 所具备的递归特性不被 C51 支持，在 C51 中若要使用递归特性，必须用 reentrant 进行声明才能使用。

但是从数据运算操作、程序控制语句以及函数的使用上来说，C51 与标准 C 几乎没有什么明显的差别。如果程序设计者具备了有关标准 C 的编程基础，只要注意 C51 与标准 C 的不同之处，并熟悉 STC89C52 单片机的硬件结构，就能够较快地掌握 C51 的编程。

2. C51 开发环境

Keil C51 是德国 Keil Software 公司开发的用于 51 系列单片机的 C51 语言开发软件。Keil C51 在兼容 ANSI C 的基础上，又增加很多与 51 单片机硬件相关的编译特性，使得开发 51 系列单片机程序更为方便和快捷，程序代码运行速度快，所需存储器空间小，完全可以和汇编语言相媲美。它支持众多的 MCS-51 架构的芯片，同时集编辑、编译、仿真等功能于一体，具有强大的软件调试功能，是众多的单片机应用开发软件中非常优秀的一款软件。

Keil C51 编译器在遵循 ANSI C 标准的同时，为 51 单片机进行了特别的设计和扩展，能让用户使用在应用中需要的所有资源。

Keil C51 的库函数含有 100 多种功能，其中大多数是可再入的，支持所有的 ANSI C 的程序。库函数中的程序还为硬件提供特殊指令，方便了应用程序的开发。

现在，Keil C51 已被完全集成到一个功能强大的全新集成开发环境（Intergrated Development Eviroment，IDE）Keil μVision4 中，Keil Software 公司推出的 Keil μVision4 是一款基于 Windows 的软件平台，它是一种用于 51 单片机的 IDE。Keil μVision4 提供了基于 8051 内核的各种型号单片机的支持，完全兼容先前的 Keil μVision 版本。

开发者可购买 Keil μVision4 软件，也可到 Keil software 公司的主页免费下载 Eval（评估）版本。该版本同正式版本一样，但有一定的限制，最终生成的代码不能超过 2 KB，但用于学习已经足够。开发者还可以到 Keil 公司网站申请免费的软件试用光盘。

Keil μVision4 该环境下集成了文件编辑处理、编译链接、项目（Project）管理、窗口、工具引用和仿真软件模拟器以及 Monitor51 硬件目标调试器等多种功能，这些功能均可在 Keil μVision4 环境中极为简便地进行操作。用户可以在编辑器内调试程序，使用户快速地检查和修改程序。用户还可以在编辑器中选中变量和存储器来观察其值，并可在双层窗口中显示，还可对其进行适当的调整。此外，Keil μVision4 调试器具有符号调试特性以及历史跟踪、代码覆盖、复杂断点等功能。

本书经常用到 Keil C51 和 Keil μVision4 两个术语。Keil C51 一般简写为 C51，指的是 51 单片机编程所用的 C 语言；而 Keil μVision4，可简写为 μVision4，指的是用于 51 单片机的 C51 程序编写、调试的集成开发环境。μVision4 内部集成了源程序编辑器，并允许用户在编辑源文件时就可设置程序调试断点，便于在程序调试过程中快速检查和修改程序。此外，μVision4 还支持软件模拟仿真（Simulator）和用户目标板调试（Monitor51）两种工作方式。

在软件模拟仿真方式下不需任何 51 单片机及其外围硬件即可完成用户程序仿真调试。

Keil μVision 的串口调试器软件 comdebug.exe，用于在计算机端能够看到单片机发出的数据，该软件无需安装，可直接在当前位置运行这个软件。若读者需最新版，可到有关搜索网站输入关键词"串口调试器"，找到一个合适的下载网站，即可下载最新版本。当然，使用 Windows 自带的"超级终端"也是不错的选择。

3.4.2　Keil C51 语言基础知识

1. 数据类型

Keil C51 的基本数据类型如表 3-3 所示。针对 STC89C52 单片机的硬件特点，C51 在标准 C 的基础上，扩展了 4 种数据类型（见表 3-4 中最后 4 行）。

表 3-4　　　　　　　　　　　　　Keil C51 支持的数据类型

数据类型	位数	字节数	取值范围
signed char	8	1	−128～+127，有符号字符变量
unsigned char	8	1	0～255，无符号字符变量
signed int	16	2	−32768～+32767，有符号整型数
unsigned int	16	2	0～65535，无符号整型数
signed long	32	4	−2147483648～+2147483647，有符号长整型数
unsigned long	32	4	0～+4294967295，无符号长整型数
float	32	4	±3.402823 E+38，浮点数（精确到 7 位）
double	64	8	±1.175494E-308，浮点数（精确到 15 位）
*	24	1～3	对象指针
bit	1		0 或 1
sfr	8	1	0～255
Sfr16	16	2	0～65535
sbit	1		可进行位寻址的特殊功能寄存器的某位的绝对地址

下面对表 3-4 中扩展的 4 种数据类型进行说明。

扩展的 4 种数据类型，不能使用指针对它们存取。

（1）位变量 bit。

bit 的值可以是 1（true），也可以是 0（false）。

（2）特殊功能寄存器 sfr。

STC89C52 特殊功能寄存器在片内 RAM 区的 80H～FFH 之间，"sfr"数据类型占用一个内存单元。利用它可访问 STC89C52 内部的所有特殊功能寄存器。

例如：sfr P1=0x90 这一语句定义 P1 口在片内的寄存器，在后面语句中可用"P1=0xff"（使 P1 的所有引脚输出为高电平）之类的语句来操作特殊功能寄存器。

（3）特殊功能寄存器 sfr16。

"sfr16"数据类型占用两个内存单元。sfr16 和 sfr 一样用于操作特殊功能寄存器。所不同的是它用于操作占两个字节的特殊功能寄存器。

例如：sfr16 DPTR=0x82 语句定义了片内 16 位数据指针寄存器 DPTR，其低 8 位字节地址为 82H，其高 8 位字节地址默认为 00H，在后面的语句中可以对 DPTR 进行操作。

（4）特殊功能位 sbit。

sbit 是指 STC89C52 片内特殊功能寄存器的可寻址位。

例如：

```
sfr   PSW=0xd0        ;定义 PSW 寄存器地址为 0xd0
sbit  PSW ^2 = 0xd2   ;定义 OV 位为 PSW.2
```

符号"^"前面是特殊功能寄存器的名字，"^"的后面数字定义特殊功能寄存器可寻址位在寄存器中的位置，取值必须是 0~7。

注意 不要把 bit 与 sbit 混淆。bit 用来定义普通的位变量，值只能是二进制的 0 或 1。而 sbit 定义的是特殊功能寄存器的可寻址位，其值是可进行位寻址的特殊功能寄存器的位绝对地址，例如 PSW 寄存器 OV 位的绝对地址 0xd2。

2. 数据的存储类型

C51 完全支持 51 单片机所有的硬件系统。在 51 单片机中，程序存储器与数据存储器是完全分开的，且分为片内和片外两个独立的寻址空间，特殊功能寄存器与片内 RAM 统一编址，数据存储器与 I/O 端口统一编址。C51 编译器通过将变量、常量定义成不同存储类型的方法将它们定义在不同的存储区中。

C51 存储类型与 STC89C52 的实际存储空间的对应关系如表 3-5 所示。

表 3-5　　　　　　　　　C51 存储类型与 STC89C52 的存储空间的对应关系

存储类型	与存储空间的对应关系	数据长度（bit）	值域范围	备注
data	片内 RAM 直接寻址区，位于片内 RAM 的低 128 B	8	0~255	
bdata	片内 RAM 位寻址区，位于 20H~2FH 空间，允许位访问与字节访问	8	0~255	
idata	片内 RAM 间接寻址的存储区	8	0~255	由 MOV @Ri 访问
pdata	片外 RAM 的一个分页寻址区，每页 256 B	8	0~255	由 MOVX @Ri 访问
xdata	片外 RAM 全部空间，大小为 64 KB	16	0~65535	由 MOVX @DPTR 访问
code	程序存储区的 64 KB 空间	16	0~65535	

（1）片内数据存储器。

片内 RAM 可分为 3 个区域：

data：片内直接寻址区，位于片内 RAM 的低 128 B。

bdata：片内位寻址区，位于片内 RAM 位寻址区 20H~2FH。

idata：片内间接寻址区，片内 RAM 所有地址单元（00H~FFH）。

（2）片外数据存储器。

pdata：片外数据存储器页，一页为 256 B。

xdata：片外数据存储器 RAM 的 64 KB 空间。

（3）片外程序存储器。

code：片内外程序存储器的 64 KB 空间。

对单片机编程，正确地定义数据类型以及存储类型，是所有编程者在编程前都需要首先考虑的问题。在资源有限的条件下，如何节省存储单元并保证运行效率，是对开发者的考验。只有对 C51 中的各种数据类型以及存储类型非常熟悉，才能运用自如。

对于定义变量的类型应考虑如下问题：程序运行时该变量可能的取值范围，是否有负值，绝对值有多大，以及相应需要的存储空间大小。在够用的情况下，尽量选择 8 位即一个字节的 char 型，特别是 unsiged char。对于 51 系列这样的定点机而言，浮点类型变量将明显增加运算时间和程序长度，如果可以的话，尽量使用灵活巧妙的算法来避免引入浮点变量。

对于定义数据的存储类型通常遵循如下原则：只要条件满足，尽量选择内部直接寻址的存储类型 data，然后选择 idata 即内部间接寻址。对于那些经常使用的变量要使用内部寻址。在内部数据存储器数量有限或不能满足要求的情况下才使用外部数据存储器。选择外部数据存储器可先选择 pdata 类型，最后选用 xdata 类型。

需指出的是，扩展片外存储器原理上虽很简单，但在实际开发中，很多时候会带来不必要的麻烦，如可能降低系统稳定性、增加成本、拉长开发和调试周期等，故推荐充分利用片内存储空间。

另外，通常的单片机应用都是面对小型的控制，代码比较短，对于程序存储区的大小要求很低。常常是片内 RAM 很紧张而片内 Flash ROM 很富裕，因此如果实时性要求不高，可考虑使用宏，以及将一些子函数的常量数据做成数据表，放置在程序存储区，当程序运行时，进入子函数动态调用下载至 RAM 即可，退出子函数后立即释放该内存空间。

3. C51 的位变量定义

由于 STC89C52 能够进行位操作，C51 扩展了"bit"数据类型用来定义位变量，这是 C51 与标准 C 的不同之处。C51 中位变量 bit 的具体定义如下。

（1）位变量的 C51 定义方法。

C51 通过关键字 bit 来定义位变量，格式为：

```
bit bit-name ;
```

例如：bit ov-flag ; /将 ov-flag 定义为位变量/

（2）C51 程序函数的"bit"参数及返回值。

C51 程序函数可以包含类型为"bit"的参数，也可将其作为返回值。例如：

```
bit func(bit b0, bit b1); /*位变量 b0, b1 作为函数 func 的参数*/
{ ……
  return(b1) ; /* 位变量 b1 作为函数的返回值*/
}
```

（3）位变量的限制。

位变量不能用来定义指针和数组。例如：

```
bit *ptr ; /* 错误，不能用位变量来定义指针*/
bit a-array[ ] ; /* 错误，不能用位变量来定义数组*/
```

在定义位变量时，允许定义存储类型，位变量都被放入一个位段，此段总是位于 STC89C52 片内 RAM 中，因此其存储器类型限制为 bdata、data 或 idata，如果将位变量定义成其他类型都会在编译时出错。

4. 一个简单的 C51 程序

一个 C51 源程序是由一个个模块化的函数所构成，函数是指程序中的一个模块，main 函数为程序的主函数，其他若干个函数可以理解为一些子程序。

一个 C51 源程序无论包含了多少函数，它总是从 main 函数开始执行，不论 main 函数位于程序的什么位置。程序设计就是编写一系列的函数模块，并在需要的时候调用这些函数，实现程序所要求的功能。

（1）C51 程序与函数。

下面通过一个简单 C51 程序，认识 C51 程序与函数。

【例 3-25】在 STC89C52 的 P1.0 引脚接有一只发光二极管，二极管的阴极接 P1.0 引脚，阳极通过限流电阻接+5 V，现在让发光二极管每隔 800 ms 闪灭，占空比为 50%。已知单片机时钟晶振为 12 MHz，即每个机器周期 1 μs，采用软件延时的方法，参考程序如下：

```
1. #include <reg52.h>            //包含 reg52.h 头文件
2. sbit P10=P1^0;                //定义位变量 P1.0，也可使用 sbit P10=0x90
3. void Delay(unsigned int i) {  //延时函数 Delay( )，i 是形式参数.
4. unsigned int j;              //定义变量 j
5. for(; i>0; i--){             //如果 i>0，则 i 减 1
6.   for(j=0;j<333;j++){        //如果 j <333，则 j 加 1
7.     ;        //空函数
8.   }
9. }
0. }
1. void main(void){             //主函数 main( )
2.   while(1){                  //主程序轮询
3.     P10=1;                   //P1.0 输出高电平，发光二极管灭
4.     Delay(800);             //将实际参数 800 传递给形式参数 i 延时 800ms
5.     P10=0;                   //*P1.0 输出低电平，发光二极管亮
6.     Delay(800);             //将实际参数 800 传递给形式参数 i 延时 800ms
7.   }
8. }
```

下面对程序进行简要说明。

程序的第 1 行是"文件包含"，是将另一个文件"reg52.h"的内容全部包含进来。文件"reg52.h"包含了 51 单片机全部的特殊功能寄存器的字节地址及可寻址位的位地址定义。

程序包含 reg52.h 的目的就是为了使用 P1 这个符号，即通知程序中所写的 P1 是指 STC89C52 的 P1 口，而不是其他变量。打开 reg52.h 文件可以看到"sfr P1=0x90;"，即定义符号 P1 与地址 0x90 对应，而 P1 口的地址就是 0x90。虽然这里的"文件包含"只有一行，但 C 编译器在处理的时候却要处理几十行或几百行。

程序的第 2 行用符号 P10 来表示 P1.0 引脚。在 C51 中，如果直接写"P1.0"编译器并不能识别，而且 P1.0 也不是一个合法的 C51 语言程序变量名，所以必须给它起一个另外的名字，这里起的名字是 P10，可是 P10 是否就是 P1.0 呢，所以必须给它们建立联系，这里使用了 C51 的关键字"sbit"来进行定义。

第 3 行～第 9 行对函数 Delay 进行了事先定义，只有这样，才能在主程序中被主函数 main ( )调用。自行编写的函数 Delay( )的用途是软件延时，调用时使用的这个"800"被称为"实际参数"，以延时 800 ms 的时间。

内层循环 for（j=0;j<333;j++）{;}这条语句在反汇编时对应的汇编代码如下：

```
         CLR   A                 //1 个机器周期
         MOV   R7,A              //2 个机器周期
HERE: INC   R7                //1 个机器周期
         CJNE  R7,#333,HERE      //2 个机器周期
```

其中 {;}在反汇编时不对应任何语句，即不占用机器周期。因而，该 for 循环共需 1+2+333*(1+2)=1002 个机器周期，约为 1 ms。

相比之下调用外层循环 for(; i>0; i--){ }时的这 1+2+i×(1002+1+2)可以近似为 $i×1002$，即 i 个 1 ms。编程者可在一定范围内对 i、j 调整（不超过 i、j 的取值范围），来控制延时时间的长短。

　　　若 Delay( )的定义写在 main 函数的后面，则需要先作出声明，否则编译无法通过，因为编译到 main 函数中的 Delay( )语句时，找不到相应的函数体。

（2）用户自定义函数与库函数。

从结构上划分，函数分为主函数 main( )和普通函数两种。对普通函数，从用户使用的角度划分有两种：一种是标准库函数；另一种是用户自定义函数。

① 标准库函数。

Keil C51 具有功能强大、资源丰富的标准库函数，由 C51 编译器提供。进行程序设计时，应该善于充分利用标准库函数，以提高编程效率。

用户可以直接调用 C51 的库函数而不需要为这个函数写任何代码，只需要包含具有该函数说明的头文件即可。例如调用输出函数 printf 时，要求程序在调用输出库函数前包含以下的 include 命令：#include <stdio.h>。

② 用户自定义函数。

用户根据自己需要所编写的函数，上例中的 Delay 函数。编写时，需要注意以下几点：

函数的首部（函数的第 1 行），包括函数名、函数类型、函数属性、函数参数（形式参数）名、参数类型。例如：void　Delay(unsigned int i)

函数体，即函数首部下面的花括号"{ }"内的部分。如果一个函数体内有多个花括号，则最外层的一对"{ }"为函数体的范围。

　　　C51 是区分大小写的，例如 Delay 与 delay，编译时是不同的两个名称。

5. C51 的运算符

在程序中实现运算,要熟悉常用的运算符。本节对 C51 中用到的标准 C 运算符进行复习,为 C51 的程序设计打下基础。

(1)算术运算符。

C51 中用到的算术运算符及其说明如表 3-6 所示。

表 3-6 算术运算符及其说明

符号	说明
+	加法运算
−	减法运算
*	乘法运算
/	除法运算
%	取模运算
++	自增 1
−−	自减 1

对于“/”和“%”,这两个符号都涉及除法运算,但“/”运算是取商,而“%”运算为取余数。例如“5/3”的结果(商)为 1,而“5%3”的结果(余数)为 2。

表 3-6 中的自增和自减运算符是使变量自动加 1 或减 1,自增和自减运算符放在变量前和变量之后是不同的。

++i,−−i:在使用 i 之前,先使 i 值加(减)1。

i++,i−−:在使用 i 之后,再使 i 值加(减)1。

(2)逻辑运算符。

C51 中用到的逻辑运算符及其说明如表 3-7 所示。

表 3-7 逻辑运算符及其说明

符号	说明
&&	逻辑与
‖	逻辑或
!	逻辑非

(3)关系运算符。

C51 中用到的关系运算符及其说明如表 3-8 所示。

表 3-8 关系运算符及其说明

符号	说明
>	大于
<	小于
>=	大于或等于
<=	小于或等于
==	等于
!=	不等于

（4）位运算。

C51 中用到的位运算及其说明如表 3-9 所示。

表 3-9 位运算及其说明

符号	说明
&	位逻辑与
|	位逻辑或
^	位异或
~	位取反
<<	位左移
>>	位右移

（5）赋值、指针和取值运算符。

C51 中用到的赋值、指针和取值运算及其说明如表 3-10 所示。

表 3-10 赋值、指针和取值运算及其说明

符号	说明
=	赋值
*	指向运算符
&	取地址

6. STC89C52 不同存储区的 C51 定义

STC89C52 有不同的存储区。利用绝对地址的头文件 absace.h 可对不同的存储区进行访问。该头文件的函数包括：

CBYTE（访问 code 区，字符型）；

DBYTE（访问 data 区，字符型）；

PBYTE（访问 pdata 区或 I/O 口，字符型）；

XBYTE（访问 xdata 区或 I/O 口，字符型）。

另外还有 CWORD、DWORD、PWORD、XWORD 四个函数，它们的访问区域同上，只是访问的数据类型为 int 型。

STC89C52 片内的 4 个并行 I/O 口（P0～P3），都是 SFR，故对 P0～P3 采用定义 SFR 的方法。而 STC89C52 在片外扩展的并行 I/O 口，这些扩展的 I/O 口与片外扩展的 RAM 是统一编址的，即把一个外部 I/O 端口当作外部 RAM 的一个单元来看待，可根据需要来选择为 pdata 类型或 xdata 类型。对于片外扩展的 I/O 端口，根据硬件译码地址，将其看作片外 RAM 的一个单元，使用语句#define 进行定义。例如：

```
#include  <absace.h>   /* 不可缺少*/
#define  PORTB  XBYTE[0xffc2]
/* 定义外部 I/O 口 PORTB 的地址为 xdata 区的 0xffc2*/
```

也可把片外 I/O 口的定义放在一个头文件中，然后在程序中通过#include 语句调用。一旦在头文件或程序中通过使用#define 语句对片外 I/O 口进行了定义，在程序中就可以自由使用变量名（例如：PORTB）来访问这些片外 I/O 端口了。

7. C51 中断服务函数的定义

由于标准 C 没有处理单片机中断的定义，为直接编写中断服务程序，C51 编译器对函数的定义进行了扩展，增加了一个扩展关键字 interrupt，使用该关键字可以将一个函数定义成中断服务函数。由于 C51 编译器在编译时对声明为中断服务程序的函数自动添加了相应的现场保护、阻断其他中断、返回时恢复现场等处理的程序段，因而在编写中断服务函数时可不必考虑这些问题，减轻了用汇编语言编写中断服务程序的繁琐程度，而把精力放在如何处理引发中断请求的事件上。

中断服务函数的一般形式为：

```
函数类型  函数名（形式参数表）[interrupt n] [using n]
```

关键字 interrupt 后面的 n 是中断号，对于 STC89C52，取值为 0～7，编译器从 $8 \times n+3$ 处产生中断向量。STC89C52 中断源对应的中断号和中断向量如表 3-11 所示。

表 3-11　　　　　　　　　　　STC89C52 中断号和中断向量

中断号 n	中断源	中断向量（$8 \times n+3$）
0	外部中断 0	0003H
1	定时/计数器 0	000BH
2	外部中断 1	0013H
3	定时/计数器 1	001BH
4	串行口	0023H
5	定时/计数器 2	002BH
6	附加外部中断 2	0033H
7	附加外部中断 3	003BH

在定义一个函数时，using 是一个选项，如果不选用该项，则由编译器选择一个寄存器区作为绝对寄存器区访问。STC89C52 在内部 RAM 中有 4 个工作寄存器区，每个寄存器区包含 8 个工作寄存器（R0～R7）。C51 扩展的关键字 using 是专门用来选择 STC89C52 的 4 个不同的工作寄存器区。关键字 using 对函数目标代码的影响如下：

① 在中断函数的入口处将当前工作寄存器区内容保护到堆栈中，函数返回前将被保护的寄存器区的内容从堆栈中恢复。

② 使用关键字 using 在函数中确定一个工作寄存器区时必须小心，要保证工作寄存器区切换都只在指定的控制区域中发生，否则将产生不正确的函数结果。

还要注意，带 using 属性的函数原则上不能返回 bit 类型的值，且关键字 using 和关键字 interrupt 都不允许用于外部函数，另外也都不允许接带运算符的表达式。

例如，外中断 1（INT1）的中断服务函数书写如下：

```
void int1() interrupt 2  using 0/*中断号 n=2，选择 0 区工作寄存器区*/
```

当编写 STC89C52 中断程序时，应遵循以下规则。

① 中断函数没有返回值，如果定义了一个返回值，将会得到不正确的结果。因此建议在定义中断函数时，将其定义为 void 类型，以明确说明没有返回值。

② 中断函数不能进行参数传递，如果中断函数中包含任何参数声明都将导致编译出错。

③ 在任何情况下都不能直接调用中断函数，否则会产生编译错误。因为中断函数的返回是由指令 RETI 完成的。RETI 指令会影响 STC89C52 硬件中断系统内的不可寻址的中断优先级寄存器的状态。如果在没有实际中断请求的情况下，直接调用中断函数，也就不会执行 RETI 指令，其操作结果有可能会产生一个致命的错误。

④ 如果在中断函数中再调用其他函数，则被调用的函数所使用的寄存器区必须与中断函数使用的寄存器区不同。

3.4.3　C51 程序设计举例

从程序结构上可把程序分为三类，即顺序结构、分支结构和循环结构。顺序结构是程序的基本结构，程序自上而下，从 main（）的函数开始一直到程序运行结束，程序只有一条路可走，没有其他的路径可以选择。顺序结构比较简单和便于理解，这里重点介绍分支结构和循环结构。

（1）分支结构程序。

① 只有两条分支的时候用 if else 语句。

```
if (条件)      {分支1}
else          {分支2}
```

② 在分支较多时的情况下使用 switch 语句。

```
switch ( )        {
     case( ):  语句;
               break;
     case( ):  语句;
               break;
     ………
     default:  语句;
               break;
     }
```

每个 switch 分支必须有一个 break 语句，否则程序并不能跳出 switch，就会继续执行 case 后面的 case 语句。如果看一下上述结构的程序对应的汇编语言源程序可看到，每一条 break 语句对应了汇编语言中的一条 SJMP 指令，而没有 SJMP 指令程序会继续向下执行，并不能跳出分支选择语句。实际上在对应的汇编语言源程序中，casc(0)，case(1) ……只是确定了分支的地址，真正的判断是在 switch 语句。

（2）循环结构程序。

循环语句有以下 3 种。

① for 循环。

```
for (循环体初始化；循环体执行条件；循环体执行后操作)
{    }
```

② while 循环。

```
while（循环体执行条件）
{    }
```

③ do while 循环。

```
do {
   }while（循环体执行条件）
```

前两种循环是先进行循环条件是否满足的判断，才决定循环体是否执行；而 "do while 循环" 是在执行完循环体后再判断条件是否满足，再决定循环体是否继续执行。3 种循环中，经常使用的是 for 语句。

下面显示了一个值得注意的现象，能够反映出 C51 在编译中对于执行时间和占用的存储单元的权衡。

例如，for (i=0;i<10;i++)对应的汇编语句为：

```
      CLR    A                 ;1 个机器周期
      MOV    R7,A              ;2 个机器周期
LOOP: INC    R7                ;1 个机器周期
      CJNE   R7,#0AH, LOOP     ;2 个机器周期
```

而 for (i=2;i<10;i++)对应的汇编语句为：

```
      MOV    R7,#02H           ;2 个机器周期
LOOP: INC    R7                ;1 个机器周期
      CJNE   R7,#0AH, LOOP     ;2 个机器周期
```

为什么当 i=0 时，编译器要多花一个机器周期对 for 循环初始化？这是因为在使用立即数时，单片机需要在代码空间（程序存储器）中为该立即数申请一个存储单元，用来存放该立即数，作为 MOV 指令的操作数；而累加器 A 是单片机中的寄存器，使用 A 可以节省一个字节的存储空间，从而实现以时间换取空间。

【例 3-26】求 1 到 100 之间整数的和。

程序如下：

```
#include <reg52.h>
#include <stdio.h>
main( ){
 int  nVar1, nSum;
 for(nVar1=0,nSum=1;nSum<=100;nSum++)
  nVar1+=nCount;    //累加求和
 while(1);
}
```

关于循环，需说明的是，在无操作系统的控制器和处理器上运行的程序，主体通常采用轮询方式，即把所有的操作包含在一个 while(1){}中。这样的无限循环在面向通用计算机的软件设计中是不被允许的，然而嵌入式系统软件设计中，则由于其硬件构成和使用需求，常常采用这种无限循环。

1. C51 与汇编语言的混合编程

目前多数开发人员都在用 C51 开发单片机程序，但在一些对速度和时序敏感的场合下，C51 略显不足，且有些特殊的要求必须通过汇编语言程序来实现，但是用汇编语言编写的程

序远不如用 C51 语言编写的可读性好、效率高。因此采用 C51 与汇编语言混合编程是解决这类问题的最好方案。

（1）C51 与 MCS-51 汇编语言的比较。

无论是采用 C51 语言还是汇编语言，源程序都要转换成机器码，单片机才能执行。对于用 C51 编制的程序，要经过编译器，而采用汇编语言编写的源程序经过汇编器汇编后产生浮动地址作为目标程序，然后经过链接定位器生成十六进制的可执行文件。

C 语言能直接对计算机的硬件进行操作，与汇编语言相比它具有如下优点：

① C51 要比 MCS-51 汇编语言的可读性好；

② 程序由若干函数组成，为模块化结构；

③ 使用 C51 编写的程序可移植性好；

④ 编程及程序调试的时间短；

⑤ C51 中的库函数包含了许多标准的子程序，且具有较强的数据处理能力，可大大减少编程工作量。

⑥ 对单片机中的寄存器分配、不同存储器的寻址以及数据类型等细节可由编译器来管理。

汇编语言的特点如下：

① 代码执行效率高；

② 占用存储空间少；

③ 可读性和可移植性差；

用 MCS-51 汇编语言编程时，需要考虑它的存储器结构，尤其要考虑应合理正确地使用其片内数据存储器与特殊功能寄存器，及按实际地址处理端口数据，也就是说编程者必须具体地组织、分配存储器资源和正确处理端口数据。

使用 C51 编程，虽不像汇编语言那样要具体地组织、分配存储器资源和处理端口数据，但是数据类型和变量的定义必须与 STC89C52 的存储器结构相关联，否则编译器就不能正确地映射定位。用 C51 编写的程序与标准 C 编写的程序不同之处就是必须根据 STC89C52 的存储器结构以及内部资源定义相应的数据类型和变量。

所以用 C51 编程时，如何定义与单片机相对应的数据类型和变量，是使用 C51 编程的一个重要问题。

混合编程多采用如下的编程思想：程序的框架或主体部分以及数据处理及运算用 C51 编写，时序要求严格的部分用汇编语言编写。这种混合编程的方法将 C 语言和汇编语言的优点结合起来，已经成为目前单片机程序开发的最流行的编程方法。

（2）C51 与汇编语言混合编程的方法。

首先，在把汇编语言程序加入到 C 语言程序前，须使汇编语言和 C51 程序一样具有明确的边界、参数、返回值和局部变量；同时，必须为汇编语言编写的程序段指定段名并进行定义；另外，如果要在它们之间传递参数，则必须保证汇编程序用来传递参数的存储区和 C51 函数使用的存储区是一样的。

在 C51 中使用汇编语言有以下 3 种方法。

① C51 代码中嵌入汇编代码。

可通过预编译指令 asm 在 C51 代码中嵌入汇编代码。方法是用#pragma 语句，具体结构为：

```
#pragma  asm
汇编指令行
#pragma  endasm
```

这种方法是通过 asm 和 endasm 告诉 C51 编译器，中间的行不用编译为汇编行。

【例 3-27】有时需要精确延时子程序时，用 C 语言比较难控制，这时就可以在 C 语言中嵌入汇编语言。代码如下，假设该文件以 test1.c 文件名保存。

```
#include <reg52.h>
void main(void){
    P2=1;
#pragma asm
        MOV      R7,#10
DEL:    MOV      R6,#20
        DJNZ     R6,$
        DJNZ     R7,DEL
#pragma endasm
    P2=0;
}
```

需要注意的是，Keil μVision4 的默认设置不支持 asm 和 endasm，采用本方法进行混合编程需做如下设置：

- 在 Project 窗口中选择汇编代码的 C 文件后单击右键，选择【Options for File 'TEST1.C'】，在打开的窗口中勾选右边的【Generate Assembler SRC File】和【Assemble SRC File】，使勾选框由灰色变成黑色的有效状态，如图 3-11 所示。
- 能对汇编进行封装还要在项目中加入相应的封装库文件，在该例项目中编译模式是小模式，所以选用 C51S.LIB，这也是最常用的，这些库文件是在 KEIL 安装目录下的 LIB 目录中，即将 "Keil\C51\Lib\C51S.Lib" 加入工程中，该文件必须作为工程的最后文件，加好后就可以顺利编译了，如图 3-12 所示。

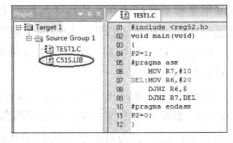

图 3-11 C 和汇编混合编程时的 Options 的设置   图 3-12 C 和汇编混合编程时加入 C51S.LIB 的结果

② 控制命令 SRC 控制。

本方式最为灵活简单，先用 C51 编写代码，然后用 SRC 控制命令将 C51 文件编译生成汇编文件（.SRC），在该汇编文件中对要求严格的部分进行修改，保存为汇编文件.asm，再用 A51 进行编译生成机器代码。

③ 模块间接口。

本方式中汇编语言程序部分和 C51 程序部分位于不同的模块，或不同的文件，通常由 C51 程序模块调用汇编语言程序模块的变量和函数，例如调用汇编语言编写的中断服务程序。

C51 模块和汇编模块的接口比较简单，分别用 C51 和 A51 对源文件进行编译，然后用

L51 连接 OBJ 文件即可。模块接口间的关键问题是 C51 函数与汇编语言函数之间的参数传递。C51 中有两种参数传递方法：通过寄存器传递和通过固定存储区传递。

2. 中断程序的编写

为响应中断请求而进行中断处理的程序称为中断程序。由中断初始化程序和中断服务程序两部分组成。

中断初始化程序的位置位于主程序中，主要包括选择外部中断的触发方式、开中断、设置中断优先级等。

参考的程序结构如下：

```
#include <reg52.h>
void main( ) {        //主函数
 中断初始化;

 }
void int0( )  interrupt 0  using 0 {       //外中断 0 的中断服务函数
 中断服务;

 }
```

3. STC89C52 数据传送 C51 编程举例

通过对 Keil C51 的初步学习和对 STC89C52 内部编程结构的初步了解，就本章 3.3.2 小节最后一个例题：设单片机片内存储器存储区首地址为 30H，片外存储器存储区首地址为 3000H，存取数据字节个数 16 个，并将片内存储区的这 16 个字节的内容设置为 01H～10H，将片内首地址为 30H 开始为 16 个单元的内容传送到片外首地址为 3000H 开始的数据存储区中保存。

改用 Keil C51 语言编程实现。

程序代码如下：

```
#include<reg52.h>
#define LENTH 16
unsigned char idata dADDR[LENTH] _at_ 0x30;
unsigned char xdata xADDR[LENTH] _at_ 0x3000;
void main(){
   unsigned int i;
   for(i=0;i<LENTH;i++)
       dADDR[i]=i+1;
   for(i=0;i<LENTH;i++)
           xADDR[i]=dADDR[i];
}
```

unsigned char idata dADDR[LENTH] _at_ 0x30 和 unsigned char xdata xADDR[LENTH] _at_ 0x3000 是使用 _at_ 定义的两数组，其绝对地址分别是 0x30 和 0x3000，用 idata 和 xdata 区别片内和片外存储区。

运行结果：内部数据区 30H～3FH 单元内容为 01H～10H，片外数据区 3000H～300FH 内容为 01H～10H。

在 Keil 环境下，用 Debug 调试该程序，打开 Registers 窗口，使用单步调试（Step），观察寄存器（Rn、A、DPTR、PSW）内容的变化；同时打开 Memory 窗口，输入 I:0x30 或 X:0x3000，使用单步调试（Step），观察内部数据区 30H～3FH 单元内容以及片外数据区 3000H～300FH 内容的变化情况。

3.5 小结

本章是在读者已经掌握了标准 C 语言的前提下，初步介绍如何使用 C51 来编写单片机的应用程序。C51 是在标准 C 的基础上，根据单片机存储器硬件结构及内部资源，扩展了相应的数据类型和变量，而 C51 在语法规定、程序结构与设计方法上都与标准 C 相同。本章重点介绍了 C51 对标准 C 所扩展的部分，以及 C51 的集成开发环境 Keil μVision4 和 C51 与汇编的混合编程，并通过一些示例来介绍 C51 的基本程序设计思想。

3.6 习题

1. 说明 C51 与标准 C 的基础上，都做了哪些扩充？
2. 在单片机应用开发系统中，C 语言编程与汇编语言编程相比有哪些优势？
3. 在 C51 中有几种关系运算符？请列举。
4. 在 C51 中为何要尽量采用无符号的字节变量或位变量？
5. 为了加快程序的运行速度，C51 中频繁操作的变量应定义在哪个存储区？
6. 为何在 C51 中避免使用 float 浮点型变量？
7. 如何定义 C51 的中断函数？
8. 编程将 STC89C52 单片机片内 RAM 40H 单元和 42H 单元的单字节无符号数相乘，乘积存放在外部数据存储器 2000H 开始的单元中。
9. 片内 RAM 40H～43H 单元分别存放两个无符号十六进制数，编写 C51 程序将其中的大数存放在 44H、45H 单元，小数存放在 46H、47H 单元中。
10. 分别用 C 语言和汇编语言完成下列要求的程序。
① 将地址为 4000H 的片外数据存储单元内容，送入地址为 30H 的片内数据存储单元中。
② 将地址为 4000H 的片外数据存储单元内容，送入地址为 3000H 的片外数据存储单元中。
③ 将地址为 0800H 的程序存储单元内容，送入地址为 30H 的片内数据存储单元中。
④ 将片内数据存储器中地址为 30H 与 40H 的单元内容交换。
⑤ 将片内数据存储器中地址为 30H 单元的低 4 位与高 4 位交换。

第 4 章 STC89C52 单片机硬件结构

在进行单片机应用系统设计前，读者应首先熟知并掌握 STC89C52 单片机片内硬件的基本结构和特点。

4.1 STC89C52 单片机的内部组织结构及特点

STC89C52RC 单片机是宏晶科技推出的新一代高速、低功耗、抗干扰能力超强的单片机，指令代码完全兼容传统 8051 单片机，有 12 时钟/机器周期和 6 时钟/机器周期可以任意选择。HD 版本和 90C 版本内部集成 MAX810 专用复位电路。STC89C52RC 单片机内部硬件结构框图如图 4-1 所示。

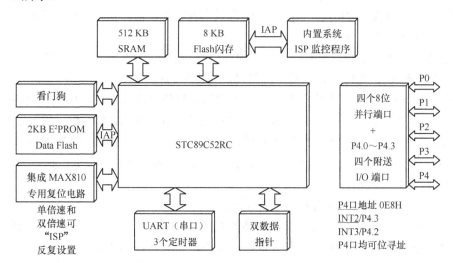

图 4-1　STC89C52RC 内部硬件结构框图

STC89C52RC 单片机有如下功能部件和特性。

- 增强型 6 时钟/机器周期和 12 时钟/机器周期任意设置。
- 指令代码完全兼容传统 8051。
- 工作电压：3.4～5.5 V（5 V 单片机）/2.0～3.8 V（3 V 单片机）。
- 工作频率：0～40 MHz，相当于普通 8051 单片机的 0～80 MHz，实际工作频率可达

48 MHz。

- 用户应用程序空间：8 KB 片内 Flash 程序存储器，擦写次数 10 万次以上。
- 片上集成 512 B RAM 数据存储器。
- 通用 I/O 口（32/36 个），复位后为：P1、P2、P3、P4 是准双向口/弱上拉（与普通 MCS-51 传统 I/O 口功能一样）；P0 口是开漏输出口，作为总线扩展时用，不用加上拉电阻；P0 口作为 I/O 口用时，需加上拉电阻。
- ISP（在系统可编程）/IAP（在应用可编程），无需专用编程器/仿真器，可通过串口（RxD/P3.0，TxD/P3.1）直接下载用户程序，8 KB 程序 3 s 即可完成。
- 芯片内置 E^2PROM 功能。
- 具有看门狗（WDT）功能。
- 内部集成 MAX810 专用复位电路（HD 版本和 90C 版本才有），外部晶体 20 MHz 以下时，可不需要外部复位电路。
- 共 3 个 16 位定时器/计数器，兼容普通 MCS-51 单片机的定时器，其中定时器 T0 还可以当成 2 个 8 位定时器使用。
- 外部中断 4 路，下降沿中断或低电平触发中断，掉电模式可由外部中断低电平触发中断方式唤醒。
- 通用异步串行口（UART），还可用定时器软件实现多个 UART。
- 工作温度范围：0℃～75℃（商业级）/-40℃～+85℃（工业级）。
- 封装形式有：LQFP44、PDIP40、PLCC44、PQFP44。由于 LQFP44 体积小，并扩展了 P4 口、外部中断 2 和 3 及定时器 T2 的功能。PDIP40 的封装与传统的 89C52 芯片兼容。

除此之外，STC89C52RC 单片机自身还有很多独特的优点，主要有以下几点。

- 加密性强，无法解密。
- 超强抗干扰。主要表现在：高抗静电（ESD 保护），可以轻松抗御 2 kV/4 kV 快速脉冲干扰（EFT 测试），宽电压、不怕电源抖动，宽温度范围为-40 ℃～+85 ℃，I/O 口经过特殊处理，单片机内部的电源供电系统、时钟电路、复位电路及看门狗电路经过特殊处理。
- 采用三大降低单片机时钟对外部电磁辐射的措施：禁止 ALE 输出；如选 6 时钟/机器周期，外部时钟频率可降一半；单片机时钟振荡器增益可设为 1/2gain（1/2 增益）。
- 超低功耗：掉电模式，典型电流损耗<0.1 μA；空闲模式，典型电流损耗为 2 mA；正常工作模式，典型电流损耗 4～7 mA。

STC89C52RC 单片机的工作模式有如下几种。

- 掉电模式：RAM 内容被保存，振荡器被冻结，单片机一切工作停止，直到下一个中断或硬件复位到来，中断返回后，继续执行原程序，典型功耗<0.1 μA。
- 空闲模式：CPU 停止工作，允许 RAM、定时器/计数器、串口、中断继续工作，典型功耗 2 mA。
- 正常工作模式：单片机正常执行程序的工作模式，典型功耗 4～7 mA。

选用 STC89C52 系列单片机的一个主要原因是由于这种单片机可以利用全双工异步串行口（P3.0/P3.1）进行在线编程，即无需专用编程器/仿真器，就可通过串口直接下载用户程序，因此避免了每次编程必须插拔单片机到专用编程器上的麻烦，可以直接将 STC 单片机固定焊接在 PCB 板上，进行程序的下载调试。这也是大部分 STP89 系列产品所具有的优点。该优点还有另一个好处，就是对于某些程序尚未定型的产品可以一边生产，一边完善，加快了产品进入市场的速度，减小了新产品由于软件缺陷带来的风险。由于可以将程序直接下载到单片机查看运行结果故也可以不用仿真器。STC 单片机在线编程典型线路如图 4-2 所示。

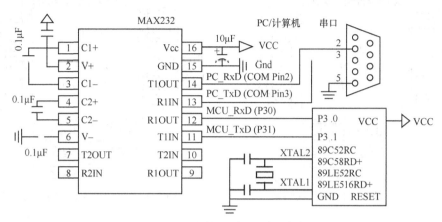

图 4-2　STC 单片机在线编程典型线路图

大部分 STC89 系列单片机在销售给用户之前已在单片机内部固化有 ISP 系统引导程序，配合计算机端的控制程序即可将用户的程序代码下载进单片机内部，故无须编程器（速度比通用编程器快）。

不要用通用编程器编程，否则有可能将单片机内部已固化的 ISP 系统引导程序擦除，导致无法使用 STC 提供的 ISP 软件下载用户的程序代码。

4.2　STC89C52 单片机的外部引脚及功能

STC89C52 目前有 LQFP44、PQFP44、PDIP40、PLCC44 等封装形式，并且不同版本的引脚也不同，图 4-3 所示为各封装形式的 HD 版本和 90C 版本的引脚图。

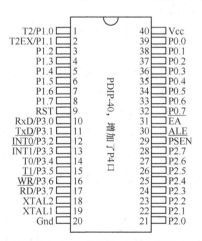

图 4-3（a）　PDIP40 的 HD 版本引脚图

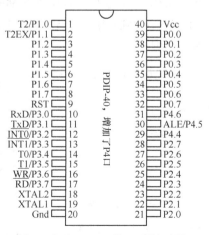

图 4-3（b）　PDIP40 的 90C 版本引脚图

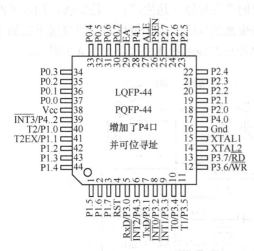

图 4-3（c） LQFP44 的 HD 版本引脚图

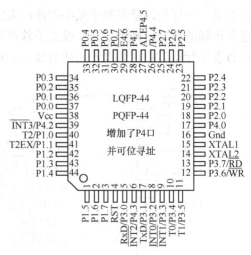

图 4-3（d） LQFP44 的 90C 版本引脚图

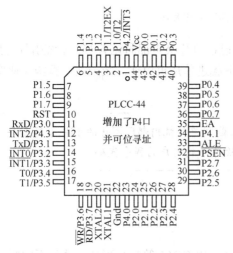

图 4-3（e） PLCC44 的 HD 版本引脚图

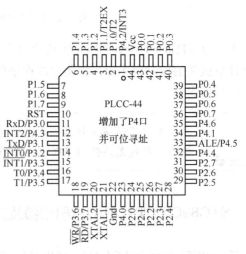

图 4-3（f） PLCC44 的 90C 版本引脚图

STC89C52RC 单片机的 HD 版本和 90C 版本的区别是：

• HD 版本有 ALE 引脚，无 P4.4、P4.5、P4.6 口，而 90C 版本无 $\overline{\text{PSEN}}$、$\overline{\text{EA}}$ 引脚，有 P4.4 和 P4.6 引脚；

图 4-4　ALE/P4.5 引脚的设置

• 90C 版本的 ALE/P4.5 引脚既可作 I/O 口 P4.5 使用，也可被复用作 ALE 引脚使用，默认是作为 ALE 引脚。如需作为 P4.5 口使用时，只能选择 90C 版本的单片机，且需在烧录用户程序时在 STC-ISP 编程器中将 ALE pin 选择为"用作 P4.5"，在烧录用户程序时在 STC-ISP 编程器中该引脚默认作 ALE pin，具体设置如图 4-4 所示。

STC89C52RC 单片机有 5 个端口 P0、P1、P2、P3、P4，其中 P4 端口在 LQFP44、PQFP44、PLCC44

等封装形式中才有，其他有很多引脚和控制信号共用引脚。下面就各引脚进行说明。

（1）P0 口引脚。

P0.0~P0.7：P0 口既可作为输入/输出口，也可作为地址/数据复用总线使用。当 P0 口作为输入/输出口时，P0 是一个 8 位准双向口，上电复位后处于开漏模式。P0 口内部无上拉电阻，所以作 I/O 口必须外接 10~4.7 kΩ 的上拉电阻。当 P0 作为地址/数据复用总线使用时，是低 8 位地址线（A0~A7）和数据线（D0-D7）共用，此时无需外接上拉电阻。

（2）P1 口引脚。

P1.0~P1.7：P1 口是一个带内部上拉电阻的 8 位双向 I/O 口。P1 的输出缓冲器可驱动（吸收或者输出电流方式）4 个 TTL 输入。对端口写入 1 时，通过内部的上拉电阻把端口拉到高电位，这时可用作输入口。P1 作输入口使用时，因为有内部上拉电阻，那些被外部拉低的引脚会输出一个电流。其中，P1.0 和 P1.1 还可以作为定时器/计数器 2 的外部计数输入（P1.0/T2）和定时器/计数器 2 的触发输入（P1.1/T2EX），具体参见表 4-1。

表 4-1   P1.0 和 P1.1 引脚复用功能

引脚号	功能特性
P1.0	T2（定时/计数器 2 外部计数输入），时钟输出
P1.1	T2EX（定时器/计数器 2 捕获/重装触发和方向控制）

（3）P2 口引脚。

P2.0~P2.7：P2 口内部带上拉电阻的 8 位双向 I/O 端口。既可作为输入/输出口，也可作为高 8 位地址总线使用（A8~A15）。当 P2 口作为输入/输出口时，P2 是一个 8 位准双向口。在访问外部程序存储器和 16 位地址的外部数据存储器（如执行"MOVX @DPTR"指令）时，P2 送出高 8 位地址。在访问 8 位地址的外部数据存储器（如执行"MOVX @R1"指令）时，P2 口引脚上的内容就是专用寄存器 SFR 区中的 P2 寄存器的内容，在整个访问期间不会改变。

（4）P3 口引脚。P3.0~P3.7：P3 是一个带内部上拉电阻的 8 位双向 I/O 端口。P3 的输出缓冲器可驱动（吸收或输出电流方式）4 个 TTL 输入。对端口写入 1 时，通过内部的上拉电阻把端口拉到高电位，这时可用作输入口。P3 做输入口使用时，因为有内部的上拉电阻，那些被外部信号拉低的引脚会输入一个电流。P3 口除作为一般 I/O 口外，还有其他一些复用功能，如表 4-2 所示。

表 4-2   P3 口引脚复用功能

引脚号	复用功能
P3.0	RxD（串行输入口）
P3.1	TxD（串行输出口）
P3.2	$\overline{INT0}$（外部中断 0）
P3.3	$\overline{INT1}$（外部中断 1）
P3.4	T0（定时器 0 的外部输入）
P3.5	T1（定时器 1 的外部输入）
P3.6	$\overline{WR}$（外部数据存储器写选通）
P3.7	$\overline{RD}$（外部数据存储器读选通）

（5）电源与时钟引脚。

Vcc：电源正极。

Gnd：电源负极，接地。

XTAL1：片内振荡器反相放大器和时钟发生器电路输入端。用片内振荡器时，该引脚接外部石英晶体和微调电容。外接时钟源时，该引脚接外部时钟振荡器的信号。

XTAL2：片内振荡器反相放大器的输出端。当使用片内振荡器，该引脚连接外部石英晶体和微调电容。当使用外部时钟源时，本脚悬空。

RST：复位输入。当输入连续两个机器周期以上高电平时为有效，用来完成单片机的复位初始化操作。看门狗计时完成后，RST 引脚输出 96 个晶振周期的高电平。特殊寄存器 AUXR（地址 8EH）上的 DISRTO 位可以使此功能无效。DISRTO 默认状态下，复位高电平为有效。

至此，STC89C52RC 的引脚介绍完毕，读者应了解每一个引脚的功能，这对于掌握STC89C52 单片机及应用系统的硬件电路设计十分重要。

STC89C52RC 系列单片机的不同封装形式中 PLCC 和 QFP 的两种封装有 P4 口。

4.3 STC89C52 单片机存储器结构

STC89C52RC 存储器的结构特点之一是将程序存储器和数据存储器分开（哈佛结构），并有各自的访问指令。STC89C52RC 系列单片机除可以访问片上 Flash 存储器外，还可以访问 64 KB 的外部程序存储器。STC89C52RC 系列单片机内部有 512 B 的数据存储器，其在物理和逻辑上都分为两个地址空间：内部 RAM（256 B）和内部扩展 RAM（256 B），另外还可以访问在片外扩展的 64 KB 外部数据存储器。

4.3.1 STC89C52 单片机程序存储器

单片机程序存储器存放程序和表格之类的固定常数。片内为 8 KB 的 Flash，地址为 0000H～1FFFH。16 位地址线，可外扩的程序存储器空间最大为 64 KB，地址为 0000H～FFFFH。使用时应注意以下问题：

分为片内和片外两部分，访问片内的还是片外的程序存储器，由引脚电平确定。

$\overline{EA}$ =1 时，CPU 从片内 0000H 开始取指令，当 PC 值没有超出 1FFFH 时，只访问片内 Flash 存储器，当 PC 值超出 1FFFH 自动转向读片外程序存储器空间 2000H～FFFFH 内的程序。

$\overline{EA}$ =0 时，只能执行片外程序存储器（0000H～FFFFH）中的程序，不理会片内 8 KB Flash 存储器。

程序存储器某些固定单元用于各中断源中断服务程序入口。

STC89C52 复位后，程序存储器地址指针 PC 的内容为 0000H，于是程序从程序存储器的 0000H 开始执行，一般在这个单元存放一条跳转指令，跳向主程序的入口地址。

除此之外，64 KB 程序存储器空间中有 8 个特殊单元分别对应于 8 个中断源的中断入口地址，见表 4-3。通常这 8 个中断入口地址处都放一条跳转指令跳向对应的中断服务子程序，而不是直接存放中断服务子程序。因为两个中断入口间的间隔仅有 8 个单元，一般不够存放中断服务子程序。

表 4-3　　　　　　　　　　程序存储器空间的 8 个中断入口地址

中断源	中断向量地址
$\overline{\text{INT0}}$	0003H
T0	000BH
$\overline{\text{INT1}}$	0013H
T1	001BH
UART	0023H
T2	002BH
$\overline{\text{INT2}}$	0033H
$\overline{\text{INT3}}$	003BH

4.3.2　STC89C52 单片机数据存储器

STC89C52RC 系列单片机内部集成了 512 B RAM，可用于存放程序执行的中间结果和过程数据。内部数据存储器在物理和逻辑上都分为两个地址空间：内部 RAM（256 B）和内部扩展 RAM（256 B）。此外，还可以访问在片外扩展的 64 KB 数据存储器。STC89C52RC 系列单片机的存储器分布如图 4-5 所示。

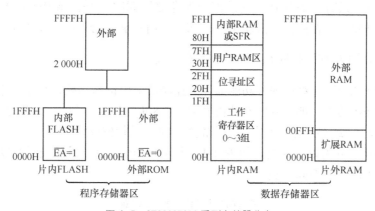

图 4-5　STC89C52RC 系列存储器分布

　　　　图中阴影部分的访问是由辅助寄存器 AUXR（地址为 8EH）的第 EXTRAM 位来设置，这部分在物理上是内部 RAM，逻辑上占用外部 RAM 地址空间。

（1）片内数据存储器。

传统的 89C52 单片机的内部 RAM 只有 256 B 的空间可供使用，在此情况下宏晶公司响应广大用户的呼声，在一些单片机内部增加了 RAM。STC89C52RC 系列单片机内部扩展了 256 B RAM。

于是 STC89C52RC 单片机内部 512 B 的 RAM 有 3 个部分：① 低 128 B（00H～7FH）

内部 RAM；② 高 128 B（80H～FFH）内部 RAM；③ 内部扩展的 256 B RAM 空间（00H～FFH）。下面分别介绍。

低 128 B（00H～7FH）的空间既可以直接寻址也可间接寻址。内部低 128 B RAM 又可分为：工作寄存器组 0（00H～07H）8 B、工作寄存器组 1（08H～0FH）8 B、工作寄存器组 2（10H～17H）8 B、工作寄存器组 3（18H～1FH）8 B、可位寻址区（20H～2FH）16 B、用户 RAM 和堆栈区（30H～7FH）80 B。

高 128 B（80H～FFH）的空间和特殊功能寄存器区 SFR 的地址空间（80H～FFH）貌似共用相同的地址范围，但物理上是独立的，使用时通过不同的寻址方式加以区分：高 128 B 只能间接寻址，而特殊功能寄存器区 SFR 只能直接寻址。

内部扩展 RAM，在物理上是内部，但逻辑上是占用外部数据存储器的部分空间，需要用 MOVX 来访问。内部扩展 RAM 是否可以被访问是由辅助寄存器 AUXR（地址为 8EH）的第 EXTRAM 位来设置。关于扩展 RAM 的管理将在下一节的 AUXR 特殊功能寄存器部分详细介绍。

（2）片外数据存储区。

当片内 RAM 不够用时，需外扩数据存储器，STC89C52 最多可外扩 64 KB 的 RAM。

注意　　片内 RAM 与片外 RAM 两个空间是相互独立的，片内 RAM 与片外 RAM 的低 256 B 的地址是相同的，但由于使用的是不同的访问指令，所以不会发生冲突。

另外说明下，只有在访问真正的外部数据存储器期间，$\overline{WR}$ 或 $\overline{RD}$ 信号才有效。但当 MOVX 指令访问物理上在内部，逻辑上在外部的片内扩展 RAM 时，这些信号将被忽略。

4.3.3　STC89C52 单片机特殊功能寄存器

STC89C52 中的 CPU 对片内各功能部件的控制是采用特殊功能寄存器集中控制方式。特殊功能寄存器 SFR 的单元地址映射在片内 RAM 的 80H～FFH 区域中，离散地分布在该区域，其中字节地址以 0H 或 8H 结尾的特殊功能寄存器可以进行位操作。

按 SFR 的功能分为以下几类，如表 4-4～表 4-11 所示，标*号的表示在以下分类表中有重复，即该 SFR 可归在不同分类中。

表 4-4　　　　　　　　　　　　单片机内核特殊功能寄存器

序号	符号	功能介绍	字节地址	位地址	复位值
1	ACC	累加器	E0H	E7～E0H	0000 0000
2	B	B 寄存器	F0H	F7～F0H	0000 0000
3	PSW	程序状态字寄存器	D0H	D7～D0H	0000 0000
4	SP	堆栈指针	81H	—	0000 0111
5	DP0L	数据地址指针 DPTR0 低 8 位	82H		0000 0000
6	DP0H	数据地址指针 DPTR0 高 8 位	83H		0000 0000
7	DP1L	数据地址指针 DPTR1 低 8 位	84H		
8	DP1H	数据地址指针 DPTR1 高 8 位	85H		

表 4-5　　　　　　　　　　　　　　　　　单片机系统管理特殊功能寄存器

序号	符号	功能介绍	字节地址	位地址	复位值
1	PCON	电源控制寄存器	87H	—	0xx1 0000
2	AUXR	辅助寄存器	8EH	—	xxxx xx00
3	AUXR1	辅助寄存器 1	A2H	—	xxxx 0xx0

表 4-6　　　　　　　　　　　　　　　　　单片机中断管理特殊功能寄存器

序号	符号	功能介绍	字节地址	位地址	复位值
1	IE	中断允许控制寄存器	A8H	AFH～A8H	0000 0000
2	IP	低中断优先级控制寄存器	B8H	BFH～B8H	xx00 0000
3	IPH	高中断优先级控制寄存器	B7H	—	0000 0000
4	TCON	T0、T1 定时器/计数器控制寄存器	88H	8FH～88H	0000 0000
5	SCON	串行口控制寄存器	98H	9FH～98H	0000 0000
6	T2CON	T2 定时器/计数器控制寄存器	C8H	CFH～C8H	0000 0000
7	XICON	扩展中断控制寄存器	C0H	C7H～C0H	0000 0000

表 4-7　　　　　　　　　　　　　　　　　单片机 I/O 口特殊功能寄存器

序号	符号	功能介绍	字节地址	位地址	复位值
1	P0	P0 口锁存器	80H	87H～80H	1111 1111
2	P1	P1 口锁存器	90H	97H～90H	1111 1111
3	P2	P2 口锁存器	A0H	A7H～A0H	1111 1111
4	P3	P3 口锁存器	B0H	B7H～B0H	1111 1111
5	P4	P4 口锁存器	E8H	E7H～E0H	xxxx 1111

表 4-8　　　　　　　　　　　　　　　　　单片机串行口特殊功能寄存器

序号	符号	功能介绍	字节地址	位地址	复位值
1*	SCON	串行口控制寄存器	98H	9FH～98H	0000 0000
2	SBUF	串行口锁存器	99H	—	xxxx xxxx
3	SADEN	串行从机地址掩模寄存器	B9H	—	0000 0000
4	SADDR	串行从机地址控制寄存器	A9H	—	0000 0000

表 4-9　　　　　　　　　　　　　　　　　单片机定时器特殊功能寄存器

序号	符号	功能介绍	字节地址	位地址	复位值
1*	TCON	T0、T1 定时器/计数器控制寄存器	88H	8FH～88H	0000 0000
2	TMOD	T0、T1 定时器/计数器方式控制寄存器	89H	—	0000 0000
3	TL0	定时器/计数器 0（低 8 位）	8AH	—	0000 0000
4	TH0	定时器/计数器 0（低 8 位）	8CH	—	0000 0000
5	TL1	定时器/计数器 1（高 8 位）	8BH	—	0000 0000
6	TH1	定时器/计数器 1（高 8 位）	8DH	—	0000 0000

续表

序号	符号	功能介绍	字节地址	位地址	复位值
7*	T2CON	定时器/计数器 2 控制寄存器	C8H		0000 0000
8	T2MOD	定时器/计数器 2 模式寄存器	C9H	—	xxxx xx00
9	RCAP2L	外部输入（P1.1）计数器/自动再装入模式时初值寄存器低八位	CAH	—	0000 0000
10	RCAP2H	外部输入（P1.1）计数器/自动再装入模式时初值寄存器高八位	CBH	—	0000 0000
11	TL2	定时器/计数器 2（低 8 位）	CCH	—	0000 0000
12	TH2	定时器/计数器 2（高 8 位）	CDH	—	0000 0000

表 4-10　　　　　　　　　　　单片机看门狗特殊功能寄存器

序号	符号	功能介绍	字节地址	位地址	复位值
1	WDT_CONTR	看门狗控制寄存器	E1h	—	xx00 0000

表 4-11　　　　　　　　　　　单片机 ISP/IAP 特殊功能寄存器

序号	符号	功能介绍	字节地址	位地址	复位值
1	ISP_DATA	ISP/IAP 数据寄存器	E2h	—	1111 1111
2	ISP_ADDRH	ISP/IAP 地址高 8 位	E3h	—	0000 0000
3	ISP_ADDRL	ISP/IAP 地址低 8 位	E4h	—	0000 0000
4	ISP_CMD	ISP/IAP 命令寄存器	E5h	—	xxxx x000
5	ISP_TRIG	ISP/IAP 命令触发寄存器	E6h	—	xxxx xxxx
6	ISP_CONTR	ISP/IAP 控制寄存器	E7h	—	000x x000

以下介绍部分特殊功能寄存器，其他各特殊功能寄存器的功能将在相应的章节介绍。

（1）AUXR 扩展 RAM 及 ALE 管理特殊功能寄存器（见表 4-12）。

表 4-12　　　　　　　　　　　AUXR 特殊功能寄存器

符号	功能介绍	字节地址	7	6	5	4	3	2	1	0	复位值
AUXR	辅助寄存器	8EH	—	—	—	—	—	—	EXTRAM	ALEOFF	xxxx xx00

① 扩展 RAM 的管理由 AUXR 特殊功能寄存器的 EXTRAM 位来设置。

普通 89C51/89C52 系列单片机的内部 RAM 只有 128 B（89C51）/256 B（89C52）供用户使用，而 STC89C52RC 系列单片机内部扩展了 256 B 的 RAM。

② 当 EXTRAM=0 时，内部扩展 RAM 可存取，此时使用 MOVX　A,@Ri/MOVX　@Ri,A 指令来固定访问 00H～FFH 内部扩展的 RAM 空间，当超过 FFH 的外部 RAM 则用 MOVX A,@DPTR/MOVX @DPTR,A 指令来访问。

例如：访问内部扩展的 RAM，代码如下。

```
AUXR   DATA  8EH ;新增特殊功能寄存器声明，或者用 AUXR EQU 8EH 定义
MOV    AUXR, #00000000B  ; EXTRAM 位清零，上电复位时此位就为"0".
;写芯片内部扩展的 EXTRAM
```

```
MOV  Ri, #address
MOV  A, #value
MOVX @Ri, A
;读芯片内部扩展的 EXTRAM
MOV  Ri, #address
MOVX A, @Ri
```

当 EXTRAM=1 时，禁止内部扩展 RAM 的使用，外部的 RAM 可以存取，此时 MOVX @DPTR 和 MOVX @R1 的使用同传统的 89C52。有些用户系统因为外部扩展了 I/O 或者用片选去选多个 RAM 区，有时与此内部扩展的 RAM 逻辑地址上有冲突，于是将 EXTRAM 位设置为 "1"，禁止访问此内部扩展的 RAM 就可以了。

例如：禁止访问内部扩展的 RAM 的设置，代码如下。

```
MOV  AUXR, #00000010B  ;EXTRAM 控制位置"1",禁止访问 EXTRAM
```

请尽量用 MOVX A,@Ri/MOVX @Ri,A 指令访问内部扩展 RAM，这样只能访问 256 B 的扩展 RAM，可与很多单片机兼容，以达到完全兼容以前老产品的目的。

另外，在访问内部扩展 RAM 之前，用户还需在烧录用户程序时在 STC-ISP 编程器中设置允许内部扩展 AUX-RAM 访问，如图 4-6 所示。

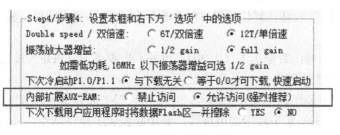

图 4-6　内部扩展 RAM 的设置

③ 当 ALEOFF=0 时，在 12 时钟模式时 ALE 脚输出固定的 1/6 晶振频率信号，在 6 时钟模式时输出固定的 1/3 晶振频率信号。

当 ALEOFF=1 时，ALE 引脚仅在执行 MOVX 或 MOVC 指令时才输出信号，这样做的优点是降低了系统对外界的电磁干扰。

（2）AUXR1 双数据指针控制特殊功能寄存器（见表 4-13）。

表 4-13　　　　　　　　　　　　　　AUXR1 特殊功能寄存器

符号	功能介绍	字节地址	7	6	5	4	3	2	1	0	复位值
AUXR1	辅助寄存器 1	A2H	—	—	—	—	GF2	—	—	DPS	xxxx 0xx0

① GF2 通用功能用户自定义位。由用户根据需要自定义使用。

② DPS 是 DPTR 寄存器选择位。当 DPS=0 时，选择数据指针 DPTR0；当 DPS=1 时，选择数据指针 DPTR1。

AUXR1 特殊功能寄存器位于 A2H 单元，不可用位操作指令快速访问。但由于 DPS 位位于 bit0，故对 AUXR1 寄存器用 INC 指令，DPS 位便会反转，由 0 变成 1 或由 1 变成 0，即可实现双数据指针的快速切换。例如：

```
AUXR1    DATA 0A2H
MOV      AUXR1,#0        ;此时 DPS 为 0,DPTR0 有效
MOV      DPTR, #1FFH     ;置 DPTR0 为 1FFH
MOV      A, #55H
MOVX     @DPTR, A        ;将 1FFH 单元置为 55H
MOV      DPTR, #2FFH     ;置 DPTR0 为 2FFH
MOV      A,#0AAH
MOVX     @DPTR, A        ;将 2FFH 单元置为 0AAH
INC      AUXR1           ;此时 DPS 为 1,DPTR1 有效
MOV      DPTR, #1FFH     ;置 DPTR1 为 1FFH
MOVX     A,@DPTR         ;读 DPTR1 指向的 1FFH 单元的内容,累加器 A 变为 55H.
INC      AUXR1           ;此时 DPS 为 0,DPTR0 有效
MOVX     A,@DPTR         ;读 DPTR0 指向的 2FFH 单元的内容,累加器 A 变为 0AAH.
INC      AUXR1           ;此时 DPS 为 1,DPTR1 有效
MOVX     A,@DPTR         ;读 DPTR1 指向的 1FFH 单元的内容,累加器 A 变为 55H.
```

（3）堆栈指针 SP。

SP 指示堆栈顶部在内部 RAM 块中的位置。该微处理器的堆栈结构是向上生长型。单片机复位后，SP 为 07H，使得堆栈实际上从 08H 单元开始，由于 08H～1FH 单元分别是属于 1～3 组的工作寄存器区，最好在复位后把 SP 值改置为 60H 或更大的值，避免堆栈与工作寄存器冲突。

堆栈操作只有两种：数据压入（PUSH）堆栈和数据弹出（POP）堆栈。数据压入堆栈，SP 自动加 1；数据弹出堆栈，SP 自动减 1。

堆栈是为子程序调用和中断操作而设，主要用来保护断点地址和现场状态。

- 断点保护。无论是子程序调用操作还是中断服务子程序调用，最终都要返回主程序，应预先把主程序的断点地址在堆栈中保护起来，为程序正确返回做准备。

- 现场保护。执行子程序或中断服务子程序时，要用到一些寄存器单元，会破坏原有内容，要把有关寄存器单元的内容保存起来，可送入堆栈，这就是所谓的"现场保护"。

（4）累加器 A。

使用最频繁的寄存器，可写为 Acc。A 的进位标志 Cy 是特殊的，因为它同时又是位处理机的位累加器。累加器 A 的作用是 ALU 单元的输入数据源之一，又是 ALU 运算结果存放单元。数据传送大多都需通过累加器 A，它相当于数据的中转站。

（5）寄存器 B。

为执行乘法和除法而设。在不执行乘、除法操作的情况下，可把它当作一个普通寄存器来使用。执行乘法时，两乘数分别在 A、B 中，执行乘法指令后，乘积在 BA 中；执行除法时，被除数取自 A，除数取自 B，商存放在 A 中，余数存放在 B 中。

（6）程序状态字寄存器（PSW，Program Status Word）（见表 4-14）。

表 4-14　　　　　　　　　　　　　　　　PSW 寄存器

符号	字节地址	7	6	5	4	3	2	1	0	复位值
PSW	D0H	Cy	Ac	F0	RS1	RS0	OV	—	P	0000 0000

PSW 包含了程序运行状态的信息，其中 4 位保存当前指令执行后的状态，供程序查询和判断。PSW 中各个位的功能：

- Cy（PSW.7）进位标志位。Cy 可写为 C。在算术和逻辑运算时，若有进位/借位，Cy =1；否则，Cy=0。在位处理器中，它是位累加器。
- Ac（PSW.6）辅助进位标志位。在 BCD 码运算时，用作十进位调整。即当 D3 位向 D4 位产生进位或借位时，Ac=1；否则，Ac=0。
- F0（PSW.5）用户设定标志位。由用户使用的一个状态标志位，可用指令来使它置 1 或清零，控制程序的流向，用户应充分利用它。
- RS1、RS0（PSW.4、PSW.3）4 组工作寄存器区选择。选择片内 RAM 区中的 4 组工作寄存器区中的某一组为当前工作寄存区见表 4-15。

表 4-15　　　　　　　　　　　　　组工作寄存器区选择

RS1 RS0	所选寄存器组
0 0	第 0 组（内部 RAM 地址 00H～07H）
0 1	第 1 组（内部 RAM 地址 08H～0FH）
1 0	第 2 组（内部 RAM 地址 10H～17H）
1 1	第 3 组（内部 RAM 地址 18H～1FH）

- OV（PSW.2）溢出标志位。当执行算术指令时，用来指示运算结果是否产生溢出。如果结果产生溢出，OV=1；否则，OV=0。
- PSW.1 位。保留位
- P（PSW.0）奇偶标志位。指令执行完，累加器 A 中 "1" 的个数是奇数还是偶数。P=1，表示 A 中 "1" 的个数为奇数。P=0，表示 A 中 "1" 的个数为偶数。此标志位对串行通信有重要的意义，常用奇偶检验的方法来检验数据串行传输的可靠性。

4.4　STC89C52 单片机 I/O 口

STC89C52RC 单片机所有 I/O 端口均有 3 种工作类型：准双向口/弱上拉（标准 8051 输出模式）、仅为输入（高阻）或开漏输出功能。

4.4.1　P0 端口

P0 口是一个双功能的 8 位并行端口，字节地址为 80H，位地址为 80H～87H。端口的各位具有完全相同但又相互独立的电路结构。

P0 口上电复位后处于开漏模式，当 P0 引脚作 I/O 口时，需外加 10～4.7 kΩ 的上拉电阻，当 P0 引脚作为地址/数据复用总线使用时，不用外加上拉电阻。

当 P0 口线锁存器为 0 时，开漏输出关闭所有上拉晶体管。当 P0 作为一个逻辑输出时，这种配置方式必须有外部上拉电阻，一般通过外接电阻到 Vcc 实现。如果外部有上拉电阻，开漏的 I/O 口还可以读外部状态，即此时被配置为开漏模式的 I/O 口还可以作为输入

I/O 口。这种方式的下拉与准双向口相同。输出口线配置如图 4-7 所示，开漏端口带有一个干扰抑制电路。

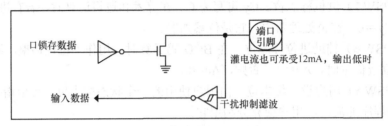

图 4-7　P0 口上电复位后为开漏模式

4.4.2　P1/P2/P3/P4 端口

STC89C52RC 系列单片机的 P1/P2/P3/P4 上电复位后为准双向口/弱上拉（传统 8051 的 I/O 口）模式。

准双向口输出类型可用作输出和输入功能而不需重新配置口线输出状态。这是因为当口线输出为 1 时驱动能力很弱，允许外部装置将其拉低。当引脚输出为低时，它的驱动能力很强，可吸收相当大的电流。准双向口有 3 个上拉晶体管可满足不同的需要。

在 3 个上拉晶体管中，有 1 个上拉晶体管称为"弱上拉"，当口线寄存器为 1 且引脚本身也为 1 时打开。此上拉提供基本驱动电流使准双向口输出为 1。如果一个引脚输出为 1 而由外部装置下拉到低时，弱上拉关闭而"极弱上拉"维持开状态，为了把这个引脚强拉为低，外部装置必须有足够的灌电流能力使引脚上的电压降到门槛电压以下。

第 2 个上拉晶体管，称为"极弱上拉"，当口线锁存为 1 时打开。当引脚悬空时，这个极弱的上拉源产生很弱的上拉电流将引脚上拉为高电平。

第 3 个上拉晶体管称为"强上拉"。当口线锁存器由 0 到 1 跳变时，这个上拉用来加快准双向口由逻辑 0 到逻辑 1 转换。当发生这种情况时，强上拉打开约 2 个时钟以使引脚能够迅速地上拉到高电平。准双向口输出如图 4-8 所示。

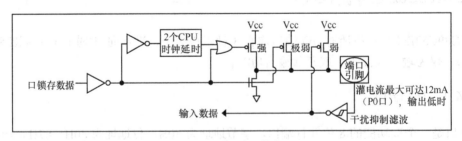

图 4-8　准双向口输出

如果用户向 3 V 单片机的引脚上加 5 V 电压，将会有电流从引脚流向 Vcc，这样会产生额外的功率消耗。因此，建议不要在准双向口模式中向 3 V 单片机引脚施加 5 V 电压，如使用的话，要加限流电阻，或用二极管作为输入隔离，或用三极管作为输出隔离。准双向口带有一个干扰抑制电路。准双向口读外部状态前，要先锁存为"1"，才可读到外部正确的状态。

4.4.3　5 V 单片机连接 3 V 器件

STC89C52RC 的 5 V 单片机的 P0 口的灌电流最大为 12 mA，其他 I/O 口的灌电流最大为 6 mA。

当 STC89C52RC 系列 5 V 单片机连接 3.3 V 器件时，为防止 3.3 V 器件承受不了 5 V，可将相应的 5 V 单片机 P0 口先串一个 0～330 Ω 的限流电阻到 3.3 V 器件 I/O 口，相应的 3.3 V 器件 I/O 口外部加 10 kΩ 上拉电阻到 3.3 V 器件的 Vcc，这样高电平是 3.3 V，低电平是 0 V，输入输出一切正常。其配置见图 4-9。

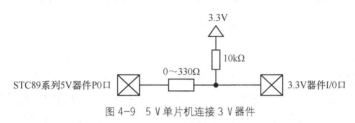

图 4-9　5 V 单片机连接 3 V 器件

4.5　STC89C52 单片机的时钟与复位

4.5.1　传统 51 单片机时序

单片机工作时，是在统一的时钟脉冲控制下一拍一拍地进行的。时钟电路产生单片机工作时所必需的控制信号，在时钟信号的控制下，单片机严格按时序执行指令。由于指令的字节数不同，取这些指令所需要的时间也就不同，即使是字节数相同的指令，由于执行操作有较大的差别，不同的指令执行时间也不一定相同，即所需的拍节数不同。为了便于对 CPU 时序进行分析，一般按指令的执行过程规定了 3 种周期，即时钟周期、机器周期和指令周期，也称为时序定时单位。

1. 时钟周期

时钟周期也称为振荡周期，定义为时钟脉冲的倒数，是计算机中最基本、最小的时间单位。可以这么理解，时钟周期就是单片机外接晶振的倒数，例如 12 MHz 的晶振，它的时钟周期就是 1/12 μs。

显然，对同一种机型的单片机，时钟频率越高，单片机的工作速度就越快。但是，由于不同的单片机硬件电路和器件的不完全相同，所以其所需要的时钟频率范围也不一定相同。在单片机中把一个时钟周期定义为 1 个节拍（用 P 表示），2 个节拍定义为一个状态周期（用 S 表示）。

2. 机器周期

在单片机中，为了便于管理，常把一条指令的执行过程划分为若干个阶段，每一阶段完成一项工作。例如，取指令、存储器读、存储器写等，这每一项工作称为一个基本操作。完成一个基本操作所需要的时间称为机器周期。

一般情况下，一个机器周期由若干个 S 周期（状态周期）组成。51 系列单片机的一个机器周期由 6 个 S 周期（状态周期）组成，也就是说一个机器周期=6 个状态周期=12 个时钟周期。由图 4-10 可知，1 个机器周期包括 12 个时钟周期，分为 S1～S6 这 6 个状态，每个状态又分为 P1 和 P2 两拍。因此，一个机器周期中的 12 个时钟周期表示为 S1P1、S1P2、S2P1、S2P2、…、S6P2。

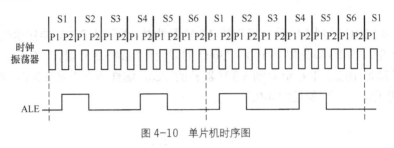

图 4-10 单片机时序图

3. 指令周期

指令周期是执行一条指令所需要的时间，一般由若干个机器周期组成。指令不同，所需的机器周期数也不同。对于一些简单的单字节指令，在取指令周期中，指令取出到指令寄存器后，立即译码执行，不再需要其他的机器周期。对于一些比较复杂的指令，例如转移指令、乘法指令，则需要两个或者两个以上的机器周期。

通常含一个机器周期的指令称为单周期指令,包含两个机器周期的指令称为双周期指令。51 单片机的指令系统中，按它们的长度可分为单字节指令、双字节指令和三字节指令。

从指令执行时间看：单字节和双字节指令一般为单机器周期和双机器周期；三字节指令都是双机器周期；乘、除指令占用四个机器周期。

4.5.2　STC89C52 单片机时钟电路

控制单片机工作的脉冲是由单片机控制器中的时序电路发出的。单片机的时序就是 CPU 在执行指令时所需控制信号的时间顺序，为了保证各部件间的同步工作，单片机内部电路应在唯一的时钟信号下严格地控制工作时序。

CPU 发出的时序信号有两类，一类是对片内各个功能部件的控制，用户无须了解；另一类是对片外存储器或 I/O 口的控制，这部分时序对于分析、设计硬件接口电路至关重要。

时钟频率直接影响单片机的速度，时钟电路的质量也直接影响单片机系统的稳定性。常用的时钟电路有两种方式，一种是内部时钟方式，另一种是外部时钟方式。

1. 内部时钟方式

STC89C52 内部有一个用于构成振荡器的高增益反相放大器,输入端为芯片 XTAL1 引脚，输出端为 XTAL2 引脚。这两个引脚跨接石英晶体振荡器和微调电容，构成一个稳定的自激振荡器。一般采用内部时钟方式产生工作时序，如图 4-11 所示，时钟电路中的 R、C 的参数值的设置情况如表 4-16 所示。

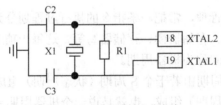

图 4-11　内部时钟方式电路

表 4-16			时钟电路中的 R、C 的参数值		
晶振增益控制 OSCDN=full gain			晶振增益控制 OSCDN=1/2 gain		
晶振频率	C2、C3	R1	晶振频率	C2、C3	R1
4MHz	=100pF	不用	4MHz	=100pF	不用
6MHz	47～100pF	不用	6MHz	47～100pF	不用
12～25MHz	=47pF	不用	12M-25MHz	=47pF	不用
26～30MHz	<=10pF	6.8kΩ	26M-30MHz	<=10pF	6.8kΩ
31～35MHz	<=10pF	5.1kΩ	31M-35MHz	不用	5.1kΩ
36～39MHz	<=10pF	4.7kΩ	36M-39MHz	不用	4.7kΩ
40～43MHz	<=10pF	3.3kΩ	40M-43MHz	不用	3.3kΩ
44～48MHz	<=5pF	3.3kΩ	44M-48MHz	不用	3.3kΩ

采用该方式振荡器增益设置如图 4-12 所示。

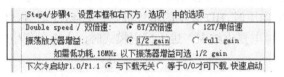

图 4-12　振荡器增益设置

2. 外部时钟方式

此方式利用外部振荡脉冲接入 XTAL1 或 XTAL2。对于 STC89C52RC 系列单片机，因内部时钟发生器的信号取自反相器的输入端，故采用外部时钟源时，接线方式为外部时钟源直接接到 XTAL1 端，XTAL2 端悬空。用现成的外部振荡器产生脉冲信号，常用于多片单片机同时工作，以便于多片单片机之间的同步。

STC89C52RC 系列单片机是真正的 6T 单片机，传统的 8051 为每个机器周期 12 个时钟周期，如将该单片机设为双倍速即每个机器周期为 6 个时钟周期，则可将单片机外部时钟频率降低一半，有效降低单片机时钟对外界的干扰。同时 STC89C52RC 系列兼容普通 12T 的单片机。STC89C52RC 系列的 HD 版本的单片机推荐工作时钟频率如表 4-17 所示。

表 4-17		单片机推荐工作时钟频率	
内部时钟方式：外接晶振		外部时钟方式：直接由 XTAL1 输入	
12T 模式	6T 模式	12T 模式	6T 模式
2～48MHz	2～36MHz	2～48MHz	2～36MHz

4.5.3　STC89C52 单片机的复位电路

复位是单片机的初始化操作。单片机启动运行时，都需要先复位，其作用是使 CPU 和系统中其他部件处于一个确定的初始状态，并从这个状态开始工作。因而，复位是一个很重要的操作方式。但单片机本身是不能自动进行复位的，必须配合相应的外部电路才能实现。

STC89C52RC 系列单片机有 4 种复位方式：外部 RST 引脚复位、软件复位、掉电复位、上电复位、看门狗复位。

1. 外部 RST 引脚复位

外部 RST 引脚复位就是从外部向 RST 引脚施加一定宽度的复位脉冲，从而实现单片机的

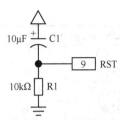

图 4-13 阻容复位电路

复位。将 RST 复位引脚拉高并维持至少 24 个时钟加 10 μs 后，单片机会进入复位状态，将 RST 复位引脚拉回低电平后，单片机结束复位状态并从用户程序区的 0000H 处开始正常工作。采用阻容复位电路时，电容 C1 为 10 μF，电阻 R1 为 10 kΩ。阻容复位电路如图 4-13 所示。

2. 软件复位

用户应用程序在运行过程中，有时会有特殊需求，需要实现单片机系统软复位（热启动之一），传统的 8051 单片机由于硬件上未支持此功能，用户必须用软件模拟实现，实现起来较麻烦。现 STC 新推出的增强型 8051 根据客户要求增加了 ISP_CONTR 特殊功能寄存器，实现了此功能。用户只需简单地控制 ISP_CONTR 特殊功能寄存器的其中两位 SWBS 和 SWRST 就可以进行系统复位了。

3. 掉电复位/上电复位

当电源电压 Vcc 低于上电复位/掉电复位电路的检测门槛电压时，所有的逻辑电路都会复位。当 Vcc 重新恢复正常电压时，HD 版本的单片机延迟 2048 个时钟（90 版本单片机延迟 32768 个时钟）后，上电复位/掉电复位结束。进入掉电模式时，上电复位/掉电复位功能被关闭。

4. 看门狗复位

在工业控制、汽车电子、航空航天等需要高可靠性的系统中，为了防止系统在异常情况下受到干扰，防止 MCU/CPU 程序跑飞而导致系统长时间异常工作，通常是引进看门狗，如果 MCU/CPU 不在规定的时间内按要求访问看门狗，就认为 MCU/CPU 处于异常状态，看门狗就会强迫 MCU/CPU 复位，使系统重新开始按规律执行用户程序。STC89C52RC 系列单片机为此功能增加了特殊功能寄存器 WDT_CONTR 看门狗控制寄存器。

4.5.4 STC89C52 单片机的复位状态

1. 复位后各寄存器的起始状态

复位时，PC 初始化为 0000H，程序从 0000H 单元开始执行。复位操作还对其他一些寄存器有影响，这些寄存器复位时的状态见表 4-18。

表 4-18　　　　　　　　　　　　　单片机复位时寄存器状态

寄存器	初始状态	寄存器	初始状态
PC	0000H	TMOD	00H
Acc	00H	TCON	00H
PSW	00H	TH0	00H
B	00H	TL0	00H
SP	07H	TH1	00H
DPTR	0000H	TL1	00H
P0-P3	FFH	SCON	xxxx xxxxB
IP	xxx0 0000B	PCON	0xxx 0000B
IE	0xx0 0000B	AUXR	xxxx 0xx0B
DP0L	00H	AUXR1	xxxx xxx0B
DP0H	00H	WDTRST	xxxx xxxxB
DP1L	00H		
DP1H	00H		

由表 4-18 可看出，复位时，SP=07H，而 P0～P3 引脚均为高电平。在某些控制应用中，要注意考虑 P0～P3 引脚的高电平对接在这些引脚上的外部电路的影响。例如，当 P1 口某个引脚外接一个继电器绕组，当复位时，该引脚为高电平，继电器绕组就会有电流通过，吸合继电器开关，使开关接通，可能会引起意想不到的后果。

2．不同复位源情况下单片机起始状态

（1）对于内部看门狗复位，会使单片机直接从用户程序区 0000H 处开始执行用户程序。

（2）通过控制 RESET 脚产生的硬复位，会使系统从用户程序区 0000H 处开始直接执行用户程序。

（3）通过对 ISP_CONTR 寄存器送入 20H 产生的软复位，会使系统从用户程序区 0000H 处开始直接执行用户程序。

（4）通过对 ISP_CONTR 寄存器送入 60H 产生的软复位，会使系统从系统 ISP 监控程序区开始执行程序，检测不到合法的 ISP 下载命令流后，会软复位到用户程序区执行用户程序。

（5）系统停电后再上电引起的硬复位，会使系统从系统 ISP 监控程序区开始执行程序，检测不到合法的 ISP 下载命令流后，会软复位到用户程序区执行用户程序。

4.6　STC89C52 单片机的省电工作模式

STC89C52 系列单片机可以运行 2 种省电模式以降低功耗：空闲模式和掉电模式。正常工作模式下，STC89C52 系列单片机的典型功耗是 4～7 mA，而掉电模式下的典型功耗< 0.1 μA，空闲模式下的典型功耗是 2 mA。

空闲模式和掉电模式的进入由电源控制寄存器 PCON 的相应位控制。PCON（Power Control Register）寄存器的字节地址是 87H，但不可位寻址。格式如下。

	D7	D6	D5	D4	D3	D2	D1	D0
PCON	SMOD	SMOD0	—	POF	GF1	GF0	PD	IDL

POF：上电复位标志位，单片机停电后，上电复位标志位为 1，可由软件清零。在实际应用中，要判断是上电复位（冷启动）、外部复位引脚输入复位信号复位、内部看门狗复位、软件复位或者其他复位。可通过如下方法来判断：先在初始化程序中，判断 POF 即 PCON.4 位是否为 1？如果 POF=1 就是上电复位（冷启动），则将 POF 清零；如果 POF=0 就是外部手动复位或看门狗复位或软件复位或其他复位。

PD：该位置 1 时，进入 Power Down 模式，可由外部中断低电平触发或下降沿触发唤醒，进入掉电模式时，内部时钟停振，由于无时钟使 CPU、定时器、串行口等功能部件停止工作，只有外部中断继续工作。掉电模式可由外部中断唤醒，中断返回后，继续执行原程序。掉电模式也叫停机模式，此时功耗<0.1 μA。

IDL：该位置 1 时，进入空闲（IDLE）模式，除系统不给 CPU 供时钟，CPU 不执行指令外，其余功能部件仍可继续工作，可由任何一个中断唤醒。

GF1、GF0：两个通用工作标志位，用户可以任意使用。

SMOD、SMOD0：与电源控制无关，与串口有关，将在后续串行通信章节描述。

4.7　小结

本章介绍了有关单片机的片内硬件基本结构、引脚功能、存储器结构、特殊功能寄存器功能、4 个并行 I/O 口的结构和特点，以及复位电路和时钟电路的设计。本章的学习为 STC89C52 系统的应用设计打下基础。

4.8　习题

1. STC89C52RC 单片机的片内都集成了哪些功能部件？

2. 当 STC89C52RC 单片机运行出错或程序陷入死循环时，如何摆脱困境？

3. 64 KB 程序存储器空间有 8 个单元地址对应 STC89C52 单片机 8 个中断源的中断入口地址，请写出这些单元的入口地址及对应的中断源。

4. STC89C52 单片机的 4 个并行双向口 P0~P3 的驱动能力各为多少？要想获得较大的输出驱动能力，采用低电平输出还是使用高电平输出？

5. STC89C52 单片机的 4 个 I/O 口分别有什么功能？

6. STC89C52RC 单片机的存储器的结构特点是什么？STC89C52RC 的片内程序存储器空间和数据存储器空间分别是多少？其中内部数据存储器空间是如何划分的？

7. STC89C52RC 单片机的片内扩展数据存储器是怎么管理的？

8. STC89C52RC 单片机的特殊功能寄存器映射在片内数据存储器的地址是多少？哪些特殊功能寄存器是可以位寻址的？

9. 单片机的时钟周期、机器周期、指令周期分别是什么？

10. STC89C52RC 单片机有几种复位方式？分别是如何实现复位的？

11. STC89C52RC 单片机复位后寄存器的状态是什么？

第 **5** 章　STC89C52 单片机中断系统

　　本章介绍了中断概念和基本的中断术语，及 STC89C52 单片机中断系统的结构；详细叙述了与中断有关的特殊功能寄存器各位功能和作用，中断响应的硬件处理过程、中断响应的条件、外部中断响应时间、中断请求撤销的方法，中断服务子程序设计要考虑的几个问题，采用中断时的主程序结构，中断服务子程序的流程；最后给出边沿触发的外部中断仿真示例。

　　通常所说的 51 系列单片机中断系统，有 5 个中断源，2 级中断优先级，而 STC89C52 单片机中断系统，在 5 个中断源基础上增加了 3 个中断源，具有 4 级中断优先级，每个中断源优先级均可用软件设置。高优先级中断可以打断低优先级中断，低优先级中断则不可以打断高优先级或同优先级中断。当两个相同优先级中断源同时产生中断申请时，将由硬件查询次序来决定系统先响应哪个中断。STC89C52 单片机与传统 51 系列单片机完全兼容。

5.1　中断的概念

　　所谓中断就是当机器正在执行程序的过程中，一旦遇到一些异常或特殊请求时，就停止正在执行的程序，转入另一程序，对问题或请求进行必要的处理，并在处理完毕后，立即返回断点继续执行原来的程序。中断响应和处理过程如图 5-1 所示。

　　关于中断有如下术语。

　　中断源：发出中断请求的设备称为中断请求源，简称中断源。

　　中断向量：所谓中断向量就是中断服务程序的入口地址。

　　中断响应：对中断请求给出的处理。

　　中断嵌套：在中断服务程序中又响应了其他中断请求，该过程称为中断嵌套。

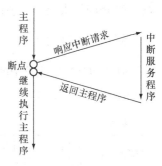

图 5-1　中断响应和处理过程

5.2　STC89C52 单片机中断系统

5.2.1　中断系统结构

　　STC89C51RC/RD+系列单片机的中断系统结构示意图如图 5-2 所示，该中断系统由中断源、中断标志、中断允许控制寄存器和中断优先级控制寄存器等构成。

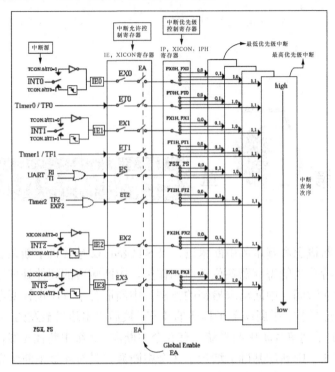

图 5-2 STC89C51RC/RD+ 系列中断系统结构图

STC89C52 单片机是在传统 51 系列单片机 5 个中断源基础上增加了 3 个中断源，共有 8 个中断源，5 个中断源分别是：外部中断 0（$\overline{\text{INT0}}$）、定时/计数器 0（Timer0）、外部中断 1（$\overline{\text{INT1}}$）、定时/计数器 1（Timer1）、串行口中断（UART），及新增加中断源定时/计数器 2（Timer2）、外部中断 2（$\overline{\text{INT2}}$）、外部中断 3（$\overline{\text{INT3}}$）。它们的中断标志由寄存器 TCON、SCON、T2CON、XICON 相应位来锁定，它们的中断允许和中断优先级由寄存器 IE、IP、IPH、XICON 来控制。

5.2.2 中断源

STC89C52 单片机中断源名称、中断向量地址、中断查询次序、中断优先级设定方法以及中断请求标志见表 5-1。

表 5-1 中断源、中断向量地址和中断请求标志表

中断源	中断向量地址	中断查询次序	中断优先级设置	优先级 0（最低）	优先级 1	优先级 2	优先级 3（最高）	中断请求标志
$\overline{\text{INT0}}$	0003H	0（最优先）	PX0H PX0	0 0	0 1	1 0	1 1	IE0
Timer 0	000BH	1	PT0H PT0	0 0	0 1	1 0	1 1	TF0
$\overline{\text{INT1}}$	0013H	2	PX1H PX1	0 0	0 1	1 0	1 1	IE1
Timer 1	001BH	3	PT1H PT1	0 0	0 1	1 0	1 1	TF1
UART	0023H	4	PSH PS	0 0	0 1	1 0	1 1	RI + TI
Timer 2	002BH	5	PT2H PT2	0 0	0 1	1 0	1 1	TF2+EXF2
$\overline{\text{INT2}}$	0033H	6	PX2H PX2	0 0	0 1	1 0	1 1	IE2
$\overline{\text{INT3}}$	003BH	7（最低）	PX3H PX3	0 0	0 1	1 0	1 1	IE3

传统 51 系列单片机 5 个基本中断源为：

外部中断 0（$\overline{INT0}$）。中断服务程序入口地址为 0003H，中断请求标志为 IE0。

定时/计数器 0（T0）。中断服务程序入口地址为 000BH，中断请求标志为 TF0。

外部中断 1（$\overline{INT1}$）。中断服务程序入口地址为 0013H，中断请求标志为 IE1。

定时/计数器 1（T1）。中断服务程序入口地址为 001BH，中断请求标志为 TF1。

串行口中断（UART）。中断服务程序入口地址为 0023H，中断请求标志为 TI 和 RI，TI 为发送中断请求标志，RI 为接收中断请求标志。

STC89C52 单片机在 5 个中断源基础上新增 3 个中断源为：

定时/计数器 2（T2）。中断服务程序入口地址为 002BH，中断请求标志为 TF2 或 EXF2。

外部中断 2（$\overline{INT2}$）。中断服务程序入口地址为 0033H，中断请求标志为 IE2。

外部中断 3（$\overline{INT3}$）。中断服务程序入口地址为 003BH，中断请求标志为 IE3。

此处，外部中断 i（i=0，1，2，3）低电平有效，当外部有中断触发信号时，硬件自动将标志 IEi（i=0，1，2，3）置 1。外部中断 i（i=0，1，2，3）还可以用于将单片机从掉电模式中唤醒。定时器 Ti（i=0，1，2）当定时时间到时，硬件自动将标志 TFi（i=0，1，2）置 1。

5.2.3 中断请求标志

传统 51 单片机中断请求标志由 TCON、SCON 寄存器相应位来锁定。STC89C52 在此基础上增加了 T2CON、XICON 寄存器相应位来标识。

1. TCON 寄存器

TCON 寄存器为定时/计数器的控制寄存器，字节地址为 88H，可位寻址。特殊功能寄存器 TCON 的中断允许位如表 5-2 所示。

表 5-2　　　　　　　　　　　　　　TCON 的中断允许位

	D7	D6	D5	D4	D3	D2	D1	D0
TCON	TF1	TR1	TF0	TR0	IE1	IT1	IE0	IT0
位地址	8FH	8EH	8DH	8CH	8BH	8AH	89H	88H

TF1：定时/计数器 1 的溢出中断请求标志位。当 T1 计数产生溢出时，由硬件使 TF1 置"1"，向 CPU 申请中断。CPU 响应 TF1 中断时，TF1 标志由硬件自动清零，TF1 也可由软件清零。

TF0：定时/计数器 0 的溢出中断请求标志位。当 T0 计数产生溢出时，由硬件使 TF0 置"1"，向 CPU 申请中断。CPU 响应 TF0 中断时，TF0 标志由硬件自动清零，TF0 也可由软件清零。

IE1：外部中断 1 的中断请求标志位。

IE0：外部中断 0 的中断请求标志位。

IT1：外部中断 1 中断请求触发控制位。

IT1=0，电平触发方式，引脚上低电平有效，并将 IE1 置"1"。当程序转向中断服务子程序时，由硬件自动将 IE1 清零。

IT1=1，跳沿（下降沿）触发方式，加到引脚上的外部中断请求输入信号电平从高到低的负跳变信号有效，并将 IE1 置"1"。当程序转向中断服务子程序时，由硬件自动将 IE1 清零。

IT0——外部中断 0 中断请求触发控制位。

IT0=0，电平触发方式，引脚上低电平有效，并将 IE0 置"1"。当程序转向中断服务程序时，由硬件自动将 IE0 清零。

IT0=1，跳沿（下降沿）触发方式，加到引脚上的外部中断请求输入信号电平从高到低的负跳变信号有效，并将 IE0 置"1"。当程序转向中断服务子程序时，由硬件自动将 IE0 清零，STC89C52 复位后，TCON 被清零，8 个中断源的中断请求标志均为 0。

TR1、TR0 这 2 位与中断系统无关，将在第 6 章定时/计数器中介绍。

2. SCON 寄存器

SCON 寄存器为串行口控制寄存器，字节地址为 98H，可位寻址。SCON 的中断允许位如表 5-3 所示。D1、D0 二位锁存串行口的发送中断和接收中断的中断请求标志 TI 和 RI，"1"表示有中断请求，"0"表示无中断请求，D2～D7 这 6 位与中断系统无关，将在第 7 章中介绍。

表 5-3　　　　　　　　　　　　　　　　SCON 的中断允许位

	D7	D6	D5	D4	D3	D2	D1	D0
SCON	—	—	—	—	—	—	TI	RI
位地址	9FH	9EH	9DH	9CH	9BH	9AH	99H	98H

3. T2CON 寄存器

T2CON 寄存器为定时/计数器 2 的控制寄存器，字节地址为 C8H，可位寻址。T2CON 如表 5-4 所示。D7 位为定时/计数器 2 的溢出中断请求标志位 TF2，"1"表示有中断请求，"0"表示无中断请求；D0~D6 这 7 位与中断系统无关，将在第 6 章中介绍。

表 5-4　　　　　　　　　　　　　　　　T2CON 的中断允许位

	D7	D6	D5	D4	D3	D2	D1	D0
T2CON	TF2	—	—	—	—	—	—	—
位地址	CFH	CEH	CDH	CCH	CBH	CAH	C9H	C8H

4. XICON 寄存器

XICON 寄存器为附加的控制寄存器，字节地址为 C0H，可位寻址。XICON 的中断允许位如表 5-5 所示。

表 5-5　　　　　　　　　　　　　　　　XICON 的中断允许位

	D7	D6	D5	D4	D3	D2	D1	D0
XICON	—	—	IE3	IT3	—	—	IE2	IT2
位地址	C7H	C6H	C5H	C4H	C3H	C2H	C1H	C0H

IT2：外部中断 2 中断请求触发控制位。

IT2=0，电平触发方式，引脚上低电平有效，并将 IE2 置"1"。当程序转向中断服务程序时，由硬件自动将 IE2 清零。

IT2=1，跳沿（下降沿）触发方式，加到引脚上的外部中断请求输入信号电平从高到低的跳变信号有效，并将 IE2 置"1"。当程序转向中断服务子程序时，由硬件自动将 IE2 清零。

IE2：外部中断请求 2 的中断请求标志位，"1"表示有中断请求，"0"表示无中断请求。

IT3：外部中断 3 中断请求触发控制位。

IT3=0，电平触发方式，引脚上低电平有效，并将 IE3 置"1"。当程序转向中断服务子程序时，由硬件自动将 IE3 清零。

IT3=1，跳沿（下降沿）触发方式，加到引脚上的外部中断请求输入信号电平从高到低的负跳变信号有效，并将 IE3 置"1"。当程序转向中断服务子程序时，由硬件自动将 IE3 清零。

IE3：外部中断请求 3 的中断请求标志位，"1"表示有中断请求，"0"表示无中断请求。

对于 D2、D3、D6、D7 位功能将在本章 5.2.4 节中断控制寄存器中讲解。

5.2.4　中断控制寄存器

传统 51 单片机中断控制寄存器由 IE、IP 组成，STC89C52 在此基础上增加 XICON、IPH 寄存器，各中断源的中断控制寄存器见表 5-6。

表 5-6　　　　　　　　　　STC89C52 单片机中断控制寄存器

寄存器	地址	名称	7	6	5	4	3	2	1	0	复位值
IE	A8H	中断允许寄存器	EA	—	ET2	ES	ET1	EX1	ET0	EX0	0000,0000
IP	B8H	中断优先级低位寄存器	—	—	PT2	PS	PT1	PX1	PT0	PX0	xx00,0000
IPH	B7H	中断优先级高位寄存器	PX3H	PX2H	PT2H	PSH	PT1H	PX1H	PT0H	PX0H	0000,0000
XICON	C0H	附加的中断控制寄存器	PX3	EX3	IE3	IT3	PX2	EX2	IE2	IT2	0000,0000

1. 允许控制寄存器 IE/XICON

（1）IE 寄存器。

传统 51 单片机对各中断源的开启和关闭均是由中断允许寄存器 IE 控制的，STC89C52 在此基础上增加中断控制寄存器 XICON 来控制附加外部中断源，IE 寄存器的字节地址为 A8H，可位寻址，其中断允许位如表 5-7 所示。

表 5-7　　　　　　　　　　　IE 寄存器中的中断允许位

	D7	D6	D5	D4	D3	D2	D1	D0
IE	EA	—	ET2	ES	ET1	EX1	ET0	EX0
位地址	AFH	AEH	ADH	ACH	ABH	AAH	A9H	A8H

IE 寄存器对中断的开放和关闭实现 2 级控制，在 IE 寄存器中有一个总开关的中断控制位 EA（IE.7 位）实现第 1 级控制，EA=0 时，屏蔽所有的中断请求，EA=1 时，CPU 开放中断请求，但 8 个中断源的中断请求是否允许，还要由 IE 中的低 6 位所对应的 6 个中断请求允许控制位和 XICON 寄存器中的 D2、D6 位所对应的 2 个外部中断请求允许控制位 EX2 和 EX3 来控制，即第 2 级控制。

IE 中各位功能如下：

- EA：CPU 总中断允许控制位，EA=0，CPU 屏蔽所有的中断请求；EA=1，CPU 开放中断。EA 作用是使中断允许形成 2 级控制。即各中断源首先受 EA 控制，其次还受各中断源自己的中断允许控制位的控制。
- ET2：定时/计数器 2 的溢出中断允许位。ET2=0，禁止 T2 溢出中断；ET2=1，允许 T2 溢出中断。
- ES：串行口中断允许位。ES=0，禁止串行口中断；ES=1，允许串行口中断。
- ET1：定时/计数器 1 的溢出中断允许位。ET1=0，禁止 T1 溢出中断；ET1=1，允许 T1 溢出中断。
- EX1：外部中断 1 中断允许位。EX1=0，禁止外部中断 1 中断；EX1=1，允许外部中断 1 中断。
- ET0：定时/计数器 0 的溢出中断允许位。ET0=0，禁止 T0 溢出中断；ET0=1，允许 T0 溢出中断。
- EX0：外部中断 0 中断允许位。EX0=0，禁止外部中断 0 中断；EX0=1，允许外部中断 0 中断。

（2）XICON 寄存器。

XICON 寄存器为辅助中断控制寄存器，字节地址为 C0H，可位寻址。辅助中断控制寄存器 XICON 的中断允许位如表 5-8 所示。

表 5-8　　　　　　　　　　　　　　XICON 的中断允许位

	D7	D6	D5	D4	D3	D2	D1	D0
XICON	—	EX3	IE3	IT3	—	EX2	IE2	IT2
位地址	C7H	C6H	C5H	C4H	C3H	C2H	C1H	C0H

EX2：外部中断 2 中断允许位，EX2=1 中断允许，EX2=0 中断禁止。

EX3：外部中断 3 中断允许位，EX3=1 中断允许，EX3=0 中断禁止。

XICON 寄存器中 D0、D1、D4、D5 位功能在本章 5.2.3 节已有介绍，此处不重复叙述，D7、D3 功能在本章本节中断优先级控制寄存器叙述。

2. 中断优先级控制寄存器 IP/IPH 和 XICON

传统 51 单片机具有两个中断优先级，即高优先级和低优先级，实现两级中断嵌套。STC89C51RC/RD+系列单片机通过设置新增加的特殊功能寄存器（IPH/XICON）中的相应位，可将中断优先级设置为 4 级中断优先级，如果只设置 IP，那么中断优先级只有两级，与传统 51 单片机两级中断优先级完全兼容。

一个正在执行的低优先级中断能被高优先级中断所中断，但不能被另一个低优先级中断所中断，一直执行到遇到返回指令 RETI，返回主程序后再执行一条指令才能响应新的中断申请。以上所述可归纳为下面两条基本规则：

- 低优先级中断能被高优先级中断所中断，反之不能；
- 任何一种中断（不管是高级还是低级），一旦得到响应，不会再被它的同级中断所中断。

STC89C52 单片机 8 个中断源硬件自动配置了相同优先级别的中断查询次序见表 5-1，外部中断 0 最优先，依次是定时/计数器 0、外部中断 1、定时/计数器 1、串行口中断、定时/计数器 2、外部中断 2、外部中断 3 为最低。STC89C52 单片机有四级中断，通过高低 2 位二进制数来配置，由中断控制寄存器 IP/SICON 和 IPH 来设置。

（1）IP 寄存器。

IP 寄存器在传统 51 单片机中为中断优先级寄存器，字节地址为 B8H，可位寻址，各位定义如表 5-9 所示，若某位为"1"表示对应中断申请为高级，"0"则对应中断申请为低级。例如：IP=18H，则表示串行口中断、定时/计数器 1 中断为高级中断，外部中断 0、1 和定时/计数器 0 为低级中断，6 个中断源中断优先级次序为定时/计数器 1（最高）、串行口中断、外部中断 0、定时/计数器 0、外部中断 1、定时/计数器 2（最低）。

在 STC89C52 单片机中 IP 是中断优先级低位配置控制寄存器，字节地址为 B8H，可位寻址。特殊功能寄存器 IP 的格式如表 5-9 所示。

表 5-9　　　　　　　　　　　　中断优先级低位配置控制寄存器

	D7	D6	D5	D4	D3	D2	D1	D0
IP	—	—	PT2	PS	PT1	PX1	PT0	PX0
位地址	BFH	BEH	BDH	BCH	BBH	BAH	B9H	B8H

表 5-9 中，PX0 位对应外部中断 0 优先级的低位配置，PT0 位对应定时器 0 中断优先级的低位配置，PX1 位对应外部中断 1 优先级的低位配置，PT1 位对应定时器 1 中断优先级的低位配置，PS 位对应串行口中断优先级的低位配置，PT2 位对应定时器 2 中断优先级的低位配置。

（2）IPH 寄存器。

IPH 寄存器是 STC89C52 单片机中断优先级高位配置控制寄存器，字节地址为 B7H，不能进行位寻址。特殊功能寄存器 IPH 的格式如表 5-10 所示。

表 5-10　　　　　　　　　　　　中断优先级高位配置控制寄存器

	D7	D6	D5	D4	D3	D2	D1	D0
IPH	PX3H	PX2H	PT2H	PSH	PT1H	PX1H	PT0H	PX0H

表 5-10 中，PX0H 位对应外部中断 0 优先级的高位配置，PT0H 位对应定时/计数器 0 中断优先级的高位配置，PX1H 位对应外部中断 1 优先级的高位配置，PT1H 位对应定时/计数器 1 中断优先级的高位配置，PSH 位对应串行口中断优先级的高位配置，PT2H 位对应定时器 2 中断优先级的高位配置，PX2H 位对应外部中断 2 优先级的高位配置，PX3H 位对应外部中断 3 优先级的高位配置。

（3）XICON 寄存器。

XICON 寄存器是 STC89C52 单片机辅助中断控制寄存器，字节地址为 C0H，可位寻址。特殊功能寄存器 XICON 的格式如表 5-11 所示。

表 5-11   辅助中断控制寄存器

	D7	D6	D5	D4	D3	D2	D1	D0
XICON	PX3	EX3	IE3	IT3	PX2	EX2	IE2	IT2
位地址	C7H	C6H	C5H	C4H	C3H	C2H	C1H	C0H

表 5-11 中，PX2 位对应外部中断 2 优先级的低位配置，PX3 位对应外部中断 3 优先级的低位配置。

STC89C52 单片机 4 级中断优先级由软件配置，它是由各个中断源的优先级高位和低位一起来配置，例如：外部中断 0 优先级高位 PX0H 和低位 PX0 配置，PX0H PX0=00，01，10，11，分别配置外部中断 0 为优先级 0（最低级）、优先级 1、优先级 2、优先级 3（最高级），同理知 8 个中断源各优先级配置方法见表 5-1 中断优先级设置。

5.3 中断响应

中断响应的过程，首先由硬件自动生成一条长调用指令 LCALL   addr16，addr16 就是程序存储区中相应的中断入口地址。例如，对于外部中断 1 的响应，硬件自动生成的长调用指令为：LCALL   0013H，首先将程序计数器 PC 的内容压入堆栈以保护断点，再将中断入口地址装入 PC，使程序转向响应中断请求的中断入口地址。各中断向量地址见表 5-1 所示。两个中断入口地址间相隔 8B，难以安放一个完整的中断服务程序。因此，通常在中断入口地址处放置一条无条件转移指令，使程序执行转向中断服务程序入口。

5.3.1 中断响应条件

中断响应是有条件的，当遇到下列三种情况之一时，中断响应被封锁：

CPU 正在处理同级或更高优先级的中断。

所查询的机器周期不是当前正在执行指令的最后一个机器周期，只有在当前指令执行完毕后，才能进行中断响应，以确保当前指令执行的完整性。

在执行的指令是 RETI 或是访问 IE 或 IP 的指令，因为按照 STC89C52 中断系统的规定，在执行完这些指令后，需要再执行完一条指令，才能响应新的中断请求。

如果存在上述 3 种情况之一，CPU 将丢弃中断查询结果，不能对中断进行响应。

中断请求被响应，必须满足以下必要条件：

总中断允许开关接通，即 IE 寄存器中的中断总允许位 EA=1。

该中断源发出中断请求，即对应的中断请求标志为"1"。

该中断源的中断允许位，即该中断被允许。

无同级或更高级中断正在被服务。

当 CPU 查询到有效的中断请求时，且满足上述条件时，紧接着就进行中断响应。

5.3.2 外部中断响应时间

使用外部中断时，需考虑从外部中断请求到转向中断入口地址所需的时间。外部中断的最短响应时间为 3 个机器周期。其中中断请求标志位查询占 1 个机器周期，而这个机器周期恰好处于指令的最后一个机器周期。在这个机器周期结束后，中断即被响应，CPU 接着执行一条硬件子程序调用指令 LCALL 到相应中断服务程序入口，需要 2 个机器周期。

外部中断响应的最长时间为 8 个机器周期，在 CPU 进行中断标志查询时，刚好才开始执行 RETI 或访问 IE 或 IP 的指令，需执行完指令再继续执行一条指令后，才响应中断。执行 RETI 或访问 IE 或 IP 的指令，最长需要 2 个机器周期，接着再执行一条指令，最长指令（乘法指令 MUL 和除法指令 DIV）来算，也只有 4 个机器周期。再加上硬件子程序调用指令 LCALL 的执行，需要 2 个机器周期，所以，外部中断响应的最长时间为 8 个机器周期。

如果已经在处理同级或更高级中断，外部中断请求的响应时间取决于正在执行的中断服务程序的处理时间，这种情况下，响应时间就无法计算了。

这样，在一个单一中断的系统里，STC89C52 单片机对外部中断请求的响应时间总是在 3～8 个机器周期之间。

5.3.3　中断请求的撤销

STC89C52 单片机有两种触发方式：电平触发方式和跳沿触发方式。

（1）电平触发方式。

外部中断申请触发器的状态随着 CPU 在每个机器周期采样到的外部中断输入引脚的电平变化而变化，在中断服务程序返回之前，外中断请求输入必须无效（即外部中断请求输入已由低电平变为高电平），否则会再次响应中断。所以电平触发方式适合于外部中断以低电平输入且中断服务程序能清除外部中断请求源（即外中断输入电平又变为高电平）的情况。

（2）跳沿触发方式。

外部中断申请触发器能锁存外部中断输入线上的负跳变，即使不能响应，中断请求标志不丢失，相继连续两次采样，一个机器周期采样为高，下一个机器周期采样为低，则中断申请触发器置 1，直到 CPU 响应此中断时，才清零。输入的负脉冲宽度至少保持 12 个时钟周期，才能被采样到。适合于以负脉冲形式输入的外部中断请求。

某个中断请求被响应后，就存在着一个中断请求的撤销问题。中断请求的撤销有如下几种情况。

（1）定时/计数器中断请求的撤销。

中断响应后，硬件会自动将 T0 或 T1 的中断请求标志位（TF0 或 TF1）清零，自动撤销定时/计数器溢出中断请求，T2 的中断请求标志位 TF2 或 EXF2 必须用软件清零。如：CLR TF2 或 CLR　EXF2。

（2）外部中断请求的撤销。

① 跳沿方式外部中断请求的撤销。跳沿方式外部中断请求的撤销包括两项：中断标志位清零和外部中断信号的撤销。中断标志位清零是在中断响应后由硬件自动完成的；外部中断请求信号的撤销，是由于跳沿信号过后该外部中断请求信号也就消失了，自动撤销。

② 电平方式外部中断请求的撤销。电平方式外中断请求的撤销也包括两项：中断标志位清零和外部中断信号的撤销。其中，中断响应后中断请求标志位自动撤销，但中断请求信号的低电平可能继续存在，为此，除了标志位清零之外，还需在中断响应后将中断请求信号输入引脚从低电平强制改变为高电平，如图 5-3 所示（D 触发器置 1 端，表示符号为 $\overline{SD}$，低电平触发）。用 D 触发器锁存外来的中断请求低电平，并通过 D 触发器的输出端 Q 接到外部中断 0 输入端，增加的 D 触发器不影响中断请求。

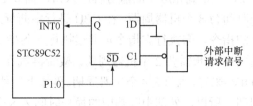

图 5-3 电平方式外部中断请求的撤销

中断响应后，利用 D 触发器的 $\overline{SD}$ 端接 STC89C52 的 P1.0 端，只要 P1.0 端输出一个负脉冲就可以使 D 触发器置"1"，撤销低电平的中断请求信号。

负脉冲可在中断服务程序的中断返回 RETI 指令前增加如下指令：

```
ORL   P1, #01H    ;P1.0为"1"
ANL   P1, #0FEH   ;P1.0为"0"
ORL   P1, #01H    ;P1.0为"1"
```

（3）串行口中断请求的撤销。

响应串行口的中断后，CPU 无法知道是接收中断还是发送中断，还需测试这两个中断标志位，以判定是接收操作还是发送操作，然后才清除。所以串行口中断请求的撤销只能使用软件的方法，在中断服务程序中进行，即用如下指令在中断服务程序中对串行口中断标志位进行清除。

```
CLR   TI        ;清TI标志位
CLR   RI        ;清RI标志位
```

5.4 中断程序的设计

中断系统的运行必须与中断程序配合才能正确使用。中断程序设计的任务有下列 4 条：

① 设置中断允许控制寄存器 IE/XICON，允许相应的中断请求源中断。

② 设置中断优先级寄存器 IP/XICON、IPH，确定所使用的中断源的优先级。

③ 若是外部中断源，还要设置中断请求的触发方式决定采用电平触发方式还是跳沿触发方式。

④ 编写中断服务子程序，处理中断请求。

前 3 条一般放在主程序的初始化程序段中。

【例 5-1】在 STC89C52 单片机中，假设允许外部中断 1 中断，其余屏蔽，设定外部中断 1 为最高级中断优先级为 3，采用下降沿触发方式，其他中断源为最低级中断优先级为 0。初始化程序如下。

```
SETB EA       ;EA 位置1，总中断开关位开放
SETB EX1      ;EX1 位置1，允许外部中断1产生中断
SETB IT1      ;IT1 位置1，外部中断1为跳沿触发方式
```

```
MOV IP,#04H  ;设置IP，外部中断源1优先级的低位置1，其余中断源低位置0。
MOV IPH,#04H ;设置IPH，外部中断源1优先级高位置1，其余中断源高位置0。
CLR PX2      ;附加外部中断源2的优先级低位置0。
CLR PX3      ;附加外部中断源3的优先级低位置0。
```

1. 采用中断时的主程序结构

程序必须先从主程序起始地址 0000H 执行。所以，在 0000H 起始地址的几个字节中，用无条件转移指令，跳向主程序。

另外，各中断入口地址之间依次相差 8 B，中断服务子程序稍长就超过 8 B，这样中断服务子程序就占用了其他的中断入口地址，影响其他中断源的中断处理。为此，一般在进入中断后，用一条无条件转移指令，把中断服务子程序跳转到远离其他中断入口的入口地址处。

常用的主程序结构如下：

```
      ORG   0000H
      LJMP  MAIN
      ORG   X1X2X3X4H   ;X1X2X3X4H 为某中断源的中断入口
      LJMP  INT         ;INT 为该中断源的中断入口标号
      ORG   Y1Y2Y3Y4H   ;Y1Y2Y3Y4H 为主程序入口
MAIN: 主程序
 ……
INT:  中断服务子程序
```

> **注意** 如果有多个中断源，就有多个"ORG X1X2X3X4H"的入口地址，多个"中断入口地址"必须依次由小到大排列。主程序 MAIN 的起始地址 Y1Y2Y3Y4H，根据具体情况来安排（此处为外部中断1，则 X1X2X3X4H=0013H）。

2. 中断服务子程序的流程

中断服务子程序的基本流程为：中断服务子程序入口→关中断→现场保护→开中断→中断处理→关中断→现场恢复→开中断→中断返回。下面对有关中断服务子程序执行过程中的一些问题进行说明。

（1）现场保护和现场恢复。

现场是指单片机中某些寄存器和存储器单元中的数据或状态。为使中断服务子程序的执行不破坏这些数据或状态，因此要送入堆栈保存起来，这就是现场保护，现场保护一定要位于中断处理程序的前面。中断处理结束后，在返回主程序前，则需要把保存的现场内容从堆栈中弹出，恢复原有内容，这就是现场恢复，现场恢复一定要位于中断处理的后面。

单片机的堆栈操作指令："PUSH direct"和"POP direct"，是供现场保护和现场恢复使用的。要保护哪些内容，应根据具体情况来定。

（2）关中断和开中断。

现场保护前和现场恢复前关中断，是为防止此时有高一级的中断进入，避免现场被破坏。在现场保护和现场恢复之后的开中断是为下一次的中断做好准备，也为了允许有更高级的中断进入。这样，中断处理可以被打断，但原来的现场保护和现场恢复不允许更改，除了现场保护和现场恢复的片刻外，仍然保持着中断嵌套的功能。但有时候，一个重要的中断，必须执行完毕，不允许被其他的中断嵌套。可在现场保护前先关闭总中断开关位，待中断处理完毕后再开总中断开关位。这样，需将中断服务子程序基本流程中的"中断处理"步骤前后的"开中断"和"关中断"去掉。

（3）中断处理。

设计者根据任务的具体要求，来编写中断处理部分的程序。

（4）中断返回。

中断服务子程序最后一条指令必须是返回指令 RETI。CPU 执行完这条指令后，把响应中断时所置 1 的不可寻址的优先级状态触发器清零，然后从堆栈中弹出位于栈顶的两个字节的断点地址并送到程序计数器 PC，弹出的第一个字节送入 PCH，弹出的第二个字节送入 PCL，然后从断点处重新执行主程序。

【例 5-2】根据中断服务子程序的基本流程，编写中断服务程序。设现场保护只将 PSW 寄存器和累加器 A 的内容压入堆栈中保护。

一个典型的中断服务子程序如下：

```
INT: CLR  EA        ;CPU 关中断
     PUSH PSW       ;现场保护
     PUSH A
     SETB EA        ;总中断允许
     中断处理程序段
     CLR  EA        ;关中断
     POP  A         ;现场恢复
     POP  PSW
     SETB EA        ;总中断允许
     RETI           ;中断返回，恢复断点
```

上述程序几点说明：

本例的现场保护假设仅仅涉及程序状态字 PSW 和累加器 A 的内容，如有其他需要保护的内容，只需在相应位置再加几条 PUSH 和 POP 指令即可。注意，堆栈的操作是先进后出。

"中断处理程序段"，设计者应根据中断任务的具体要求，来编写中断处理程序。

如果不允许被其他的中断所中断，可将"中断处理程序段"前后的"SETB EA"和"CLR EA"两条指令去掉。

最后一条指令必须是返回指令 RETI，不可缺少，CPU 执行完这条指令后，返回断点处，重新执行被中断的主程序。

【例 5-3】STC89C52 单片机的 P1 口高 4 位连接发光二极管，P1 口低 4 位连接开关，外部中断引脚 P3.2 连接按键开关 K2，P3.3 连接按键开关 K1，接口电路如图 5-4 所示，外部中断 1 为边沿触发的外部中断源，当按下按键 K1 产生外部中断信号，单片机读取 P1.0～P1.3 引脚的输入信号，将采样的输入信号转换为输出信号去驱动相应发光二极管的亮灭，单片机的工作频率为 11.0592 MHz，编写相应驱动程序。

分析：从图 5-4 所示知，STC89C52 单片机外部中断 1，按下按键 K1 时，产生边沿触发的外部中断信号，此处只用到一个中断源，不设中断优先级，使用单片机内部硬件给出优先级即可。设计步骤如下：

① 外部中断 1 的入口地址：0013H。

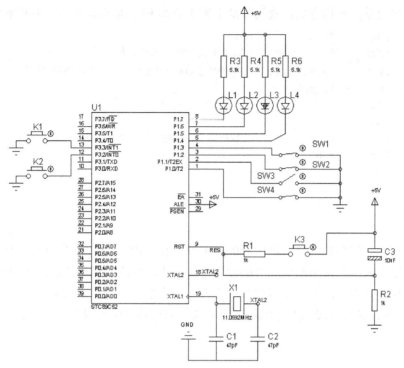

图 5-4　边沿触发的外部中断仿真示意图

② 设置边沿触发式外部中断，逐级开放中断，即：

```
SETB IT1  ;设置外部中断1为边沿触发
SETB EX1  ;设置允许外部中断1中断请求
SETB EA   ;设置允许CPU中断
```

③ 中断服务子程序：读取输入信号，输出驱动信号，中断服务子程序最后一条指令为
RETI。

C51 程序清单：中断方式。

```
#include<reg52.h>
#define uchar unsigned char
void main(){
  SP=0x50;                         //设置堆栈区
  IT1=1;                           //设置外部中断1边沿触发
  EX1=1;                           //开放外部中断1中断
  EA=1;                            //开放总中断
  while(1){}                       //踏步等待中断
}
void exint1(void) interrupt 2 {    //外部中断1中断服务子程序
  uchar p1_Value=0;
  P1=0xff;
  p1_Value=P1 & 0x0f;              //读取P1口低4位键值
  p1_Value=p1_Value<<4;
  P1=p1_Value;                     //输出键值，驱动发光二极管
}
```

汇编程序清单：查询方式，查询外部中断 1 引脚 P3.3 是否有下降沿中断触发信号。

```
         ORG     0000H
START:   SETB    IT1             //设置外部中断 1 边沿触发
HERE:    JB      P3.3,HERE       //查询外部中断 1 引脚 P3.3 是否中断触发信号
EXINT1:  MOV     P1,#0FFH
         MOV     A,P1            //读取 PI 口低 4 位键值
         SWAP    A
         MOV     P1,A            //输出键值，驱动发光二极管
         AJMP    HERE
         END
```

5.5 小结

本章介绍了 STC89C52 单片机中断的基本概念和常用术语、中断系统的结构图、中断源的控制和触发方式、4 级中断优先级的设置方法、中断响应和处理方法，及中断响应时的断点保护和现场恢复方法。通过本章学习，读者应重点掌握与中断系统有关的特殊功能寄存器以及中断系统应用特性，应能熟练地进行中断系统的初始化编程以及中断服务子程序的设计。

5.6 习题

1．何谓中断？何谓中断处理？何谓中断嵌套？

2．何谓中断源？STC89C52 有哪些中断源？各有哪些特点？

3．STC89C52 单片机的 8 个中断源所对应的中断入口地址是什么？

4．STC89C52 单片机有几级中断优先级？对中断源的优先级进行设置需要通过哪些寄存器来编程实现？

5．中断服务子程序与普通子程序有哪些相同和不同之处？

6．中断响应需要满足那些条件？

7．STC89C52 单片机响应中断后，产生长调用指令 LCALL，执行该指令的过程包括：首先把（   ）的内容压入堆栈，以进行断点保护，然后把长调用指令的 16 位地址送（   ），使程序执行转向（   ）中的中断地址区。

8．在 STC89C52 单片机的中断请求源中，需要外加电路实现中断撤销的是（   ）。

A．电平方式的外部中断

B．脉冲方式的外部中断

C．外部串行中断

D．定时中断

9．中断查询确认后，STC89C52 单片机在下列各种运行情况下，能立即进行响应的是（   ）。

A．当前正在进行高优先级中断处理

B．当前正在执行 RETI 指令

C．当前指令是 DIV 指令，且正处于取指令的机器周期

D．当前指令是 MOV A,R3

10. 下列说法正确的是（　　）。

A．STC89C52 单片机的各中断源发出的中断请求信号，都会标记在 IE、XICON 寄存器中。

B．STC89C52 单片机的各中断源发出的中断请求信号，都会标记在 TMOD 寄存器中。

C．STC89C52 单片机的各中断源发出的中断请求信号，都会标记在 IPH、IP 寄存器中。

D．STC89C52 单片机的各中断源发出的中断请求信号，都会标记在 TCON、SCON、T2CON 与 XICON 寄存器中。

11. STC89C52 单片机的 P1 口高 4 位连接发光二极管，P1 口低 4 位连接开关，P3 口的 P3.2 连接按键开关 K2，P3.3 连接按键开关 K1，接口电路如图 5-4 所示，请编程实现按键中断以及中断嵌套（外部中断 1 为高优先级，外部中断 0 为低优先级），按下按键 K2 产生外部中断 1 中断请求信号，中断响应后读取键值去驱动发光二极管点亮，按下按键 K1 产生外部中断 0 的中断请求信号，中断响应后驱动发光二极管循环点亮。请编写驱动程序。建议：编程时，为了更好地观察二极管亮灭状态，需加入适当的延时程序。调试运行时，先按按键 K1，执行外部中断 0 的低级中断；再按 K2 键，执行外部中断 1 的高级中断，观察中断嵌套。

第6章 STC89C52单片机定时/计数器

本章主要介绍了STC89C52定时器/计数器的组成与功能、工作模式和工作方式，以及与其相关的4个特殊功能寄存器（TMOD、TCON、T2CON、T2MOD）各位的定义，最后介绍了定时器/计数器的编程及应用实例。

在测控系统中，常常需要有实时时钟和计数器，以实现定时控制以及对外界事件进行计数。传统51系列单片机有2个16位定时/计数器，它们是定时/计数器0和定时/计数器1，STC89C52单片机在此基础上增加一个16位定时/计数器2，将它们简称为：T0、T1和T2。

6.1 STC89C52单片机定时/计数器的组成

传统8051系列单片机定时/计数器由T0和T1组成，STC89C52单片机在此基础上增加一个T2，T0由特殊功能寄存器TH0、TL0构成，T1由特殊功能寄存器TH1、TL1构成，T2由特殊功能寄存器TH2、TL2和RCAP2H、RCAP2L构成。它们具有的2种工作模式为定时器和计数器，定时是计片内时钟脉冲个数，计数是计片外时钟脉冲个数，T0和T1有4种工作方式（方式0、方式1、方式2和方式3）。T2有3种工作方式（自动重装初值的16位定时/计数器、捕获事件、波特率发生器）。

宏晶公司的RC/RD+系列8051单片机的定时器特殊功能寄存器地址、名称和各位定义如表6-1所示。

表6-1　RC/RD+系列8051单片机的定时器特殊功能寄存器地址、名称和各位定义

寄存器	地址	名称	7	6	5	4	3	2	1	0	复位值
TCON	88H	T0和T1控制	TF1	TR1	TF0	TR0	IE1	IT1	IE0	IT0	0000,0000
TMOD	89H	T0和T1模式	GATE GATE1	$C/\overline{T1}$	M1 M1_1	M0 M1_0	GATE GATE0	$C/\overline{T0}$	M1 M0_1	M0 M0_0	0000,0000
TL0	8AH	T0低字节									0000,0000
TH0	8CH	T0高字节									0000,0000

续表

寄存器	地址	名称	7	6	5	4	3	2	1	0	复位值
TL1	8BH	T1 低字节									0000,0000
TH1	8DH	T1 高字节									0000,0000
T2CON	C8H	T2 控制	TF2	EXF2	RCLK	TCLK	EXEN2	TR2	$C/\overline{T2}$	$CP/\overline{RL2}$	0000,0000
T2MOD	C9H	T2 模式							T2OE	DCEN	xxx,xx00
RCAP2L	CAH	T2 重装/捕获低字节									0000,0000
RCAP2H	CBH	T2 重装/捕获高字节									0000,0000
TL2	CCH	T2 低字节									0000,0000
TH2	CDH	T2 高字节									0000,0000

6.2　定时/计数器 0 和 1

STC89C51RC/RD+系列单片机的 T0 和 T1，与传统 8051 的定时/计数器完全兼容。当 T1 作波特率发生器时 T0 可以当两个 8 位定时器使用。

STC89C52 单片机内部设置的两个 16 位定时/计数器 T0 和 T1 都具有定时和计数两种工作模式，在特殊功能寄存器 TMOD 中有一位控制位 $C/\overline{T}$ 来选择 T0 或 T1 为定时器还是计数器，定时/计数器的核心部件是一个加法计数器，其本质是对脉冲进行计数。只是计数脉冲来源不同：如果计数脉冲来源于系统时钟，则为定时方式，此时定时/计数器每 12 个时钟或每 6 个时钟得到一个计数脉冲，计数值加 1；如果计数脉冲来自单片机外部引脚（T0 为 P3.4，T1 为 P3.5），则为计数方式，每来一个计数脉冲加 1。

当定时/计数器工作在定时模式时，可在烧录用户程序时即 STC-ISP 编程器中设置（如图 4-6）来确定计数脉冲为系统时钟/12（12T 模式）还是系统时钟/6（6T 模式），然后 T0 和 T1 对该计数脉冲进行计数。当定时/计数器工作在计数模式时，对外部计数脉冲计数不分频。

6.2.1　与 T0/T1 相关的寄存器

STC89C52 单片机 T0/T1 的相关寄存器如表 6-2 所示。

表 6-2　　　　　　　　　　　　　　T0/T1 的相关寄存器

符号	描述	地址	7	6	5	4	3	2	1	0	复位值
TCON	定时器控制寄存器	88H	TF1	TR1	TF0	TR0	IE1	IT1	IE0	IT0	0000 0000B

续表

符号	描述	地址	7	6	5	4	3	2	1	0	复位值
TMOD	定时器模式寄存器	89H	GATE	C/$\overline{T}$	M1_1	M1_0	GATE	C/$\overline{T}$	M0_1	M0_0	0000 0000B
TL0	Timer Low 0	8AH									0000 0000B
TL1	Timer Low 1	8BH									0000 0000B
TH0	Timer High 0	8CH									0000 0000B
TH1	Timer High 1	8DH									0000 0000B

对表 6-2 中特殊功能寄存器 TMOD、TCON 相应位进行配置，即可确定 T0 和 T1 的工作模式、工作方式、启停和中断触发方式，TL0 和 TH0 用于装载 T0 的计数值，TL1 和 TH1 用于装载 T1 的计数值。

1. TMOD 寄存器

TMOD 寄存器是 T0/T1 的模式寄存器，字节地址为 89H，不可位寻址。特殊功能寄存器 TMOD 的格式如表 6-3 所示。

表 6-3　　　　　　　　　　　　特殊寄存器 TMOD 的格式

	D7	D6	D5	D4	D3	D2	D1	D0
TMOD	GATE1	C/$\overline{T1}$	M1_1	M1_0	GATE0	C/$\overline{T0}$	M0_1	M0_0

表 6-3 中低 4 位用来设置 T0，高 4 位用来设置 T1。

M0_1 M0_0=00、01、10、11 设置 T0 分别工作在方式 0、方式 1、方式 2、方式 3。

C/$\overline{T0}$：用来设置 T0 工作模式。C/$\overline{T0}$=0，定时，C/$\overline{T0}$=1，计数。

GATE0：门控位，与外部引脚 $\overline{INT0}$ 有关。

GATE0=0，若 TR0=1，允许计数；若 TR0=0，禁止计数。

GATE0=1，若 TR0=1 并且 $\overline{INT0}$=1，允许 T0 计数；若 TR0=0，或 $\overline{INT0}$=0，禁止 T0 计数。

M1_1 M1_0=00、01、10 设置 T1 分别工作在方式 0、方式 1、方式 2。

C/$\overline{T1}$：用来设置 T1 工作模式。C/$\overline{T1}$=0，定时；C/$\overline{T1}$=1，计数。

GATE1：门控位，与外部引脚有关。

GATE1=0，若 TR1=1，允许计数；若 TR1=0，禁止计数。

GATE1=1，若 TR1=1 并且 $\overline{INT1}$=1，允许 T1 计数；若 TR1=0，或 $\overline{INT1}$=0，禁止 T1 计数。

2. TCON 寄存器

TCON 寄存器是 T0/T1 控制寄存器，字节地址为 88H，可位寻址。特殊功能寄存器 TCON 的格式如表 6-4 所示。

表 6-4　　　　　　　　　　　　特殊寄存器 TCON 的格式

	D7	D6	D5	D4	D3	D2	D1	D0
TCON	TF1	TR1	TF0	TR0	IE1	IT1	IE0	IT0
位地址	8FH	8EH	8DH	8CH	8BH	8AH	89H	88H

表 6-4 中低 4 位设置与中断有关，已在第五章叙述，此处不再复述。

TR0：运行控制位，TR0=1，启动 T0 计数；TR0=0，T0 停止计数。

TF0：T0 计数溢出中断标志位，TF0=1，T0 有中断请求；TF0=0，T0 无中断请求。

TR1：运行控制位，TR1=1，启动 T1 计数；TR1=1，停止计数。

TF1：T1 计数溢出中断标志位，TF1=1，T1 有中断请求；TF1=0，T1 无中断请求。

6.2.2　定时/计数器 0/1 的 4 种工作方式（与传统 51 单片机完全兼容）

STC89C52 单片机 T0/T1 有 4 种工作方式，由特殊功能寄存器 TMOD 来设定，见本章 6.2.1 节 TMOD 寄存器相应位内容叙述。

由 6.2.1 节可知，通过对 TMOD 中的 M0_1 和 M0_0 位的设置，可以选择 T0 的 4 种工作方式，而对 TMOD 中 M1_1 和 M1_0 位的设置，可以选择 T1 的 4 种工作方式，也就是每个定时/计数器可构成 4 种电路结构模式。在工作方式 0、1 和 2 时，T0 和 T1 的工作方式相同，在方式 3 时，T0、T1 两个定时/计数器的工作方式不同，下面以 T1 为例，分述各种工作方式的特点和用法。由于在不同方式下计数器位数不同，因而最大计数值（量程 M）也不同。

方式 0：13 位计数，M=2^{13}=8192；

方式 1：16 位计数，M=2^{16}=65536；

方式 2：8 位计数，M=2^8=256；

方式 3：T0 定时器分成两个 8 位计数器，两个 M 均 256，T1 停止计数。

（1）方式 0。

工作方式 0 是 13 位定时/计数，16 位寄存器只用 13 位，其中 TL1 的高 3 位没用。此时 T1 工作在方式 0 时的电路结构如图 6-1 所示。

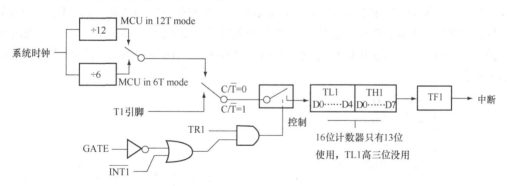

图 6-1　T1 工作在方式 0 的电路结构

（2）方式 1。

工作方式 1 是 16 位定时/计数，16 位寄存器全用，此时 T1 工作在方式 1 时的电路结构如图 6-2 所示。

（3）方式 2。

工作方式 2 是 8 位定时/计数，系统具有自动重装计数初值功能，此工作方式可省去用户软件中重装初值的程序，并可产生相当精度的定时时间。T1 工作在方式 2 时的电路结构如图 6-3 所示。

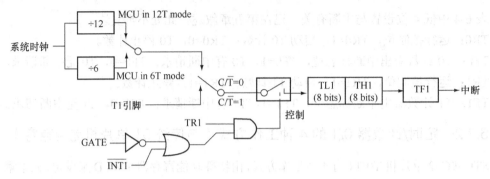

图 6-2　T1 工作在方式 1 的电路结构

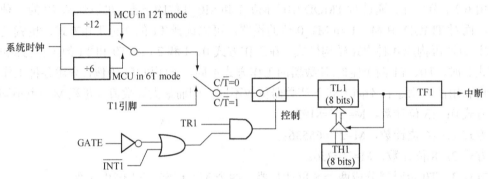

图 6-3　T1 工作在方式 2 的电路结构

（4）方式 3。

工作方式 3 仅适用于 T0，是将 16 位 T0 被拆成两个独立的 8 位计数器 TH0 和 TL0，TH0 不能作为外部计数模式，详细见图 6-4。TL0 占用了 T0 的所有中断资源，如：$C/\overline{T}$、GATE、T0 引脚、TR0、$\overline{INT0}$、TF0 以及中断服务程序入口地址 000BH；而 TH0 占用 T1 的所有中断资源，如 TR1、TF1 以及中断服务程序入口地址 001BH。T0 工作在方式 3 时的电路结构如图 6-4 所示。

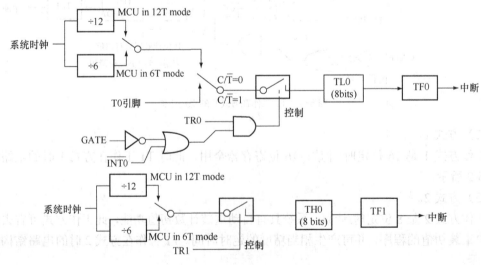

图 6-4　T0 工作在方式 3 的电路结构

T0 工作在方式 3 时，T1 可设定为方式 0、方式 1 或方式 2，用来作为串行口的波特率发生器，或不需要中断的场合，T1 处于方式 3 时相当于 TR1=0，停止计数。T1 运行的控制条件只有 2 个，即 C/$\overline{\text{T}}$ 和 M1_1、M1_0。

6.2.3　定时/计数器 0/1 的应用

定时/计数器的应用编程主要需考虑是：根据应用要求，通过程序的初始化，正确设置控制字、计算计数初值，编写中断服务子程序，适时设置控制位等。通常情况下，设置顺序大致如下：

计数初值的计算并装入 THi 和 TLi（i=0，1）；

工作方式控制字（TMOD）的设置；

中断允许位 ETi（i=0，1）、EA 的设置，使主机开放中断；

启/停位 TRi（i=0，1）设置；

现以 T0/T1 为例做简单介绍。

51 系列单片机 T0/T1 是以不断加 1 进行计数的，即属于加法计数器，因此就不能直接将实际的计数值作为计数初值送入计数寄存器 THi、TLi 中，而必须将实际计数值以 2^8、2^{13}、2^{16} 为模求补，以其补码作为计数初值设置 THi 和 TLi。

设实际计数值为 X，计数器长度为 n（n=8、13、16），则应装入计数器 THi 和 TLi 的计数初值为 2^n-X，式中 2^n 为取模值。例如：工作方式 0 计数器长度为 13，则 n=13，以 2^{13} 为模，工作方式 1 计数器长度为 16，以 2^{16} 为模等，所以计数初值$(X)_\text{补}=2^n$-X。

对于定时模式，是对机器周期计数，而机器周期与选定主频密切相关，因此，需要根据应用系统选定的主频来确定机器周期值，现以主频为 6 MHz 为例，则机器周期为：

$$\text{一个机器周期}=\frac{12或6}{6\text{MHz}}=\frac{12或6}{6\times10^6}\mu\text{s}=2\mu\text{s} 或 \mu\text{s} \tag{6-1}$$

 对于传统 51 系列单片机，式（6-1）中分子取值为 12，而对于 STC89C52 单片机式（6-1）中分子取值是根据计数脉冲倍速设置来定（参见图 4.12），若单片机选 12T，则式（6-1）分子为 12，若选 6T，则式（6-1）分子为 6。

实际定时时间为

$$\text{Tc} = \text{x}\times\text{Tp} \tag{6-2}$$

式 6-2 中，Tp 为机器周期；Tc 为所需定时时间；x 为所需计数次数。主频和 Tc 一般是已知值，在求得 Tp 后就可求得所需计数值 x，再求 x 的补码，即求得定时的计数初值。

$$(\text{x})_\text{补} = 2^n\text{-x} \tag{6-3}$$

例如：设定时时间为 2 ms，机器周期 Tp 为 2 μs，可求得定时计数次数为：

$$x = \frac{2\text{ms}}{2\mu\text{s}} = 1000次$$

设选用工作方式 1，n=16，则应设置的定时计数初值为：

$$(\text{x})_\text{补} = 2^n\text{-x} = 2^{16}\text{-x} = 65536\text{-}1000 = 64536 = \text{FC18H}$$

则将其分解成两个 8 位十六进制数，低 8 位 18H 装入 TLi，高 8 位 FCH 装入 THi 中（i=0，1）。

工作方式 0、1、2 的最大计数次数分别为 8192、65536 和 256。

对外部事件计数模式，只需根据实际计数次数求补后变换成两个十六进制码即可。

1. 工作方式 0、1 的应用

【例 6-1】设 STC89C52 单片机系统时钟频率为 6 MHz，要求在 P1.0 引脚上输出 1 个周期为 2 ms 的方波，方波信号的占空比为 50%，请编写驱动程序。

软件设计分析：

（1）计算计数初值：计数脉冲倍速设置选 12T。

1 机器周期=12/6 MHz=2μs，由于是计片内系统时钟，选用 T0 定时、工作方式 0。输出周期为 2 ms，则每定时 1 ms 计数溢出使 P1.0 输出求反，计数次数。x=1ms/2μs=500 次。

计数初值：$(x)_{\text{补}} = 2^{13}-500 = 8192-500 = 7692 = 1E0CH = 1111000001100B$（13 位二进制数），由于 13 位数高 8 位装入 TH0，即 TH0=0F0H，而低 5 位装入 TL0，不足 8 位部分补 0 装入到 TL0，即 TL0=0CH。若 T0 工作方式 1，则有 $(x)_{\text{补}} = 2^{16}-500=65036=$FE0CH

（2）初始化程序。

对定时器 0 初始化（TMOD=00H 时，T0 定时、工作方式 0、门控 GATE0=0）和中断初始化，即对 IP、IE、TCON、TMOD 的相应位进行设置，并将计数初值装入定时器，如：TMOD=01H（T0 为定时、方式 1、门控 GATE0=0），IP=00H，IE=82H，TCON=10H 即 ET0=1，EA=1，TR0=1。

（3）中断入口地址：T0 中断入口地址为 000BH。

（4）程序清单。

方法一：软件查询，T0 工作方式 0。

```
        ORG   0000H
START:  MOV   SP,#60H          ;设置堆栈区
        MOV   TMOD,#00H        ;T0：定时、工作方式 0、门控 GATE0=0
        SETB  TR0              ;启动 T0 计数
LOOP:   MOV   TH0,#0F0H        ;装载计数初值
        MOV   TL0,#0CH
LOOP1:  JNB   TF0,LOOP1        ;判断计数溢出吗? 没有溢出，踏步等待
        CLR   TF0              ;溢出，清溢出标志位
        CPL   P1.0             ;P1.0 输出求反
        SJMP  LOOP
        END
```

方法二：C51 程序中断方式，T0 工作方式 1。

```
#include<reg52.h>
sbit  P10=P1^0;
void  main(){
 SP=0x60;                    //设置堆栈区
 TMOD=0x01;                  //T0：定时、工作方式 1、门控 GATE0=0
 TL0=0x0c;                   //装载计数初值
 TH0=0xfe;
 TR0=1;                      //启动 T0 计数
 ET0=1;                      //允许 T0 中断
 EA=1;                       //允许 CPU 中断
 while(1){ ;
 }
```

```
}
void timer0int(void) interrupt 1 {      //T0 中断函数
 TL0=0x0c;                              //重装载计数初值
 TH0=0xfe;
 P10= ! P10;                            //P1.0 输出求反
}
```

由于计数器 0 工作在方式 0 或 1 需要重新装载初值，所以定时不精确，P1.0 实际输出频率与理论值 500Hz 有误差，若想输出频率为 500Hz，计数初值需要修正，若工作方式 1，初值 X=FE13H 时，输出频率为 501Hz≈500Hz。

【例 6-2】设 STC89C52 单片机系统时钟频率为 6MHz，请编写利用 T0 工作在方式 1，在 P1.1 引脚上产生周期为 2s，占空比为 50%的方波信号的程序。

软件设计分析：

（1）主程序要完成的任务。

选用定时/计数器及工作方式，由于是计片内系统时钟，选用 T0，工作方式 1。最大定时 $=2^{16} \times 2\mu s=131.072ms<1s$，此处取定时时间为 100ms。

定时计数常数的设定：计数脉冲倍速设置选 12T。

1 机器周期=12/6MHz=2μs，定时时间 100ms，计数次数 x=100ms/2μs=50000 次。

计数初值：$(x)_{补} = 2^{16} - 50000 = 65536-50000 = 3CB0H$，即 TH0 装入 3CH，TL0 装入 B0H。每隔 100 ms 中断一次，中断 10 次为 1s，设置工作寄存器 R7 为软件计数，初值 10。

中断管理：允许 T0 中断，开放总中断，即 IE 寄存器装入 82H。

启动 T0：SETB TR0。

动态停机：SJMP $；踏步等中断。

（2）中断服务子程序任务。

恢复 T0 的计数初值；

软件计数 R7 内容减 1；

判断软件计数 R7 内容是否为 0。若为 0 时，改变 P1.1 引脚状态，并恢复软件计数 R7 的计数初值；不为 0 时中断返回。

（3）程序清单。

① 汇编程序完整清单：中断方式。

```
       ORG  0000H
       LJMP MAIN
       ORG  000BH       ;T0 中断服务子程序入口地址
       AJMP TOINT
       ORG  0030H
MAIN:  MOV  SP,#60H      ;设置堆栈区
       MOV  TMOD,#01H    ;设置 T0 为定时、工作方式 1、GATE0=0
       MOV  TH0,#3CH     ;装载 T0 的计数初值，定时 100ms
       MOV  TL0,#0B0H
       MOV  R7,#0AH      ;设置软件计数初值为 10
       MOV  IE,#82H      ;T0 计数溢出中断允许，CPU 中断允许
       SETB TR0          ;启动 T0 计数
```

```
      SJMP  $                        ;踏步等待中断
/********T0 中断服务子程序**********/
TOINT: MOV   TL0,#0B0H               ;重新装载 T0 的计数初值
       MOV   TH0,#3CH
       DJNZ  R7,NEXT                 ;判断定时 1s 吗? 没有转 NEXT
       CPL   P1.1                    ;1S 定时时间到,P1.1 输出求反
       MOV   R7,#0AH                 ;重新装载软件计数 R7 的计数初值 10
NEXT:  RETI
       END
```

② C 程序清单:软件查询方式,查 T0 溢出中断标志位 TF0。

```
#include<reg52.h>
#define uchar unsigned char
uchar COUNT=0;
sbit P11=P1^1;
void timer0(void);
void main(){
  TMOD=0x1;                      //设置 T0 为定时,工作方式 1,GATE0=0
  TL0=0xb0;                      //装载 T0 的计数初值,定时 100ms
  TH0=0x3c;
  IE=0x00;                       //禁止中断
  TR0=1;                         //启动 T0 计数
  COUNT=0xa;                     //软件计数初值为 10
  while(1){
  if(TF0){timer0(); TF0=0;}      //溢出中断标志 TF0=1 时,清标志,调用 timer0()函数
  }
}
void timer0(void) {
   TL0=0x0b; TH0=0x3c;           //重新装载 T0 计数初值
   switch(COUNT){                //判断定时 1s 吗?
   case 0:{
      P11= ! P11; COUNT=0xa;
      break;}                    //1s 定时到,P1.1 引脚取反,重装载软件计数初值
   default:{
      COUNT=COUNT-1;
      break;}                    //没到 1S,软件计数内容减 1
   }
}
```

2. 工作方式 2 的应用

工作方式 2 是一个可以自动重新装载初值的 8 位定时/计数器,可省去重装初值指令,精确定时。

【例 6-3】若将单片机 STC89C52 引脚 P3.4 上发生负跳变信号作为引脚 P1.0 产生方波的启动信号。要求 P1.0 引脚上输出周期为 1ms 的方波,如图 6-5 所示(晶振频率为 6MHz)。

软件设计分析:T0 设为方式 2 计数,初值为 FFFFH。当外部计数输入端 T0(P3.4)发生一次负跳变时,T0 计数器加 1 则溢出,溢出标志 TF0 置"1",向 CPU 发出中断请求,此时 T0 相当于一个负跳沿触发的外部中断源。

进入 T0 中断服务程序，说明 T0 引脚上已接收负跳变信号，则启动 T1，而 T1 设置为方式 2 定时，每隔 500μs 产生一次中断，在 T1 中断服务子程序中对 P1.0 求反，使 P1.0 产生频率为 1kHz（周期为 1ms）的方波。由于省去重新装载初值指令，所以可产生精确的定时时间。

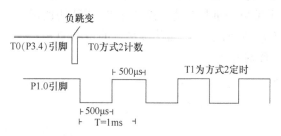

图 6-5　P3.4 负跳变触发使 P1.0 输出一个周期为 1 ms 的方波

（1）计算 T1 的计数初值。

频率为 1kHz 方波，则周期为 1ms，定时为 500μs，设 T1 的定时初值为 x，则 $(2^8-x) \times 2 \times 10^{-6} = 500 \times 10^{-6}$，$x = 2^8 - 250 = 06H$

（2）程序清单。

① 汇编语言程序清单：中断方式。

```
           ORG   0000H
           LJMP  MAIN        ;跳向主程序 MAIN
           ORG   000BH       ;T0 的中断入口地址
           CLR   TR0         ;T0 中断服务程序, 停止 T0 计数
           SETB  TR1         ;启动 T1 计数
           RETI              ;中断返回
           ORG   001BH       ;T1 的中断入口地址
           CPL   P1.0        ;P1.0 位取反
           RETI              ;中断返回
           ORG   0030H       ;主程序入口
MAIN: MOV   SP,#60H      ;设置堆栈区
           MOV   TMOD,#26H   ;T0 方式 2 计数, T1 方式 2 定时, GATEi=0 ( i=0, 1)。
           MOV   TL0,#0FFH   ;设置 T0 初值
           MOV   TH0,#0FFH
           SETB  ET0         ;允许 T0 中断请求
           MOV   TL1,#06H    ;设置 T1 初值
           MOV   TH1,#06H
           SETB  EA          ;CPU 中断允许
           SETB  TR0         ;启动 T0 计数
           SETB  ET1         ;允许 T1 中断请求
HERE: AJMP  HERE
           END
```

程序说明：由于 T0、T1 的中断服务子程序指令不超过 8B，所以进入 T0、T1 中断服务程序入口地址后，没有选择再跳转。

当 T0（P3.4）引脚发生负跳变时，计数器 0 计 1 个脉冲产生计数溢出，TF0 为 1，发中

断申请，由于主程序已设置 T0 中断允许且 CPU 中断允许，则跳向 T0 中断服务子程序。该 T0 中断服务子程序功能：停止 T0 计数，启动 T1 定时，T0 中断返回，返回踏步等待处，执行 "HERE:AJMP HERE" 指令，循环等待，等待 T1 的 500 μs 定时中断到来。由于主程序已设置允许 T1 中断，当 T1 的 500μs 定时溢出中断产生时，则进入 T1 的中断服务子程序，将 P1.0 引脚电平取反。由于是自动重装初值，省去对 T1 重装初值指令。中断返回后，到 "AJMP HERE" 处等待 T1 的 500μs 定时中断。如此重复，即得到图 6-5 所示方波。

② C51 程序清单：查询方式。

```
#include<reg52.h>
sbit  P10=P1^0;
void  main() {
  SP=0x60;
  TMOD=0x26;                        //T0 方式 2 计数，T1 方式 2 定时
  TL0=0xff;                         //设置 T0 初值
  TH0=0xff;
  TL1=0x06;                         //设置 T1 初值
  TH1=0x06;
   TR0=1;                           //启动 T0 计数
 while(1){
 if(TF0){TR0=0;TR1=1;TF0=0;}  //当 TF0=1 时，禁止 T0、启动 T1 计数，清标志 TF0。
 if(TF1){P10=!P10;TF1=0;}     //当 TF1=1 时，P1.0 位求反，清标志 TF1。
  }
}
```

3. 工作方式 3 的应用

方式 3 下的 T0 和 T1 大不相同。T0 工作在方式 3，TL0 和 TH0 被分成两个独立的 8 位定时器/计数器，其中，TL0 可作为 8 位的定时器/计数器，而 TH0 只能作为 8 位的定时器。此时 T1 只能工作在方式 0、1 或 2。一般情况下，当 T1 用作串行口波特率发生器时，T0 才设置为方式 3，此时，常把定时器 1 设置为方式 2，用作波特率发生器。

【例 6-4】假设某 STC89C52 单片机应用系统的两个外部中断源已被占用，设置 T1 用作波特率发生器。现要求增加一个外部中断源，并控制 P1.0 引脚输出一个频率为 5kHz（周期为 200μs）的方波。设晶振频率为 12MHz。

设计分析：设置 T0 工作在方式 3，TL0 为方式 3 计数模式，TH0 为方式 3 定时模式，TL0 的初值设为 0FFH，当检测到 T0（P3.4）脚的信号出现负跳变时，TL0 计数溢出向 CPU 申请中断。这里 T0 引脚作为一个负跳沿触发的外部中断请求输入端。TL0 中断处理子程序中，启动 TH0，TH0 事先设置为方式 3 的 100 μs 定时，从而控制 P1.0 输出周期为 200 μs 的方波信号。

（1）初值 x 计算。

TL0 的初值设为 0FFH，计 1 个脉冲。

5kHz 方波的周期为 200μs，因此 TH0 的定时时间为 100μs。由于晶振频率为 12MHz，则机器周期为 1μs，TH0 的初值 x 为：$(2^8-x)\times10^{-6}=100\times10^{-6}$，$x=2^8-100=9CH$

（2）程序清单。

① 汇编语言程序清单：中断方式。

```
            ORG     0000H
            LJMP    MAIN
            ORG     000BH       ;TL0 中断入口地址, TL0 使用 T0 的中断资源
            LJMP    TL0INT      ;跳向 TL0 中断服务程序,
            ORG     001BH       ;T0 为方式 3 时, TH0 占用 T1 的中断资源
            LJMP    TH0INT      ;跳向 TH0 中断服务子程序
            ORG     0100H       ;主程序入口
MAIN:       MOV     SP,#60H     ;设置堆栈区
            MOV     TMOD,#07H   ;T0 方式 3, T1 方式 0 定时作串行口波特率发生器
            MOV     TL0,#0FFH   ;设置 TL0 计数初值
            MOV     TH0,#9CH    ;设置 TH0 定时初值
            SETB    TR0         ;启动 T0 计数
            MOV     IE,#8AH     ;设置 T0 和 T1 中断允许, CPU 允许
HERE:       AJMP    HERE        ;循环等待中断
TL0INT:     MOV     TL0,#0FFH   ;重装 TL0 计数初值
            SETB    TR1         ;启动 TH0 定时（T0 方式 3 时, TH0 占用 T1 的 TR1）
            RETI                ;中断返回
TH0INT:     MOV     TH0,#9CH    ;重装 TH0 定时初值, 影响精度, 修正值为 A2H
            CPL     P1.0        ;P1.0 输出求反
            RETI                ;中断返回
            END
```

② C51 程序清单：查询方式。

```
#include<reg52.h>
sbit  P10=P1^0;
void timer1int(void);
void  main(){
 TMOD=0x07;                    //T0 方式 3, T1 方式 0 定时作串行口波特率发生器
 TL0=0xff;                     //设置 TL0 计数初值
 TH0=0x9c;                     //设置 TH0 定时初值
  TR0=1;                       //启动 TL0 计数
  P10=1;
 while(1){
 if(TF0){TL0=0xff;TR1=1;TF0=0;}  //当 TF0=1 时, 启动 TH0 计数, 清标志 TF0.
 if(TF1){timer1int();TF1=0;}   //当 TF1=1 时, 清标志 TF1, 调用 timer1int()函数
  }
}
void timer1int() {
 TH0=0x9c;                     //重装 TH0 计数初值, 重装初值影响计数精度
    P10=!P10;
}
```

4. 门控制位 GATEx 的应用——测量脉冲宽度

下面介绍门控制位 GATE 的具体应用，测量 P3.3 引脚上正脉冲的宽度。

【例 6-5】单片机的门控位 GATE1 可使 T1 的启动计数受 1NT1 引脚的控制，当 GATE1=1、TR1=1 时，只有 1NT1 引脚输入高电平时，T1 才被允许计数。测量 P3.3 引脚上正脉冲的宽度，如图 6-6 所示（单片机的晶振频率为 6MHz）。

图 6-6 利用 GATE 位测量正脉冲的宽度

设计思路：

（1）建立被测脉冲：设置 T0 定时、工作方式 2，门控 GATE0=0，定时溢出使 P3.0 引脚求反，从而输出周期为 1 ms 方波作为被测脉冲，P3.0 输出信号连接到 P3.3 引脚。

（2）测量方法：采用查询方式来测量 P3.3 引脚输入正脉冲宽度，设置 T1 为定时工作方式 1，GATE1=1，则利用 P3.3 引脚和 TR1 信号控制 T1 启动/停止计数，当 GATE1=1 时，1NT1=1 且 TR1=1，启动 T1 计数，若 1NT1=0，或者 TR1=0，禁止 T1 计数，如图 6-6 所示。将计数器的 TH1 计数值送 P2 口，TL1 计数值送 P1 口显示。

（3）计数初值的计算：计算 T0 工作方式 2 时，计数初值为：$(x)_{补}=2^8-\dfrac{0.5\text{ms}}{2\mu s}=06H$，T1 设置为定时工作方式 1，计片内脉冲，从 0 开始计数，即 TH1=00H，TL1=00H。

（4）程序清单。

① 汇编语言程序清单：T0 中断方式，T1 查询方式。

```
        ORG   0000H
RESET:  AJMP  MAIN           ;复位入口转主程序
        ORG   000BH
        CPL   P3.0
        RETI
        ORG   0030H          ;主程序入口
MAIN:   MOV   SP,#60H
        MOV   TMOD,#92H      ;T1 为方式 1 定时，GATE1=1，T0 方式 2 定时
        MOV   TL1,#00H
        MOV   TH1,#00H
        MOV   TL0,#06H
        MOV   TH0,#06H
        SETB  TR0
        SETB  ET0
        SETB  EA
LOOP0:  JB    P3.3,LOOP0     ;等待 P3.3 引脚为低电平
        SETB  TR1            ;P3.3 为低电平，置 TR1 为 1
LOOP1:  JNB   P3.3,LOOP1     ;等待 P3.3 升为高电平
LOOP2:  JB    P3.3,LOOP2     ;P3.3 为高电平时 T1 开始计数，等待降为低电平
        CLR   TR1            ;P3.3 为低电平，T1 停止计数
        CLR   TR0            ;T0 停止计数，停止产生被测脉冲
        MOV   P2,TH1         ;T1 计数值送显示
        MOV   P1,TL1
        AJMP  LOOP0
        END
```

注意 执行以上程序，使引脚上出现的正脉冲宽度以机器周期数的形式显示在数码管上值：TH0=00H，TL0=FBH，则脉冲宽度 T_W=FBH×2μs=251×2μs=502μs，理论值为 500μs。

中断方式：从图 6-6 中知，外部中断 1 引脚（P3.3）第一次接收到下降沿信号，触发第一次中断，在中断服务程序中设置 TR1=1。由于此时 $\overline{INT1}$=0，不能启动 T1 工作，当 P3.3 引脚出现脉冲信号上升沿时，自动启动 T1 计数；而 P3.3 引脚出现脉冲信号第 2 次下降沿时，即降为 0，自动停止 T1 计数，则在中断服务程序中使 TR1=0。用从启动 T1 计数到停止 T1 计数所记录的计数值乘以机器周期值就是正脉冲的宽度。

② C51 程序清单：中断方式。

```
#include<reg52.h>
sbit  P30=P3^0;
sbit  flag=PSW^5;                        //设置软件标志位
void  main(){
      SP=0x60;                           //设置堆栈区
      TMOD=0x92;                         //设置 T1 为方式 1 定时，GATE1=1，T0 方式 2 定时
      TL0=0x06;                          //设置 T0 定时初值
      TH0=0x06;
      TL1=0x0;                           //设置 T1 定时初值
      TH1=0x0;
      TR0=1;                             //启动 T0 计数
      IT1=1;                             //设置外部中断 1 边沿触发方式
      IE=0x86;                           //允许 T0、外部中断 1 中断请求，CPU 中断允许
      flag=0;                            //软件标志位清零
      while(1){
            P2=TH1;                      //T1 计数值高 8 位送 P2 口驱动数码管显示
            P1=TL1;                      //T1 计数值低 8 位送 P1 口驱动数码管显示
   }
}
 void timer0int(void) interrupt 1{       //T0 中断服务程序，建立被测脉冲
      P30=!P30;                          //P3.0 输出求反，P3.0 的输出作为被测脉冲
}
void int1int(void) interrupt 2{
      if(flag==0){TR1=1;flag=1;}         //若 flag 为 0，则启动定时器 1 计数并将 flag 置 1
      else TR1=0;                        //若 flag 为 1，则禁止 T1 计数
}
```

注意　显示在数码管上值：TH0=00H,TL0=F9H，则脉冲宽度为：T_W=F9H×2μs=249×2μs =498 μs，理论值为 500 μs。

6.3　定时/计数器 2

T2 是一个 16 加法（或减法）计数器，通过设置特殊功能寄存器 T2CON 中的位可将其作为定时器或计数器，设置特殊功能寄存器 T2MOD 中的 DCEN 位可将其作为加法（向上）计数器或减法（向下）计数器。

6.3.1　与定时器/计数器 2 相关的寄存器

与 T2 相关的寄存器如表 6-5 所示。T2 控制寄存器 T2CON 与模式寄存器 T2MOD 相应位

配置来确定 T2 用于定时还是计数模式，以及 T2 的工作方式、T2 的启停和中断触发方式；TL2 和 TH2 用于装载 T2 的计数值；RCAP2L 和 RCAP2H 用于装载捕获值或重新装载值。

表 6-5　　　　　　　　　　　　　　与 T2 相关的寄存器

符号	描述	地址	7	6	5	4	3	2	1	0	复位值
T2CON	T2 控制寄存器	C8H	TF2	EXF2	RCLK	TCLK	EXEN2	TR2	C / $\overline{\text{T2}}$	CP / $\overline{\text{RL2}}$	0000 0000
T2MOD	T2 模式寄存器	C9H							T2OE	DCEN	0000 0000
RCAP2L	T2 重装/捕获低字节	CAH									0000 0000
RCAP2H	T2 重装/捕获高字节	CBH									0000 0000
TL2	T2 低字节	CCH									0000 0000
TH2	T2 高字节	CDH									0000 0000

1. T2MOD 寄存器

T2MOD 寄存器是 T2 的模式寄存器，字节地址为 C9H，不可位寻址。特殊功能寄存器 T2MOD 的格式如表 6-6 所示。

表 6-6　　　　　　　　　　特殊寄存器 T2MOD 格式

	D7	D6	D5	D4	D3	D2	D1	D0
T2 MOD	—	—	—	—	—	—	T2OE	DCEN

表 6-6 中各位的定义如下。

T2OE：T2 时钟输出使能位，当 T2OE=1 时，允许时钟输出到 P1.0，为 0 不许输出。

DCEN：T2 的向下计数使能位，当 DCEN=1 时，T2 向下计数，为 0 向上计数。

T2 的数据寄存器 TH2、TL2 和 T0 的 TH0、TL0，T1 的 TH1、TL1 用法一样，而捕获寄存器 RCAP2H、RCAP2L 只是在捕获方式下，产生捕获操作时自动保存 TH2、TL2 的值。

2. T2CON 寄存器

T2CON 寄存器是 T2 控制寄存器，用于设置 T2 的工作模式（定时或计数）和 T2 的工作方式，字节地址为 C8H，可位寻址。特殊功能寄存器 T2CON 的格式如表 6-7 所示。

表 6-7　　　　　　　　　　特殊寄存器 T2CON 格式

	D7	D6	D5	D4	D3	D2	D1	D0
T2CON	TF2	EXF2	RCLK	TCLK	EXEN2	TR2	C / $\overline{\text{T2}}$	C / $\overline{\text{RL2}}$
位地址	CFH	CEH	CDH	CCH	CBH	CAH	C9H	C8H

表 6-7 中各位的定义如下。

（1）CP / $\overline{\text{RL2}}$：T2 的工作方式（捕获/重装载）标志位，只能通过软件置位或清除。

◆ CP / $\overline{RL2}$ =1 且 EXEN2=1 时，T2EX 引脚（P1.1）负跳变产生捕获。

◆ CP / $\overline{RL2}$ =0，若 EXEN2=1 或 T2 计数溢出时，T2EX 引脚（P1.1）负跳变都可使 T2 自动重装载。当 RCLK=1 或 TCLK=1 时，CP / $\overline{RL2}$ 控制位无效，在 T2 溢出时强制其为自动重装载。

（2）C / $\overline{T2}$：T2 的模式选择位，只能通过软件置位或清除。

◆ C / $\overline{T2}$ =0，T2 为内部定时模式；

◆ C / $\overline{T2}$ =1：T2 为外部计数模式，下降沿触发。

（3）TR2：T2 的启动控制标志位。

◆ TR2=1，启动 T2 计数；

◆ TR2=0，停止 T2 计数。

（4）EXEN2：T2 的外部时钟使能标志位。

◆ EXEN2=0：禁止外部时钟触发 T2，T2EX 引脚（P1.1）负跳变对 T2 不起作用。

◆ EXEN2=1 且 T2 未用作串行口的波特率发生器时，允许外部时钟触发 T2，在 T2EX（P1.1）引脚出现负跳变脉冲时，激活 T2 捕获或重装载，并置位 EXF2 申请中断。

（5）TCLK：串行口发送时钟标志位，只能通过软件置位或清除。

◆ TCLK=1，将 T2 溢出脉冲作为串行口模式 1 或模式 3 的发送时钟。

◆ TCLK=0，将 T1 溢出脉冲作为串行口模式 1 或模式 3 的发送时钟。

（6）RCLK：串行口接收时钟标志位，只能通过软件置位或清除。

◆ RCLK=1，将 T2 溢出脉冲作为串行口模式 1 或模式 3 的接收时钟。

◆ RCLK=0，将 T1 溢出脉冲作为串行口模式 1 或模式 3 的接收时钟。

（7）EXF2：T2 的捕获或重装的标志位，必须用软件清零。当 EXEN2=1 且 T2EX 引脚（P1.1）负跳变产生 T2 的捕获或重装时，EXF2 置位。当 T2 中断允许时，EXF2=1 将使 CPU 进入中断服务子程序，即 EXF2 只能当 T2EX 引脚（P1.1）负跳变且 EXEN2=1 时才能触发中断，使 EXF2=1。在递增或递减计数器模式（DCEN=1)中，EXF2 不会引起中断。

（8）TF2：T2 溢出标志位，T2 溢出时置位，并申请中断，只能用软件清除。但 T2 作为波特率发生器使用时（即 RCLK=1 或 TCLK=1)，T2 溢出时不对 TF2 置位。

T2 的 3 种工作方式设定如表 6-8 所示。

表 6-8　　　　　　　　　　　T2 的三种工作方式

RCLK+TCLK	CP / $\overline{RL2}$	TR2	工作方式
0	0	1	16 位自动重装
0	1	1	16 位捕获
1	X	1	波特率发生器
X	X	0	关闭

6.3.2 定时/计数器 2 的 3 种工作方式

T2 和 T0/T1 有所区别，T2 工作方式由特殊功能寄存器 T2CON 来设定如表 6-7 所示，T2 的 3 种工作方式是：自动重装初值的 16 位定时/计数器、捕获事件和波特率发生器。

1. 自动重装方式

当 T2 工作于自动重装载方式时，可通过 C/$\overline{\text{T2}}$ 配置为定时器或计数器，并且可编程控制向上或向下计数，计数方向通过特殊功能寄存器 T2MOD（见表 6-6）的 DCEN 位来选择的。DCEN 置位"0"时，T2 默认为向上计数；当 DCEN 置位"1"时，T2 通过 T2EX 引脚来确定向上计数还是向下计数（见图 6-8）。

（1）当 DCEN=0 时，如图 6-7 所示，T2 自动设置为向上计数。在这种方式下，T2CON 中的 EXEN2 控制位有两种选择：若 EXEN2=0，T2 为向上计数至 0FFFFH 溢出，置位 TF2 激活中断，同时把 16 位计数寄存器 RCAP2H 和 RCAP2L 内容重装载到 TH2 和 TL2 中，RCAP2H 和 RCAP2L 的值可由软件预置。若 EXEN2=1，T2 的 16 位重装载由溢出或外部输入端 T2EX 的负跳变触发，使 EXF2 置位，如果中断允许，同样产生中断。

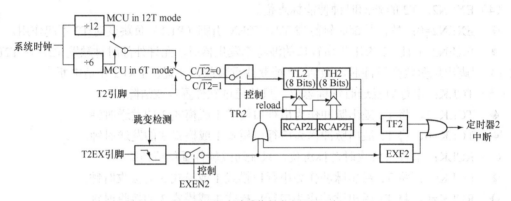

图 6-7 T2 自动重装方式（DCEN=0）

（2）当 DCEN=1 时，如图 6-8 所示，T2 向上或向下计数。在这种模式下，T2EX 引脚控制着计数的方向。T2EX 上的一个逻辑 1 使得 T2 递增计数，计到 0FFFFH 溢出，置位 TF2，激活中断，同时将 16 位计数寄存器 RCAP2H 和 RCAP2L 重装载到 TH2 和 TL2 中。T2EX 引脚为逻辑 0 时，T2 递减计数。当 TH2 和 TL2 计数到等于 RCAP2H 和 RCAP2L 寄存器中的值时，计数下溢，置位 TF2，激活中断，同时将 0FFFFH 数值重新装入到定时寄存器 TH2 和 TL2 中。T2 上溢或下溢，置位 EXF2 位，但外部中断标志位 EXF2 被锁死，在这种工作模式下，EXF2 不能激活中断。

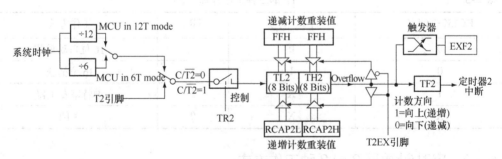

图 6-8 T2 自动重装（DCEN=1）

2. 捕获方式

在捕获方式下，通过 T2CON 控制位 EXEN2 来选择两种方式。

当 EXEN2=0，T2 是一个 16 位定时器或计数器，计数溢出时，对 T2CON 的溢出标志 TF2 置位，同时激活中断，如图 6-9 所示。

当 EXEN2=1，T2 仍是一个 16 位定时器或计数器，而当 T2EX 引脚（P1.1）外部输入信号发生 1 至 0 的负跳变时，也出现 TH2 和 TL2 中的值分别被捕捉到 RCAP2H 和 RCAP2L 中。此外，T2EX 引脚信号的跳变使得 T2CON 中的 EXF2 置位，EXF2 像 TF2 一样也会激活中断（EXF2 中断向量与 T2 溢出中断向量相同为 002BH，在 T2 中断服务程序中可以通过查询 TF2 和 EXF2 来确定引起中断的事件)。捕捉模式如图 6-9 所示。在该方式中，TH2 和 TL2 无重新装载值，当 T2EX 引脚产生捕获事件时，计数器仍以 T2 引脚（P1.0）脉冲或振荡频率的 1/12（或 1/6）计数。

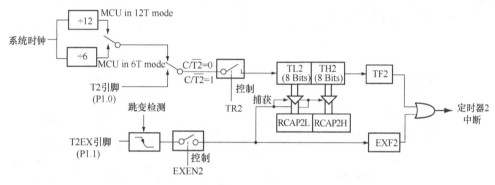

图 6-9　T2 的捕捉方式

3. 波特率发生器

通过设置 T2CON（见表 6-7）中的 TCLK 和 RCLK 可选择 T1 或 T2 作为串行口波特率发生器。

当 TCLK=0 时，T1 作为串行口波特率发生器输出发送时钟；

当 TCLK=1 时，T2 作为串行口波特率发生器输出发送时钟；

当 RCLK=0 时，T1 作为串行口波特率发生器输出接收时钟；

当 RCLK=1 时，T2 作为串行口波特率发生器输出接收时钟。

如图 6-10 所示为 T2 工作于波特率发生器模式逻辑结构图，该工作模式与自动重装模式相似，当 T2 溢出时，波特率发生器模式使得 T2 的寄存器用 RCAP2H 和 RCAP2L 中的 16 位数值重新装载，寄存器 RCAP2H 和 RCAP2L 值由软件预置。

T2 配置为计数方式时，外部时钟信号由 T2 引脚引入，当串行口工作于方式 1 或方式 3 时，波特率由下面公式确定：

$$\text{方式 1 和方式 3 的波特率} = \text{T2 溢出率} / 16 \tag{6-4}$$

T2 可配置为定时方式，在多数应用情况下，一般配置成定时模式（$C / \overline{T2}$=0)。T2 作为波特率发生器与作为定时器操作有所不同，作为定时器时，它会在每个机器周期递增（1/6 或 1/12 晶振频率）；然而，T2 作为波特率发生器，它的波特率计算公式如下：

$$\text{方式 1 和方式 3 波特率} = \frac{\text{晶振频率}}{n \times [65536 - (\text{RCAP2H}, \text{RCAP2L})]} \tag{6-5}$$

式中，n=16（6T 模式）或 n=32（12T 模式），（RCAP2H，RCAP2L）是 RCAP2H 和 RCAP2L 寄存器内容，为 16 位无符号整数。

T2 作为波特率发生器如图 6-10 所示，只有在 T2CON 中 RCLK=1 或 TCLK=1 时，波特率工作方式才有效。在波特率发生器工作方式中，TH2 的溢出并不置位 TF2，也不产生中断。即使 T2 作为串行口波特率发生器，也不要禁止 T2 中断。如果 EXEN2（T2 外部使能标志）被置位，T2EX 引脚上 1 到 0 的负跳变，则会置位 EXF2（T2 外部中断标志位），但不会使（RCAP2H，RCAP2L）重装载到（TH2，TL2）中。因此，当 T2 作为波特率发生器，T2EX 可以作为一个附加的外部中断源使用。

注意 T2 工作于波特率发生器时，不要对 TH2 或 TL2 读写，在此模式下，定时器在每一状态时间定时器都会加 1，若对其读或写就不会准确。然而，寄存器 RCAP2 可以读，但不能写，否则造成重装载错误。在访问 T2 或 RCAP2 寄存器之前，应该关闭定时器（TR2 清零）。

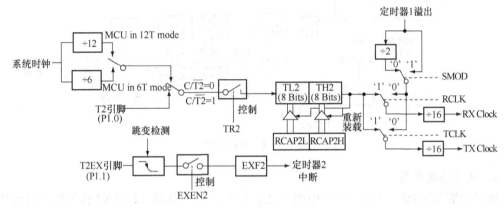

图 6-10　T2 波特率发生器模式

4. 可编程时钟输出

STC89C52 单片机，可设定 T2 通过 P1.0 引脚输出时钟，P1.0 引脚除作为通用 I/O 外，还有两个功能可供选用：用于 T2 的外部计数输入和 T2 时钟信号输出（占空比为 50%），如图 6-11 为时钟信号输出和外部事件计数方式的示意图。当工作频率为 16 MHz 时，时钟输出频率范围为 61 Hz～4 MHz。

当设置 T2 为时钟发生器时，即（C /$\overline{T2}$ T2CON.1）= 0，T2OE（T2MOD.1）=1，必须由 TR2（T2CON.2）启动或停止定时器。时钟输出频率取决于晶振频率和 T2 捕捉寄存器（RCAP2H，RCAP2L）的重新装载值，如式（6-6）所示。

$$时钟输出频率 = \frac{晶振频率}{n \times [65536 - (RCAP2H, RCAP2L)]} \tag{6-6}$$

式中，n=2(6 时钟/机器周期)；n=4(12 时钟/机器周期)。

由公式（6-6）知，在主振荡器频率设定后，时钟信号输出频率就取决于定时计数初值的设定。

在时钟输出方式下，计数器回 0 溢出不会产生中断请求，这特性与作为波特率发生器使用相仿。T2 作为波特率发生器使用时，还可作为时钟发生器使用。但需要注意是波特率和时钟输出频率不能单独确立各自不同的频率，因为它们都依赖于 RCAP2H 和 RCAP2L，不可能出现两个计数初值。当 T2 作为时钟信号输出频率时，T2EX 可以作为一个附加的外部中断源使用。

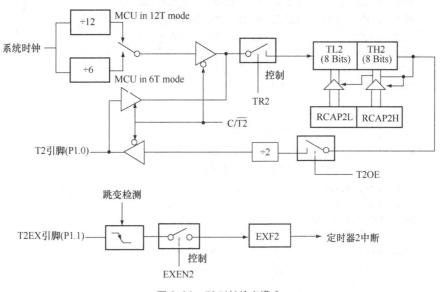

图 6-11　T2 时钟输出模式

6.3.3　定时/计数器 2 的应用

【例 6-6】设 STC89C52 单片机系统时钟频率为 12MHz，T2 工作方式为自动重装，请编写程序使得在 P1.6 引脚上输出周期为 2 毫秒占空比为 50%的方波信号。

设计分析：

（1）求定时初值 N。设置 T2 为 16 位自动重装载方式，工作模式为定时，选择向上计数，即 DCEN=0，取 EXEN2=0，T2 为向上计数至 0FFFFH 溢出，置位 TF2 激活中断，TF2 需软件清零。$(2^{16}-N)\times1\mu s=1ms$，N=65536-1000=64536=FC18H

（2）确定特殊功能寄存器 T2CON、T2MOD、IE、IP、IPH 值。

T2CON=04H（自动重装载 CP/$\overline{RL2}$ =0、定时 C/$\overline{T2}$ =0，启动 T2 工作 TR2=1）。

T2MOD=00H（向上计数 DCEN=0，T2 时钟输出不使能，即 T2OE=0）。

IE=A0H（允许 T2 中断请求，即 ET2=1，总中断允许，即 EA=1）。

IP=20H（设置 PT2=1，其他位为 0），IPH=20H（设置 PT2H=1，其他位为 0），即 PT2H PT2=11，设置 T2 中断优先级为最高级，即第 3 级。

（3）确定 T2 中断服务子程序入口地址为 002BH。

（4）编写主程序和中断服务子程序。

程序清单

① 汇编语言程序清单：中断方式。

```
T2CON    EQU   0C8H     ;定义 T2CON 寄存器字节地址为 C8H
T2MOD    EQU   0C9H     ;定义 T2MOD 寄存器地址为 C9H
TF2      EQU   T2CON.7  ;定义 T2 计数溢出标志位
ET2      EQU   IE.5     ;定义 T2 中断允许标志位
RCAP2L   EQU   0CAH     ;定义 RCAP2L 寄存器字节地址为 CAH
```

```
        RCAP2H  EQU  0CBH            ;定义 RCAP2H 寄存器字节地址为 CBH
        TL2     EQU  0CCH            ;定义 TL2 寄存器字节地址为 CCH
        TH2     EQU  0CDH            ;定义 TH2 寄存器字节地址为 CDH
        IPH     EQU  0B7H            ;定义 IPH 寄存器字节地址为 B7H
                ORG  0000H
                AJMP MAIN
                ORG  002BH           ;T2 中断入口地址
                LJMP PT2INT
                ORG  0100H
        MAIN:   MOV  SP,#60H         ;设置堆栈指针
                MOV  T2MOD,#00H      ;设置 T2 向上计数 DCEN=0 且时钟输出不使能
                MOV  T2CON,#04H      ;设置 T2 自动重装载、定时且启动 T2 计数
                MOV  TH2,#0FCH       ;装载 T2 的定时初值
                MOV  TL2,#18H
                MOV  RCAP2L,#18H
                MOV  RCAP2H,#0FCH
                MOV  IE,#0A0H        ;允许 T2 中断请求，总中断允许
                MOV  IP,#20H         ;设置 T2 为第 3 级中断优先级
                MOV  IPH,#20H
                SETB P1.6            ;预置 P1.6=1
        HERE:   SJMP HERE            ;踏步等待中断
        PT2INT: CLR  TF2             ;清计数溢出标志
                CPL  P1.6            ;P1.6 输出求反
                RETI
                END
```

② C51 程序清单：查询方式。

```
#include<REG52.H>
sbit P16=P1^6;                      //定义位变量 P16
void main(){                        //主函数
    SP=0x60;                        //设置堆栈区
    T2MOD=0x00;                     //设置 T2 向上计数且时钟输出不使能
    T2CON=0x04;                     //设置 T2 自动重装载、定时且启动 T2 计数
    TL2=0x18;TH2=0xfc;              //定时寄存器装载定时初值
    RCAP2H=0xfc;RCAP2L=0x18;        //捕获寄存器装载定时初值
    IE=0xa0;                        //允许 T2 中断请求，总中断允许
    IP=0x20;IPH=0x20;               //设置 T2 为第 3 级中断优先级
    while(1){
        if(TF2){TF2=0;P16=!P16;}    //当 TF2=1 时，清中断标志 TF=0，P1.6 求反
    }
}
```

【例 6-7】设 STC89C52 单片机系统时钟频率为 12MHz，T2 工作方式为捕获方式，将捕获的计数值低 8 位送 P3 口，高 8 位送 P2 口，我们用频率仪和示波器观察 P1.1 引脚捕获脉冲频率值和波形。

设计分析：

据题意知 T2 工作方式为捕获方式，T2CON 中 EXEN2 有两种选项，此处选择 EXEN2=1，

即外部捕获，选定时模式（$C/\overline{T2}=0$)，选择向上计数，即 DCEN=0，而捕获脉冲是利用 T0 工作方式 1 定时，使 P1.5 输出周期为 2 ms 的方波，该方波接入到 P1.1 引脚作为捕获脉冲。

（1）求定时初值 N：

为了捕获 P1.1 引脚脉冲频率值，利用 P1.1 引脚负跳变触发 T2 外部中断，第一次中断时，启动 T2 开始计数，此时 T2 的最初计数值为 0，即 TH2=00H，TL2=00H，而此时捕获值 RCAP2L=00H，RCAP2H=00H；到第二次中断时，禁止 T2 计数，此时捕获寄存器内容就是记录机器周期个数，可求出输出脉冲频率值。

T0 选择定时，工作方式 1，输出周期为 2 ms 方波，则 T0 的初值

$$\left(2^{16}-\frac{1\text{ms}}{1\mu\text{s}}\right)=65536-1000=\text{FC18H} \qquad 即\ \text{TH0=0FCH，TL0=18H。}$$

（2）确定特殊功能寄存器 TMOD、T2CON、T2MOD、IE 值。

由于此处 T2 采用外部捕获，则 T2CON=09H，T2 选择的是向上计数，则 T2MOD=00H 并且允许 T2 中断请求，允许总中断，而 T0 工作方式 1 定时、门控 GATE0=0 则 TMOD=01H，T0 中断允许，所以 IE=A2H。

（3）T0 和 T2 中断服务子程序入口地址：000BH（T0），002BH（T2）。

程序清单。

① 汇编语言程序清单：中断方式。

```
CP        EQU   T2CON.0
TR2       EQU   T2CON.2
EXEN2     EQU   T2CON.3
EXF2      EQU   T2CON.6
TF2       EQU   T2CON.7
ET2       EQU   IE.5
T2CON     EQU   0C8H
T2MOD     EQU   0C9H
RCAP2L    EQU   0CAH
RCAP2H    EQU   0CBH
TL2       EQU   0CCH
TH2       EQU   0CDH
IPH       EQU   0B7H
          ORG   0000H
          AJMP  MAIN
          ORG   000BH
          LJMP  PT0INT
          ORG   002BH
          LJMP  PT2INT
          ORG   0100H
MAIN:     MOV   SP,#60H        ;设置堆栈区
          MOV   TMOD,#01H      ;T0 定时，工作方式 1
          MOV   TH0,#0FCH      ;设置定时初值
          MOV   TL0,#18H
          SETB  TR0            ;启动 T0
          MOV   T2MOD,#00H     ;设置 T2 加法（向上）计数，时钟输出不使能
          MOV   T2CON,#09H     ;设置 T2 定时，捕获方式，允许外部信号触发
          MOV   TH2,#00H       ;设置 T2 计数寄存器初值
          MOV   TL2,#00H
```

```
              MOV   RCAP2L,#00H        ;设置捕获寄存器计数初值
              MOV   RCAP2H,#00H
              MOV   IE,#0A2H           ;T0 中断允许,T2 中断允许,总中断允许
              CLR   20H.0              ;设置中断次数标志,第一次为 0,第二次为 1
              CLR   20H.1              ;设置捕获值大于量程(65536)标志,20H.1=1,
LOOP:         ACALL DISP
              AJMP  LOOP
/***********显示子程序***********/
DISP:
              MOV   C,20H.1
              JC    NEQUT              ;查询捕获值>量程?
              MOV   P2,RCAP2H          ;捕获值<量程,显示捕获值
              MOV   P3,RCAP2L
              RET
NEQUT:        MOV   P2,#0FFH           ;捕获值>量程,则显示 FFFFH
              MOV   P3,#0FFH
              RET
/***********T0 中断服务子程序***********/
PT0INT:       MOV   TH0,#0FCH  ;T0 重装计数初值
              MOV   TL0,#18H
              CPL   P1.5               ;P1.5 求反,使 P1.5 输出方波。
              RETI
/******T2 中断服务子程序***********/
PT2INT:       CLR   P1.7               ;点亮 P1.7,表明进入 T2 中断服务程序
              JBC   TF2,PTF2           ;定时溢出引起中断?
              JBC   EXF2,PEXF2         ;P1.1 负跳变引发中断吗?
              RETI
PEXF2:        MOV   C,20H.0            ;P1.1 引脚负跳变引起中断,中断标志位送进位位
              JC    TT2                ;判断第一中断吗?
              SETB  TR2                ;第一次中断,启动 T2 计数
              SETB  20H.0              ;中断次数标志置 1
              RETI
TT2:          CLR   TR2                ;第二次中断,T2 停止计数
              CLR   20H.0              ;中断次数标志清零
              CLR   EXEN2              ;T2 的外部使能位清零
ESC:          RETI
PTF2:         MOV   TH2,RCAP2H         ;定时溢出中断,重装计数初值
              MOV   TL2,RCAP2L
              SETB  20H.1              ;设置捕获脉冲宽度大于量程标志
              RETI
```

数码管显示捕获值为 07CFH,将该计数值乘以机器周期便是捕获脉冲周期。即 07CFH=1999×1 μs=1.999 ms,与理论值 2 ms 比较相差 0.001 ms。

② C51 程序清单:查询方式。

```
/****文件名为 6-7.C*********/
#include<REG52.H>
#define uchar unsigned char
```

```
sbit   P16=P1^6;
sbit   P15=P1^5;
sbit   P17=P1^7;
sfr  T2MOD  = 0xC9;                          //定义特殊功能寄存器地址
uchar n=0;                                   //定义量程标志
uchar reg1,reg2;                             //定义装捕获值变量
/*************显示******************/
void   disp(){
 if(n==1){P2=0xff;P0=0xff;}                  //若捕获脉冲宽度大于量程标志，显示 FFFF
 P2=reg2;                                    //显示捕获值得高位
 P3=reg1;                                    //显示捕获值得低位
}
/**********主程序*********/
void  main(){
    SP=0x60;                                 //设置堆栈区
    TMOD=0x01;                               //T0 定时，工作方式 1，GATE0=0
    TH0=0xfc;                                //设置定时初值
    TL0=0x18;
    TR0=1;                                   //启动 T0 计数
    T2MOD=0x0;                               //设置 T2 加法（向上）计数，时钟输出不使能
    T2CON=0x9;                               //T2 定时，捕获方式，允许外部信号触发
    TL2=0x0;                                 //设置 T2 计数寄存器初值
    TH2=0x0;
    RCAP2H=0x0;                              //设置捕获寄存器计数初值
    RCAP2L=0x0;
    IE=0xa2;                                 //T0 中断允许，T2 中断允许，总中断允许
    while(1){
        disp();                             //调用显示函数
    }
}
 /*************T0 中断函数*************/
void timer0int(void) interrupt 1{            //该函数功能建立捕获脉冲
    TF0=0;                                   //清除 T0 中断标志位
    TH0=0xfc;                                //重新装载定时初值
    TL0=0x18;
    P15=!P15;                                //P1.5 求反
}
 /*************T2 中断函数*************/
void timer2int(void) interrupt 5{            //定义中断次数变量 f
    uchar f;
    TF2=0;                                   //关亮 P1.7，表示进入 T2 中断
    P17=0;
    if(TF2==1){TF2=0;TH2=RCAP2H;TL2=RCAP2L;n++;}
                                             //当 T2 计数溢出时，溢出标志 TF2 清 0，置 n=1
    if(EXF2==1){
 EXF2=0;
 if(f==0){TR2=1;f++;}                         //第一次外部信号触发中断，启动 T2 计数
 else{
     reg1=RCAP2L;                            //保存捕获值
```

```
        reg2=RCAP2H;
    f=0;                        //清中断次数标志位 f
    TR2=0;                      //停止 T2 计数
    EXEN2=0;                    //禁止 T2EX 负跳变产生捕获
    }
  }
}
```

注意 　　此程序段数码管显示捕获值为 07CEH，将该计数值乘以机器周期便是捕获脉冲周期。即 07CEH=1998×1 μs=1.998 ms，与理论值 2 ms 比较相差 0.002ms。

T2 工作在波特率发生器方式的例题见第 7 章例 7-5。

6.4 小结

本章介绍 STC89C52 单片机定时/计数器组成、与定时/计数器相关的特殊功能寄存器，详细叙述这些特殊功能寄存器每一位的物理意义和使用这些特殊功能寄存器方法。介绍了 T0 和 T1 的 4 种工作方式、它们的电路结构模型以及它们适合应用范围。介绍了与 T2 相关的特殊功能寄存器以及寄存器每位的物理意义和使用方法，介绍 T2 的 3 种工作方式逻辑结构图，并举例说明 T2 各种工作方式应用。

6.5 习题

1．如果采用的晶振的频率为 12 MHz，定时器/计数器工作在方式 0、1、2 下，其最大的定时时间各为多少？

2．定时器/计数器作计数器使用时，对外界计数频率有何限制？

3．定时器/计数器的工作方式 2 有什么特点？适用于哪些应用场合？

4．一个定时器的定时时间有限，如何实现两个定时器的串行定时，并实现较长时间的定时？

5．当 T0 用于方式 3 时，应该如何控制 T1 的启动和关闭？

6．定时器/计数器测量某正脉冲的宽度，采用何种方式可得到最大量程？若时钟频率为 6 MHz，求允许测量的最大脉冲宽度是多少？

7．判断下列说法是否正确？

（1）特殊功能寄存器 SCON，与定时器/计数器的控制无关。

（2）特殊功能寄存器 TCON，与定时器/计数器的控制无关。

（3）特殊功能寄存器 IE，与定时器/计数器的控制无关。

（4）特殊功能寄存器 TMOD，与定时器/计数器的控制无关。

8．编写程序，定时/计数器工作于方式 2，使 P1.7 端输出周期为 0.5 ms 方波。

9．使用定时/计数器扩展外部中断源，应如何设计和编程？

10．THX 与 TLX（X=0，1）是普通寄存器还是计数器？其内容可以随时用指令更改吗？更改后的新值是立即刷新还是等当前计数器计满之后才能更新？

第 **7** 章 　 STC89C52 单片机串行通信

STC89C52 单片机内部有一个功能很强的全双工的串行口，该串行口有 4 种工作方式，波特率可用软件设置，由片内的定时/计数器产生，串行口接收、发送数据均可触发中断系统，使用十分方便。

7.1　串行通信概述

7.1.1　数据通信

在计算机技术中，数据传输方式有两大类：并行传输和串行传输。并行传输是将数据字节的各位用多条数据线同时进行传送。一般来说，在计算机内部，CPU 和并行存储器与并行 I/O 接口之间采用并行数据传输方式。通常 CPU 的位数与并行数据宽度对应，例如 STC89C52 的 CPU 是 8 位的，其数据总线宽度为 8，即有 8 条数据线。在数据传送时，8 位二进制数据同时进行输入或输出。这种方式逻辑清晰，控制简单，接口方便，相对传输速度快、效率高，适合于短距离的数据传输。但是，如果计算机和其他计算机或终端设备距离很远时，并行方式不仅不经济，而且还存在长线电容耦合和线反射等技术问题，这时就可以采用串行传输方式。串行传输指的是数据各位依次逐位进行传送。这种方式控制复杂，传送速度较慢。

图 7-1、图 7-2 为上述两种传送方法传送数据示意图。有时为了节省线缆数量，即使在计算机内部，CPU 和某些外设之间也可以采用非并行的传输方式，如 IIC、SPI、USB 等标准传输方式，但它们与这里所述的串行通信有明显不同。总之，串行通信是以微处理器为核心的系统之间的数据交换方式，而 IIC、SPI、USB 等标准接口是微处理器系统与非微处理器型外设之间的数据交换方式。前者可以是对等通信，而后者只能采用主从方式。

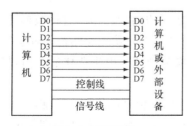

图 7-1　并行传输

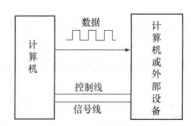

图 7-2　串行传输

按照传输数据流向，串行通信具有 3 种传输形式：单工、半双工和全双工。在单工制式下，通信线的一端为发送器（TXD），一端为接收器（RXD），数据只能按照一个固定的方向传送。在半双工制式下，系统由一个 TXD 和一个 RXD 组成，但不能同时在两个方向上传送，收发开关由软件方式切换。在全双工制式下，通信系统每端都有 TXD 和 RXD，可以同时发送和接收，即数据可以在两个方向上同时传送。

在实际应用中，尽管多数串行通信接口电路具有全双工功能，但仍以半双工为主（简单、实用）。STC89C52 单片机支持最高级形式的全双工串行通信，图 7-3 给出了这 3 种情况的示意（注：三角形表示 TXD，矩形表示 RXD）。

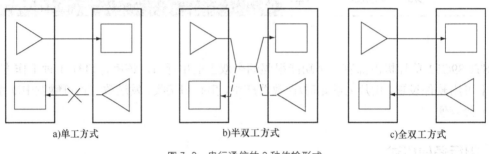

　　　a)单工方式　　　　　　　　　b)半双工方式　　　　　　　　c)全双工方式

图 7-3　串行通信的 3 种传输形式

7.1.2　异步通信和同步通信

在串行数据通信中，有同步和异步两种基本方式。同步和异步的最本质区别在于通信双方是否使用相同的时钟源。

1．异步通信

在异步通信中，数据以帧为单位进行传送，如图 7-4 所示。一帧数据由起始位、数据位、可编程校验位（可选）和停止位构成。帧和帧之间可以有任意停顿，收发双方依靠各自的时钟来控制数据的异步传送。

图 7-4　异步串行帧格式

（1）起始位：占 1 位，用于实现发送方和接收方之间的同步。当不进行数据通信时，通信线路保持高电平，当发送端准备向接收端传输数据时，首先发送起始位，即逻辑上的 0 电平，使得串行通信线路的电平由高变低，接收端在检测到这一电平变化后，可以准备接收数据。

（2）数据位：可以是字符或数据，一般为 5～8 位，由低位到高位依次传送。

（3）可编程校验位：占 1 位，是用户自定义的特征位，用于通信过程中数据差错的校验，或传送多机串行通信的联络信息。常用的差错校验方法有奇偶校验、和校验及循环冗余码校验（Cyclic Redundancy Code，CRC）。

- 奇偶校验：按字符校验，数据传输速度会受到影响。这种特点使得它一般只用于异步串行通信。

- 和校验：所谓和检验是指发送方发送的数据块求和（字节数求和），并产生一个字节的校验字符（校验和）附加到数据块末尾。接收端接收数据时也需要对数据块求和，将所得结果与发送端的校验和进行比较，相符则无差错，否则即出现了差错。但这种校验方法无法检验出字节位序的错误。

- 循环冗余码校验：CRC 的工作方法是在发送端产生一个冗余码，附加在信息位后面一起发送到接收端，接收端收到的信息按发送端形成循环冗余码同样的算法进行校验，如果发现错误，则通知发送端重发。这种校验方法漏检率低，是数据通信领域中最常用的一种数据校验码。

（4）停止位，占 1 位，位于数据位末尾，用于告知一帧结束，始终为高电平。数据传输结束后，发送端发送逻辑 1，将通信线路再次置为高电平，表示一帧数据发送结束。

2. 同步通信

在同步通信中，数据以块为单位连续传送。发送方先发送 1～2 个字节的同步字符，接收方检测到同步字符（一般由硬件实现）后，即准备接收后续的数据流。为了保证正确接收，发送方除了传送数据外，还要同时传送同步时钟信号，如图 7-5 所示。由于同步通信省去了字符开始和结束标志，而且字节和字节之间没有停顿，其速度高于异步通信，但对硬件结构要求比较高。

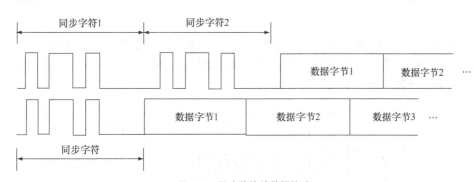

图 7-5　同步传输的数据格式

由上所述可以得到推论：异步通信比较灵活，适用于数据的随机发送和接收，而同步通信的数据是成批传送的。异步传输一般适用于每秒 50～19200 位，而同步传输速度较快，可达每秒 80 万位。

STC89C52 单片机只支持异步通信。由于异步方式对硬件环境要求较低，因此得到了广泛的应用。

7.1.3　波特率

波特率（Baud Rate）是表征串行通信数据传输快慢的物理量，它表示每秒钟传送的二进制位数，其单位为 bit/s（bit per second）。常用的波特率有 50、110、300、600、1200、2400、4800、9600、19200 等。波特率的倒数即为每位传输所需要的时间。由上面介绍的异步串行通信原理可知，互相通信的双方必须具有相同的波特率，否则无法成功地完成数据通信。发送和接收数据是由同步时钟触发发送器和接收器实现的。发送/接收时钟频率与波特率有关，即

$$f_{T/R}=n\times BR_{T/R}$$

式中，$f_{T/R}$ 为收发时钟频率，单位为 Hz；$BR_{T/R}$ 为收发波特率；n 为波特率因子。

同步通信 n=1。异步通信 n 可取 1、16 或 64。也就是说，同步通信中数据传输的波特率即为同步时钟频率，而异步通信中，时钟频率可为波特率的整数倍。

【例 7-1】设单片机以 1200bit/s 的波特率发送 120 B 的数据，每帧 10 位，问至少需要多长时间？

解：所谓"至少"，是指串行通信不被打断，且数据帧与帧之间无等待间隔的情况。

需传送的二进制位数为 $10\times120=1200$（bits）

所需时间 T= 1200（bits）/1200（bit/s）=1 s

7.2 串行口的结构

STC89C52RC 单片机内部集成有一个可编程的全双工的异步通信串行口，可以作为通用异步接收/发送器（UART），也可作为同步移位寄存器使用。

7.2.1 内部硬件结构

STC89C52 串行口的内部结构如图 7-6 所示。它包括两个物理上独立的接收、发送缓冲器 SBUF，可同时发送、接收数据，发送缓冲器只能写入不能读出，接收缓冲器只能读出不能写入。两个缓冲器共用一个单元地址 99H。

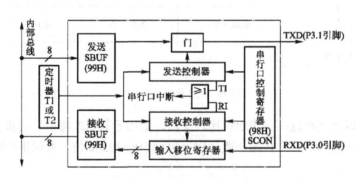

图 7-6　串行口的内部结构

发送控制器的作用是在门电路和定时器 T1 或定时器 T2 的配合下，将发送缓冲器 SBUF 中的并行数据转为串行数据，并自动添加起始位、可编程位、停止位。这一过程结束后自动使发送中断请求标志位 TI 置 1，用以通知 CPU 已将发送缓存器 SBUF 发中的数据输出到了 TXD 引脚。

接收控制器的作用是在输入移位寄存器和定时器 T1 或定时器 T2 的配合下，使来自 RXD 引脚的串行数据转为并行数据，并自动过滤掉起始位、可编程位、停止位。这一过程结束后

自动使接收中断请求标志位 RI 置 1，用以通知 CPU 接收的数据已存入接收缓冲器 SBUF。

STC89C52 串行通信以定时器 T1 或定时器 T2 作为波特率信号发生器，其溢出脉冲经过分频单元后送到接收/发送控制器中。

与 STC89C52 单片机串行口控制有关的特殊功能寄存器有 4 个，分别是串行口控制寄存器 SCON、电源控制寄存器 PCON、从机地址控制寄存器 SADEN 和 SADDR。下面对这些特殊功能寄存器各位的功能予以详细介绍。

7.2.2　串行口特殊功能寄存器

1. 串行口控制寄存器 SCON

串行口控制寄存器 SCON，字节地址 98H，可位寻址，位地址为 98H~9FH。SCON 的所有位都可进行位操作清零或置 1，格式如图 7-7 所示。

	D7	D6	D5	D4	D3	D2	D1	D0
SCON	SM0 /FE	SM1	SM2	REN	TB8	RB8	TI	RI
位地址	9FH	9EH	9DH	9CH	9BH	9AH	99H	98H

图 7-7　串行口控制寄存器 SCON 的格式

下面介绍 SCON 中各位的功能。

（1）SM0/FE：当 PCON 寄存器的 SMOD0/PCON.6 为 1 时，该位用于帧错误检测，当检测到一个无效停止位时，通过 UART 接收器设置该位，FE 必须由软件清零；当 PCON 寄存器的 SMOD0/PCON.6 为 0 时，SM0 与 SM1 一起用来选择串行口的工作方式，如表 7-1 所示。

表 7-1　串行口的 4 种工作方式

SM0 SM1	方　式	功　能　说　明
0 0	0	同步移位寄存器方式（用于扩展 I/O 口）
0 1	1	10 位异步收发，波特率可变（由定时器控制）
1 0	2	11 位异步收发，波特率为 $f_{CLK}/64$ 或 $f_{CLK}/32$
1 1	3	11 位异步收发，波特率可变（由定时器控制）

（2）SM2：多机通信控制位。

多机通信在方式 2 和方式 3 时进行。当串口以方式 2 或方式 3 接收时，如果 SM2=1，则只有当接收到的第 9 位数据（RB8）为 1 时，才使 RI 置 1，产生中断请求，并将接收到的前 8 位数据送入 SBUF，当接收到的第 9 位数据（RB8）为 0 时，则将接收到的前 8 位数据丢弃；

当 SM2＝0 时，则不论第 9 位数据是 1 还是 0，都将前 8 位数据送入 SBUF 中，并使 RI 置 1，产生中断请求。

在方式 1 时，如果 SM2=1，则只有收到有效的停止位时才会激活 RI。

在方式 0 时，SM2 必须为 0。

（3）REN：允许串行接收位，由软件置 1 或清零。

REN=1，允许串行口接收数据；

REN=0，禁止串行口接收数据。

（4）TB8：发送的第 9 位数据。

在方式 2 和方式 3 时，TB8 是要发送的第 9 位数据，其值由软件置 1 或清零。在双机串行通信时，一般作为奇偶校验位使用；在多机串行通信中用来表示主机发送的是地址帧还是数据帧，TB8=1 为地址帧，TB8=0 为数据帧。

在方式 0 和方式 1 中，不使用 TB8。

（5）RB8：接收的第 9 位数据。

在方式 2 和方式 3 时，RB8 存放接收到的第 9 位数据。

在方式 1 时，如 SM2=0，RB8 是接收到的停止位；在方式 0，不使用 RB8。

（6）TI：发送中断标志位。

在方式 0 时，串行发送的第 8 位数据结束时 TI 由硬件置 1，在其他方式中，串行口发送停止位的开始时置 TI 为 1。TI=1，表示一帧数据发送结束。TI 的状态可供软件查询，也可申请中断。CPU 响应中断后，在中断服务程序中向 SBUF 写入要发送的下一帧数据。TI 必须由软件清零。

（7）RI：接收中断标志位。

在方式 0 时，接收完第 8 位数据时，RI 由硬件置 1。在其他工作方式中，串行接收到停止位时，该位置 1。RI=1，表示一帧数据接收完毕，并申请中断，要求 CPU 从接收 SBUF 取走数据。该位的状态也可供软件查询。RI 必须由软件清零。

对 TI、RI 有以下三点需要特别注意：

（1）在 4 种工作方式下进行数据传输，可以通过采用查询 TI、RI 判断数据是否发送、接收结束，当然也可以采用中断方式。

（2）串行口是否向 CPU 提出中断请求取决于 TI 与 RI 进行相"或"运算的结果，即当 TI=1 或 RI=1，或 TI、RI 同时为 1 时，串行口向 CPU 提出中断申请。因此，当 CPU 响应串行口中断请求后，首先需要使用指令判断是 RI=1 还是 TI=1，然后再进入相应的发送或接收处理程序。

（3）如果 TI、RI 同时为 1，一般而言，需优先处理接收子程序。这是因为接收数据时 CPU 处于被动状态，虽然串口输入有双重输入缓冲，但是如果处理不及时，仍然会造成数据重叠覆盖而丢失一帧数据，所以应当尽快处理接收的数据。而发送数据时 CPU 处于主动状态，完全可以稍后处理，不会发生差错。

2. 电源控制寄存器 PCON

电源寄存器 PCON 字节地址为 87H，没有位寻址的功能，格式如图 7-8 所示。

	D7	D6	D5	D4	D3	D2	D1	D0
PCON	SMOD	SMOD0	—	POF	GF1	GF0	PD	IDL

图 7-8 电源寄存器 PCON 的格式

仅 SMOD、SMOD0 两位与串口有关，其他各位的功能已在第 4 章的 4.6 节作过介绍。

SMOD：波特率选择位。

例如，方式 2 的波特率 $=\dfrac{2^{\text{SMOD}}}{32} \times f_{CLK}$

当 SMOD=1 时，要比 SMOD=0 时的波特率加倍，所以 SMOD 也称为波特率倍增位。在串行口工作在方式 2 下，计算得到的波特率将被加倍。复位时，SMOD 位为 0。

SMOD0：帧错误检测有效控制位。当 SMOD0=1，SCON 寄存器中的 SM0/FE 位用于 FE（帧错误检测）功能；当 SMOD0=0，SCON 寄存器中的 SM0/FE 位用于 SM0 功能，与 SM1 一起指定串行口工作方式。复位时 SMOD0=0。

3. 从机地址控制寄存器 SADEN 和 SADDR

为了方便多机通信，STC89C52 单片机设置了从机地址控制寄存器 SADEN 和 SADDR。其中 SADEN 是从机地址掩模寄存器（地址为 B9H，复位值为 00H），SADDR 是从机地址寄存器（地址为 A9H，复位值为 00H）。

7.3　串行口的 4 种工作方式

STC89C52 单片机串行通信有 4 种工作方式，可通过软件编程设置 SCON 中的 SM0、SM1 位进行选择。

7.3.1　方式 0

串行口在方式 0 时作为同步移位寄存器工作，可以外接移位寄存器芯片来扩展一个或多个 8 位并行 I/O 口。因此，这种方式不适用于两个 STC89C52 单片机之间的异步串行通信。

方式 0 以 8 位数据为一帧，不设起始位和停止位，先发送或接收最低位。当单片机工作在 6T 模式时，其波特率固定为 $f_{CLK}/6$。当单片机工作在 12T 模式时，其波特率固定为 $f_{CLK}/12$。帧格式如图 7-9 所示。

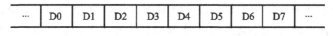

图 7-9　方式 0 的帧格式

1. 方式 0 发送

以方式 0 发送时，当 CPU 执行一条将数据写入发送缓冲器 SBUF 的指令时，产生一个正脉冲，串行口开始把 SBUF 中的 8 位数据以 $f_{CLK}/12$ 或 $f_{CLK}/6$ 的固定波特率从 RXD 引脚（P3.0）串行输出，低位在先，TXD 引脚（P3.1）输出同步移位脉冲，发送完 8 位数据置 1 中断标志位 TI。发送时序如图 7-10 所示。

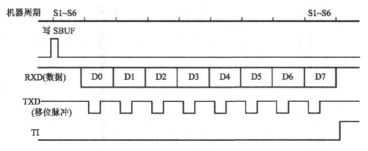

图 7-10　方式 0 发送时序

2. 方式 0 接收

以方式 0 接收，REN 为串行口允许接收控制位，REN=0，禁止接收；REN = 1，允许接收。当向 SCON 寄存器写入控制字（设置为方式 0，并使 REN 位置 1，同时 RI = 0）时，产生一个正脉冲，串行口开始接收数据。

引脚 RXD 为数据输入端，TXD 为移位脉冲信号输出端，接收器以 $f_{CLK}/12$ 或 $f_{CLK}/6$ 的固定波特率采样 RXD 引脚的数据信息，当接收完 8 位数据时，中断标志 RI 置 1，表示一帧数据接收完毕，可进行下一帧数据的接收，时序如图 7-11 所示。

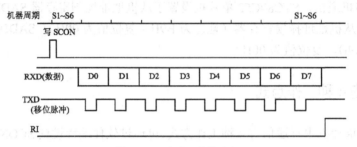

图 7-11　方式 0 接收时序

在方式 0 中，SCON 寄存器的 TB8、RB8 位没有用到，发送或接收完 8 位数据由硬件将 TI 或 RI 中断标志位置 1，CPU 响应 TI 或 RI 中断，在中断服务程序中向发送 SBUF 中送入下一个要发送的数据或从接收 SBUF 中把接收到的 1B 存入内部 RAM 中。

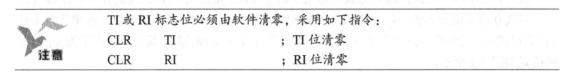

TI 或 RI 标志位必须由软件清零，采用如下指令：

CLR	TI	; TI 位清零
CLR	RI	; RI 位清零

在单片机应用系统中，如果并行口的 I/O 资源不够，而串行口又无他用时，可以用来扩展并行 I/O 口，这种扩展方法不会占用片外 RAM 地址，而且也节省单片机的硬件开销（只需外加 1 根 I/O 口线），但扩展的移位寄存器芯片越多，对接口的操作速度也就越慢。

【例 7-2】图 7-12 所示为利用串行口在方式 0 外接一片 8 位串入并出移位寄存器芯片 74LS164 扩展一个并行输出口的接口电路，要求控制 8 个 LED 循环点亮。

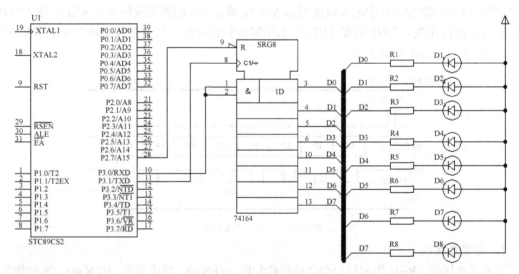

图 7-12　串行移位输出电路

74LS164 的逻辑图如图 7-13 所示。

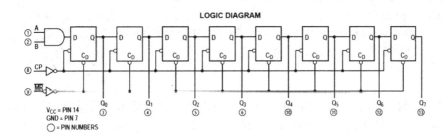

图 7-13　74LS164 逻辑图

其工作原理如下：

（1）清零端（MR）若为低电平，输出端都为 0。

（2）清零端若为高电平，且时钟端（CP）出现上升沿脉冲，则输出端 Q 锁存输入端 D 的电平。

（3）串行数据输入端（A，B）可控制数据。当 A、B 任意一个为低电平，则禁止新数据的输入，在时钟端脉冲 CP 上升沿作用下 Q0 为低电平。当 A、B 有一个高电平，则另一个就允许输入数据，并在上升沿作用下确定串行数据输入口的状态。

（4）前级 Q 端与后级 D 端相连用于移位，因此最先接收到的数将进入最高位。

方式 0 发送时，串行数据由 P3.0（RXD 端）送出，移位脉冲由 P3.1（TXD 端）送出。在移位时钟的作用下，串行口发送 SBUF 的数据逐位地从 P3.0 串行移入 74LS164 中。在某些应用场合，还需要在 74LS164 输出端外接输出三态门控制，以便保证串行输入结束后再输出数据。这是因为 74LS164 没有并行输出控制端，在串行输入过程中，其输出端的状态会不断变化。

程序如下：

```
#include <reg52.h>
sbit MR=P2^7;
void time(unsigned int ucMs);        //延时单位：ms
void main( ) {
unsigned char index, LED;            //定义 LED 指针和显示字模
SCON = 0;                            //设置串行模块工作在方式 0
MR = 1;                              // CLEAR=1，允许输入数据
while (1) {
    LED=0x7f;
    for (index=0; index < 8; index++) {
    SBUF = LED;                      //控制灯点亮
    do {} while(!TI);                //通过 TI 查询判别数据是否输出结束
    LED = ((LED>>1)|0x80);           //左移 1 位，末位置 1
    TI=0;
    time(1000);                      //延时 1s
    }
  }
}
void time(unsigned int ucMs){        //延时单位：ms
```

```
#define DELAYTIMES 239
unsigned char ucCounter;        //延时设定的循环次数

    while(ucMs! =0){
        for(ucCounter=0;ucCounter<DELAYTIMES;ucCounter++) ;
        ucMs--;
        }
}
```

【例 7-3】 图 7-14 所示为利用串行口外接两片 8 位并行输入串行输出的寄存器 74LS165 扩展两个 8 位并行输入口。要求从 16 位扩展口读入 10 组共 20B 数据，并将其转存到内部 RAM 30H 开始的单元。

74LS165 是 8 位并行输入串行输出的寄存器。当 74LS165 的 S/$\overline{\text{L}}$ 端由高到低跳变，并行输入端的数据被置入寄存器；当 S/$\overline{\text{L}}$=1，且时钟禁止端（15 脚）为低时，允许 TXD（P3.1）移位时钟输入，在该脉冲作用下，数据由右向左方向移动。在图 7-14 中，TXD 与所有 74LS165 的 CP 相连；RXD 与 74LS165 的串行输出端 QH 相连；P1.0 与 S/$\overline{\text{L}}$ 相连，控制 74LS165 的串行移位或并行输入。当扩展多个 8 位输入口时，相邻两芯片的首尾（QH 与 SIN）相连。

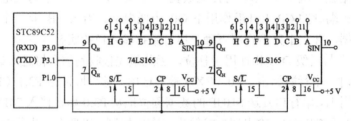

图 7-14　74LS165 作为并行输入口

	MOV	R7, #10	;设置读入数据组数
	MOV	R0, #30H	;设置内部 RAM 数据区首地址
START:	CLR	P1.0	;并行置入数据，S/$\overline{\text{L}}$=0
	SETB	P1.0	;允许串行移位，S/$\overline{\text{L}}$=1
	MOV	R2, #02H	;每组为 2B
RXDATA:	MOV	SCON, #10H	;串口工作在方式 0，允许接收
WAIT:	JNB	RI, WAIT	;未接收完一帧，则等待
	CLR	RI	;RI 标志清零，准备下次接收
	MOV	A, SBUF	;读入数据
	MOV	@R0, A	;送至片内 RAM 缓冲区
	INC	R0	;指向下一个地址
	DJNZ	R2, RXDATA	;未读完一组数据，则继续
	DJNZ	R7, START	;10 组数据未读完重新并行置数

7.3.2　方式 1

当 SM0、SM1=01 时，串行口设为方式 1 的双机串行通信。TXD 脚和 RXD 脚分别用于发送和接收数据。

方式 1 一帧数据为 10 位，包括 1 个起始位，8 个数据位，1 个停止位，先发送或接收最低位。帧格式如图 7-15 所示。

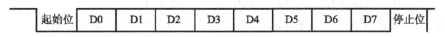

图 7-15　方式 1 的帧格式

1. 方式 1 发送

方式 1 输出时，数据位由 TXD 端输出。当 CPU 执行一条写 SBUF 的指令，就启动发送。发送时序如图 7-16 所示。图 7-16 中 TX 时钟的频率就是发送的波特率。

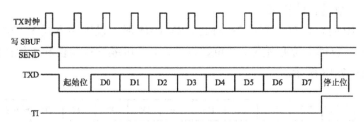

图 7-16　方式 1 发送时序

发送开始时，内部发送控制信号变为有效，将起始位向 TXD 脚（P3.0）输出，此后每经过一个 TX 时钟周期，便产生一个移位脉冲，并由 TXD 引脚输出一个数据位。8 位数据位全部发送完毕后，中断标志位 TI 置 1。

2. 方式 1 接收

方式 1 接收时（REN = 1），数据从 RXD（P3.1）引脚输入。当检测到起始位的负跳变，则开始接收。接收时序见图 7-17。

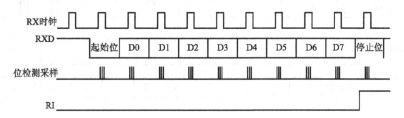

图 7-17　方式 1 接收时序

接收时，定时控制信号有两种：一种是接收移位时钟（RX 时钟），它的频率和传送的波特率相同；另一种是位检测器采样脉冲，频率是 RX 时钟的 16 倍。以波特率的 16 倍速率采样 RXD 脚状态。当采样到 RXD 端从 1 到 0 的负跳变时就启动检测器，接收的值是 3 次连续采样（第 7、8、9 个脉冲时采样）取两次相同的值，以确认起始位（负跳变）的开始，较好地消除了干扰所带来的影响。

当确认起始位有效时，开始接收一帧信息。每一位数据，也都进行 3 次连续采样（第 7、8、9 个脉冲采样），接收的值是 3 次采样中至少两次相同的值。当一帧数据接收完毕后，同时满足以下两个条件，接收才有效。

（1）RI=0，即上一帧数据接收完成时，RI=1 发出的中断请求已被响应，SBUF 中的数据已被取走，说明"接收 SBUF"已空。

（2）SM2=0 或收到的停止位 = 1（方式 1 时，停止位已进入 RB8），则将接收到的数据装入 SBUF 和 RB8（装入的是停止位），且中断标志 RI 置 1。

若不同时满足两个条件，所接收的数据不能装入 SBUF，该帧数据将丢弃。

7.3.3 方式 2 和方式 3

方式 2 和方式 3 都是 11 位异步通信方式。两种方式的共同点是发送和接收时具有第 9 位数据，正确运用 SM2 位能实现多机通信。两者的不同点在于，方式 2 的波特率是固定的，而方式 3 的波特率由定时器 T1 或 T2 的溢出率决定。可由用户在很宽的范围内选择，以适应不同通信距离和应用场合的需要。

SM0、SM1=10 时，设置为方式 2；SM0、SM1=11 时，设置为方式 3。方式 2 和方式 3 一帧数据均为 11 位，包括 1 位起始位，8 位数据位，1 位可编程校验位和 1 位停止位。方式 2、方式 3 帧格式如图 7-18 所示。

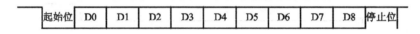

图 7-18　方式 2、方式 3 的帧格式

1. 方式 2 发送

发送前，先根据通信协议由软件设置 TB8（如奇偶校验位或多机通信的地址/数据标志位），然后将要发送的数据写入 SBUF，即启动发送。TB8 自动装入第 9 位数据位，逐一发送。发送完毕，使 TI 位置 1。

发送时序如图 7-19 所示。

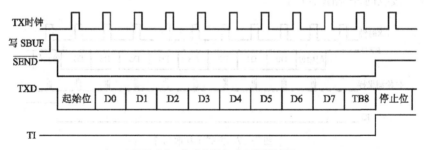

图 7-19　方式 2 和方式 3 发送时序

2. 方式 2 接收

SM0、SM1=10，且 REN = 1 时，以方式 2 接收数据。数据由 RXD 端输入，接收 11 位信息。当位检测逻辑采样到 RXD 的负跳变，判断起始位有效，便开始接收一帧信息。在接收完第 9 位数据后，需满足以下两个条件，才能将接收到的数据送入 SBUF（接收缓冲器）。

（1）RI=0，意味着接收缓冲器为空。

（2）SM2=0 或接收到的第 9 位数据位 RB8=1。

当满足上述两个条件时，收到的数据送接收 SBUF，第 9 位数据送入 RB8，且 RI 置 1。若不满足这两个条件，接收的信息将被丢弃。

串行口方式 2 和方式 3 接收时序如图 7-20 所示。

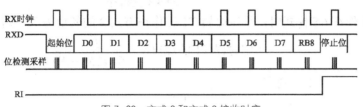

图 7-20　方式 2 和方式 3 接收时序

7.4　波特率的设定与计算

在串行通信中，收发双方必须采用相同的通信速率，即波特率。如果波特率有偏差将影响通信的成功率，如果误差大于 2%则通信不会成功。串行口的 4 种工作方式中，方式 0 和方式 2 的波特率是固定的，而方式 1 和方式 3 的波特率是可设置的，波特率时钟须从单片机内部定时器 1 或者定时器 2 产生。

1. 方式 0

串行口工作在方式 0 时，波特率与系统时钟频率 f_{CLK} 有关。一旦系统时钟频率选定且在 STC-ISP 编程器中设置好，方式 0 的波特率固定不变。

当用户在烧录用户应用程序时 STC-ISP 编程器中设置单片机为 6T/双倍速时，其波特率为 f_{CLK} 的 1/6。

当用户在烧录用户应用程序时 STC-ISP 编程器中设置单片机为 12T/单倍速时，其波特率为 f_{CLK} 的 1/12。

2. 方式 2

串行口工作在方式 2 时，波特率仅与 SMOD 位的值有关。其计算公式为

$$方式 2 波特率 = \frac{2^{SMOD}}{64} \times f_{CLK} \tag{7-1}$$

3. 方式 1 和方式 3

串行口工作在方式 1 或方式 3 时，波特率设置方法相同，采用定时器 T1 或 T2 作为波特率发生器。其计算公式为

$$波特率 = \frac{2^{SMOD}}{32} \times 定时器 71 的溢出率或定时器 T2 的溢出率 \tag{7-2}$$

在实际设定波特率时，T1 常设置为方式 2 定时，即 8 位常数重装入方式，并且不允许 T1 中断。这种方式不仅操作方便，也可避免因软件重装初值带来的定式误差。

设单片机工作在 12T 模式，设定时器 T1 工作在方式 2 的初值为 X，则有

$$定时器 T1 的溢出率 = \frac{1}{溢出周期} = \frac{1}{(256-X) \times T_{cy}} = \frac{f_{CLK}}{12 \times (256-X)} \tag{7-3}$$

将式（7-3）代入式（7-2），则有

$$波特率 = \frac{2^{SMOD}}{32} \times \frac{f_{CLK}}{12 \times (256-X)} \tag{7-4}$$

此时，波特率随 f_{CLK}、SMOD 和初值 X 而变化。解出时间常数装载值为

$$X = 256 - \frac{f_{\text{CLK}} \times (\text{SMOD} + 1)}{384 \times 波特率} \tag{7-5}$$

当单片机工作在 6T 模式时，设定时器 T1 工作在方式 2 的初值为 X，则有

$$定时器 T1 的溢出率 = \frac{f_{\text{CLK}}}{6 \times (256 - X)} \tag{7-6}$$

将式(7-6)代入式(7-2)，则有

$$波特率 = \frac{2^{\text{SMOD}}}{32} \times \frac{f_{\text{CLK}}}{6 \times (256 - X)} \tag{7-7}$$

解出时间常数装载值为

$$X = 256 - \frac{f_{\text{CLK}} \times (\text{SMOD} + 1)}{192 \times 波特率} \tag{7-8}$$

当设置定时器 T2 作为波特率发生器，定时器 T2 的溢出脉冲经 16 分频后作为串行口发送脉冲、接收脉冲。其波特率计算公式为

$$波特率 = \frac{2^{\text{SMOD}}}{32} - \frac{f_{\text{CLK}}}{65536 - (RCAP2H, RCAP2L)} \tag{7-9}$$

实际使用时，经常根据已知波特率和时钟频率 f_{CLK} 来计算 T1、T2 的初值。表 7-2、表 7-3 分别给出了以定时器 T1 以及以定时器 T2 作为波特率发生器时，常用的波特率和初值的对应关系。

表 7-2　　　　　　　　　　　　用定时器 T1 产生的常用波特率

波 特 率	f_{CLK}=12MHz		f_{CLK}=11.0592 MHz	
	SMOD	TH1/TL1	SMOD	TH1/TL1
19.2 kbit/s	1	FCH	1	FDH
9.6 kbit/s	1	F9H	0	FDH
4.8 kbit/s	1	F3H	0	FAH
2.4 kbit/s	0	F3H	0	F4H
1.2 kbit/s	0	E6H	0	E8H

表 7-3　　　　　　　　　　　　用定时器 T2 产生的常用波特率

波 特 率	f_{CLK}=12MHz		f_{CLK}=11.0592 MHz	
	RCAP2H	RCAP2L	RCAP2H	RCAP2L
19.2 kbit/s	FFH	EDH	FFH	EEH
9.6 kbit/s	FFH	D9H	FFH	DCH
4.8 kbit/s	FFH	B2H	FFH	D8H
2.4 kbit/s	FFH	64H	FFH	70H
1.2 kbit/s	FEH	C8H	FEH	E0H

对表 7-2、表 7-3 有几点需要特别说明：

1. 在使用时钟振荡频率 f_{CLK} 为 12 MHz 时，将初值 X 和 f_{CLK} 带入式（7-3）中，计算出的波特率有一定误差。为减小波特率误差，可使用的时钟频率为 11.0592 MHz 或 22.1184 MHz，此时定时初值为整数，但该外接晶振用于系统精确的定时服务不是十分理想。例如，若单片机工作在 12T 模式，外接 11.0592 MHz 晶振时，机器周期=12/11.0592 MHz≈1.085μs，是一

个无限循环的小数。当单片机外接 22.1184 MHz 晶振时，机器周期=12/22.1184MHz≈0.5425μs，也是一个无限循环的小数，因此不能够为定时应用提供精确的定时。

2. 如果要产生很低的波特率，如波特率选 55，可以考虑使用定时器 T1 工作在方式 1，即 16 位定时器方式。但在这种情况下，定时器 T1 溢出时，需在中断服务程序中重新装入初值，中断响应时间和执行指令时间会使波特率产生一定的误差，可用改变初值的方法加以调整。

定时器 T2 作波特率发生器是 16 位自动重装载初值的，位数比定时器 1 作为波特率发生器要多（定时器 1 作为串口波特率发生器工作在方式 2 是 8 位自动重装初值），因此可以支持更高的传输速度。

设置波特率的常用初始化部分程序如下：

```
......
MOV     TMOD,#20H        ;设置定时器 T1 工作在方式 2
MOV     TH1,#XXH         ;装载定时初值
MOV     TL1,#XXH
SETB    TR1              ;开启定时器 T1
MOV     PCON,#80H        ;波特率倍增
MOV     SCON,#50H        ;设置串行口工作在方式 1
......
```

【例 7-4】若 STC89C52 单片机系统时钟频率 f_{CLK} 为 11.0592 MHz，工作在 12T 模式，采用 T1 定时器工作在方式 2 作为波特率发生器，波特率为 2400 bit/s，求初值。

解：取 SMOD=0。

将已知条件带入式（7-5）中，可以解得 X=244=F4H。该结果也可通过查表 7-2 中得到。

【例 7-5】设 STC89C52 单片机系统时钟频率 f_{CLK} 为 11.0592 MHz，T2 工作方式在波特率发生器方式，波特率为 9600 bit/s。求初值和写出串口初始化程序。

1. 设计分析

根据题意知 T2 工作波特率发生器方式，T2 产生发送时钟和接收时钟，则 TCLK=1、RCLK=1。

（1）求定时初值 N。

选择 T2 为定时模式（C/T2=0），启动 T2 工作，即 TR2=1，选择向上计数，即 DCEN=0，这时波特率计算公式如下：

$$方式 1 和方式 3 的波特率 = \frac{晶振频率}{n \times [65536 - (RCAP2H, RCAP2L)]}$$

取 SMOD=0，由于 MCU 选 12T，则 n=32，已知波特率为 9600 bit/s，晶振频率为 11.0592 MHz。令 N=（RCAP2H，RCAP2L），则 $9600 = \dfrac{11.0592MHz}{32 \times [65536 - N]}$

$$N = 65536 - \frac{11.0592MHz}{32 \times 9600} = 65536 - 36 = 65500 = FFDCH，即 \quad TH2=FFH，\quad TL2=DCH，$$

RCAP2H=FF，RCAP2L=DCH。

（2）确定特殊功能寄存器 T2CON、T2MOD 值。

T2CON=34H（即 TCLK=1，RCLK=1，TR2=1），T2MOD=00H（即 DCEN=0）。

2．程序清单（子程序）

（1）汇编语言

```
/********** 初始化串口波特率，使用定时器2 ************/
/**** Setup the serial port for 9600 baud at 11.0592MHz****/
InitUart: MOV SCON,#50H;              ;串行口工作在方式1
          MOV T2MOD,#00H              ;设置T2加法（向上）计数，时钟输出不使能
          MOV T2CON,#34H              ;设置T2为串行口波特率发生器并启动T2计数
          MOV TH2,#0FFH              ;设置定时寄存器计数初值
          MOV TL2,#0DCH
          MOV RCAP2L,#0DCH           ;设置自动重装寄存器计数初值
          MOV RCAP2H,#0FFH
          RET
```

（2）C51 程序

```c
void initUart(void){
    SCON  = 0x50;                //串行口工作在方式1
    T2MOD = 0x00;                //设置T2加法（向上）计数，时钟输出不使能
    T2CON = 0x34;                //设置T2为串行口波特率发生器并启动T2计数
    TH2   = 0xff;                //设置定时寄存器计数初值
    TL2   = 0xdc;
    RCAP2L= 0xdc;                //设置自动重装寄存器计数初值
    RCAP2H= 0xff;
}
```

7.5 STC89C52 单片机之间的通信

本节将介绍 STC89C52 单片机之间双机串行通信的硬件接口和软件设计。单片机的串行通信接口设计时，需考虑如下问题：

（1）确定通信双方的数据传输速率。

（2）由数据传输速率确定采用的串行通信接口标准。

（3）在通信接口标准允许的范围内确定通信的波特率。为减小波特率的误差，通常选用 11.0592 MHz 的晶振频率。

（4）根据任务需要，确定收发双方使用的通信协议。

（5）通信线的选择。一般选用双绞线较好，并根据传输的距离选择纤芯的直径。如果空间的干扰较多，还要选择带有屏蔽层的双绞线。

（6）通信协议确定后，最后进行通信软件设计。

7.5.1 串行通信接口

STC89C52 串行口的输入、输出均为 TTL 电平。这种以 TTL 电平串行传输数据的方式抗干扰性差，传输距离短且传输速率低。为提高串行通信的可靠性，增大串行通信的距离以及提高传输速率，一般都采用标准串行接口来实现串行通信。RS-232C、RS-422A、RS-485 都是串行数据接口标准，最初都是由电子工业协会（EIA）制定并发布的。

1. **TTL 电平通信接口**

如果两个 STC89C52 单片机相距在 1.5m 之内，可直接用 TTL 电平传输方法实现双机通信。将甲机 RXD 与乙机 TXD 端相连，乙机 RXD 与甲机 TXD 端相连，接口如图 7-21 所示。

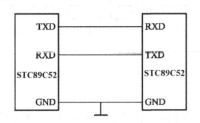

图 7-21　TTL 电平传输实现双机通信

2. **RS-232C 接口**

RS-232C 在 1969 年发布，命名为 EIA-RS-232C，作为工业标准，以保证不同厂家产品之间的兼容。RS-232C 规定任何一条信号线的电压均为负逻辑关系。即逻辑 1，−3V～−15V；逻辑 0，+3V～+15V。−3V～+3V 为过渡区，不作定义。RS-232C 通信电平如图 7-22 所示。

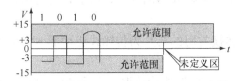

图 7-22　RS-232C 通信电平

由于 RS-232C 接口标准出现较早，采用该接口存在以下问题：

（1）传输距离短，传输速率低

RS-232C 总线标准受电容允许值的约束，使用时传输距离一般不要超过 15 m（线路条件好时也不超过几十米）。最高传送速率为 20 Kbit/s（不能满足同步通信要求，所以 RS 232C 主要用于异步通信）。

（2）有电平偏移

RS-232C 总线标准要求收发双方共地。通信距离较大时，收发双方的地电位差别较大，在信号地上将有比较大的地电流并产生压降。这样一方输出的逻辑电平到达对方时，其逻辑电平若偏移较大，将发生逻辑错误。

（3）抗干扰能力差

RS-232C 在电平转换时采用单端输入输出，在传输过程中当干扰和噪声混在正常的信号中。为了提高信噪比，RS-232C 总线标准不得不采用比较大的电压摆幅。

当单片机双机通信距离在 1.5～15m 时，可考虑用 RS-232C 标准接口实现点对点的双机通信，接口电路如图 7-23 所示。但由于 RS-232C 的电气特性不能直接满足单片机系统中 TTL 电平的传送要求，为了使用 RS-232C 接口通信，必须在单片机系统中加入电平转换芯片，以实现 TTL 电平向 RS-232C 电平的转换。常见的 TTL 到 RS-232C 的电平转换器有 MC1488、MC1489 和 MAX232A 等芯片。图 7-23 中的 MAX232A 是美国 MAXIM 公司生产的 RS-232C 双工发送器/接收器电路芯片。

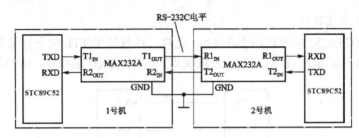

图 7-23   RS-232C 双机通信接口电路

3. RS-422A 接口

针对 RS-232C 总线标准存在的问题，EIA 协会制定了新的串行通信标准 RS-422A。它是平衡型电压数字接口电路的电气标准。如图 7-24 所示。

RS-422A 与 RS-232C 的主要区别是，收发双方的信号地不再共地，RS-422A 采用了平衡驱动和差分接收的方法。用于数据传输的是两条平衡导线，这相当于两个单端驱动器。输入同一个信号时，其中一个驱动器的输出永远是另一个驱动器的反相信号。因此，两条线上传输的信号电平，当一个表示逻辑"1"时，另一条一定为逻辑"0"。若传输中，信号中混入干扰和噪声（共模形式），由于差分接收器的作用，就能识别有用信号并正确接收传输的信息，并使干扰和噪声相互抵消。

RS-422A 与 TTL 电平转换常用的芯片为传输线驱动器 SN75174 或 MC3487 和传输线接收器 SN75175 或 MC3486。

RS-422A 能在长距离、高速率下传输数据。它的最大传输率为 10Mbit/s，电缆允许长度为 12 m，如果采用较低传输速率时，最大传输距离可达 1219m。

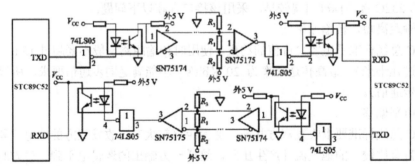

图 7-24   RS422A 平衡驱动差分接收电路

4. RS-485 接口

RS-422A 双机通信需四芯传输线，应用于长距离通信很不经济，因此在工业现场，通常采用双绞线传输的 RS-485 串行通信接口，很容易实现多机通信。RS-485 是 RS-422A 的变型，它与 RS-422A 的区别：RS-422A 为全双工，采用两对平衡差分信号线；RS-485 为半双工，采用一对平衡差分信号线。RS-485 很容易实现多机通信。RS-485 允许在通信线路上最多可以使用 32 对差分驱动器/接收器。当然如果在一个网络中连接的设备超过 32 个，还可以使用中继器。图 7-25 中，RS-485 以双向、半双工的方式来实现双机通信。在 STC89C52 单片机系统发送或接收数据前，应先将 SN75176 的发送门或接收门打开，当 P1.0=1 时，发送门打开，接收门关闭；当 P1.0=0 时，接收门打开，发送门关闭。SN75176 芯片内集成了一个差分驱动器和一个差分接收器，且兼有 TTL 电平到 RS-485 电平、RS-485 电平到 TTL 电平的转换功能。

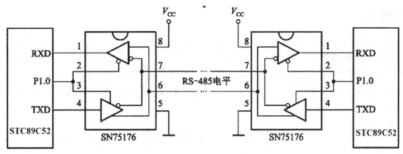

图 7-25　RS-485 双机通信接口电路

RS485 最大传输距离约为 1219m，最大传输速率为 10Mbit/s。通信线路要采用平衡双绞线。平衡双绞线的长度与传输速率成反比，在 100kbit/s 速率以下，才可能使用规定的最长电缆。只有在很短的距离下才能获得最大传输速率。一般 100m 长双绞线最大传输速率仅为 1Mbit/s。

7.5.2　双机串行通信编程

双机串行通信的软件设计与 7.5.1 节介绍的各种串行标准的硬件接口电路无关，因为采用不同的标准串行通信接口仅仅是由双机串行通信距离、传输速率以及抗干扰性能来决定的。

【例 7-6】假定有甲乙两机，以方式 1 进行异步通信，采用图 7-26 所示的双机串行通信电路，其中甲机发送数据，乙机接收数据。双方晶振频率为 f_{CLK}=11.0592 MHz，通信波特率为 2400 bit/s。甲机循环发送数字 0~F，乙机接收后返回接收值。若发送值与返回值相等，则继续发送下一数字，否则需重发当前数字。

程序设计时，选择定时器 T1 在方式 2 下工作，计数初值查表 7-3，为 0F4H。

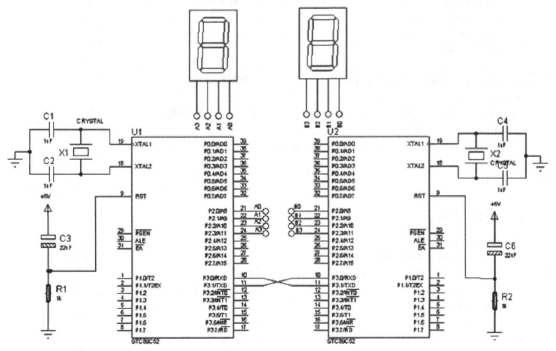

图 7-26　单片机之间点对点串行通信原理图

发送程序如下：

```
#include<reg52.h>
#define uchar unsigned char
void time(unsigned int ucMs);            //延时单位：ms
void initUart(void);                     //初始化串口波特率，使用定时器T1
void main(void){
 uchar counter=0;
 time(1);                                //延时等待外围器件完成复位
 initUart();
 while(1){
     SBUF=counter;                       //发送联络信号
     while(TI==0);                       //等待发送完成
     TI = 0;                             //清 TI 标志位
     while(RI==0);                       //等待乙机回答
     RI = 0;
      if(SBUF ==counter){
          P2 = counter;                  //显示已发送值
          if(++counter>15) counter=0;    //修正计数器值
          time(500);
 }
 }
 }
void initUart(void){                     //初始化串口波特率，使用定时器T1
     SCON = 0x50;                        //串口工作在方式1
     PCON=0;                             //波特率不加倍
     TMOD=0x20;                          //T1 工作在方式2
     TH1=0xf4;
     TL1=0xf4;
     TCON=0x40;
 }
void time(unsigned int ucMs){            //延时单位：ms
#define DELAYTIMES 239
unsigned char ucCounter;                 //延时设定的循环次数
 while(ucMs! =0){
     for(ucCounter=0;ucCounter<DELAYTIMES;ucCounter++) ;
     ucMs--;
     }
 }
```

接收程序如下：

```
#include<reg52.h>
#define uchar unsigned char
void time(unsigned int ucMs);            //延时单位：ms
void inituart(void);                     //初始化串口波特率，使用定时器T1
void main(void){
uchar  receive;                          //定义接收缓冲
time(1);                                 //延时等待外围器件完成复位
initUart();
while(1){
```

```
    while(RI==1){            //等待接收完成
    RI=0;                    //清 RI
    receive=SBUF;            //取接收值
    SBUF=receive;            //结果返送发送缓冲器
    while(TI==0);            //等待发送结束
    TI=0;                    //清 TI
    P2=receive;              //显示接收值
    }
 }
}
void initUart(void){         //初始化串口波特率，使用定时器 T1
SCON=0x50;                   //串口工作在方式 1
PCON=0;                      //波特率不加倍
TMOD=0x20;
TH1=0xf4;
TL1=0xf4;
TCON=0x40;
}
```

程序说明：

【例 7-7】甲乙两机以方式 2 进行双机串行通信中。要求用汇编语言编写发送中断和接收中断服务程序，以 TB8 作为奇偶校验位，采用偶校验。设第 2 组的工作寄存器区的 R0 作为发送数据区地址指针，第 1 组寄存器区的 R1 作为接收数据区的指针。

发送中断服务程序：

```
SENDINTRUP:  PUSH    PSW          ;现场保护
             PUSH    Acc
             SETB    RS1          ;选择第 2 组工作寄存器区
             CLR     RS0
             CLR     TI           ;发送中断标志清零
             MOV     A,@R0        ;取数据
             MOV     C,P          ;校验位送 TB8，采用偶校验
             MOV     TB8,C        ;P=1，校验位 TB8=1，P=0，校验位 TB8=0
             MOV     SBUF,A       ;启动数据
             INC     R0           ;数据指针加 1
             POP     Acc          ;恢复现场
             POP     PSW
             RETI                 ;中断返回
```

接收中断服务程序：

```
RECEIP:  PUSH    PSW          ;保护现场
         PUSH    Acc
         SETB    RS0          ;选择第 1 组寄存器区
         CLR     RS1
         CLR     RI
         MOV     A,SBUF       ;将接收到数据送到累加器 A
         MOV     C,P          ;接收到数据的奇偶标志位送入 C
         JNC     L1           ;C=0，收的字节 1 的个数为偶数，跳 L1 处
```

```
            JNB      RB8, ERP        ;C=1，RB8=0，则出错，跳 ERP 出错处理
            AJMP     L2              ;C=1，RB8=1，接收的数据正确，跳 L2 处
L1:         JB       RB8, ERP;C=0，RB8=1，则出错，跳 ERP 出错处理
L2:         MOV      @R/, A          ;C 与 RB8 相等，接收数据正确，存入接收数据区
            INC      R/              ;数据区指针加 1，为下次接收做准备
            POP      Acc             ;恢复现场
            POP      PSW
ERP:        ......                   ;出错处理程序入口
            ......
            RETI
```

7.5.3 多机通信

多个 STC89C52 单片机可利用串行口进行多机通信，常采用如图 7-27 所示的主从式结构。所谓主从式是指多机系统中，只有一个主机，其余全是从机。主机发送的信息可以被所有从机接收，任何一个从机发送的信息，只能由主机接收。从机与从机之间不能进行直接通信，只能经主机才能实现。

图中主机可以是单片机或其他有串行接口的微机。主机的 RXD 与所有从机的 TXD 端相连，TXD 与所有从机的 RXD 端相连。从机地址分别为 01H、02H 和 03H。在多机通信系统中，每个从机都被赋予唯一的地址。一般还要预留 1～2 个"广播地址"，它是所有从机共有的地址。例如可将"广播地址"设为 00H。

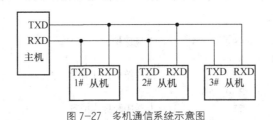

图 7-27　多机通信系统示意图

1. 多机通信工作原理

要保证主机与所选择的从机通信，须保证串口有识别功能。SCON 中的 SM2 位就是为满足这一条件设置的多机通信控制位。其工作原理是在串行口以方式 2（或方式 3）接收时，若 SM2=1，则表示进行多机通信，可能以下两种情况：

（1）从机接收到的主机发来的第 9 位数据 RB8=1 时，前 8 位数据才装入 SBUF，并置中断标志 RI=1，向 CPU 发出中断请求。在中断服务程序中，从机把接收到的 SBUF 中的数据存入数据缓冲区中。

（2）如果从机接收到的第 9 位数据 RB8=0 时，则不产生中断标志 RI=1，不引起中断，从机不接收主机发来的数据。

若 SM2=0，则接收的第 9 位数据不论是 0 还是 1，从机都将产生 RI＝1 中断标志，接收到的数据装入 SBUF 中。

应用这一特性，可实现 STC89C52 单片机的多机通信。具体的工作过程如下：

（1）各从机初始化程序允许从机的串行口中断，将串行口编程为方式 2 或方式 3 接收，即 9 位异步通信方式，且 SM2 和 REN 位置"1"，使从机处于多机通信且只接收地址帧的状态。

（2）在主机和某个从机通信之前，先将从机地址（即准备接收数据的从机）发送给各个从机，接着才传送数据（或命令），主机发出的地址帧信息的第 9 位为 1，数据（或命令）帧的第 9 位为 0。当主机向各从机发送地址帧时，各从机的串行口接收到的第 9 位信息 RB8 为 1，且由于各从机的 SM2=1，则 RI 置 1，各从机响应中断，在中断服务子程序中，判断主机送来的地址是否和本机地址相符合，若为本机地址，则该从机 SM2 位清零，准备接收主机的数据或命令；若地址不相符，则保持 SM2－1。

（3）接下来，主机发送数据（或命令）帧，数据帧的第 9 位为 0。此时各从机接收到的 RB8＝0。只有与前面地址相符合的从机（即 SM2 已清零的从机）才能激活中断标志位 RI，从而进入中断服务程序，接收主机发来的数据（或命令）；与主机发来的地址不相符的从机，由于 SM2 保持为 1，又 RB8=0，因此不能激活中断标志 RI，就不能接收主机发来的数据帧。从而保证主机与从机间通信的正确性。此时主机与建立联系的从机已经设置为单机通信模式，即在整个通信中，通信的双方都要保持发送数据的第 9 位（即 TB8 位）为 0，防止其他的从机误接收数据。

（4）结束数据通信并为下一次的多机通信做好准备。当主机与从机的数据通信结束后，一定要将从机再设置为多机通信模式，以便进行下一次的多机通信。这时要求与主机正在进行数据传输的从机必须随时监测接收的数据第 9 位（RB8），如果其值为"1"，说明主机传送的不再是数据，而是地址，这个地址就有可能是"广播地址"。当收到"广播地址"后，便将从机的通信模式再设置成多机模式，为下一次的多机通信做好准备。

2. 多机通信实例

【例 7-8】设一主机与多台从机进行通信，通信各方的晶振频率为 11.0592 MHz，波特率发生器采用定时器 2 实现。假定各从机地址号分别为 01、02、03，主机循环选定各从机进行通信。发送前，在 P2 口显示所呼叫的从机机号，主机发送的数据包格式如图 7-28 所示。

从机地址号	命令字	数据长度	数据	检验和

图 7-28　主机发送的数据包格式

从机以中断方式接收主机发送的首字节，然后在中断服务程序里用查询方式接收数据包的后续字节。收到完整数据包后，判别：①数据包里的从机机号与本机机号是否匹配；②校验和是否正确。若①和②均成立，则回送应答信息 0xA0 与本机机号之和，同时将本机机号送 P2 口显示，表示主机正在与该从机通信；若①和②不同时成立，则将 0xFF 送 P2 口显示，表示本机空闲。主机收到应答后，在 P2 口显示应答信息。

将已知条件代入定时器 T2 作为波特率发生器公式（7-9）或查表 7-3，可得（RCAP2H，RCAP2L）为 0FFDCH。

主程序如下：

```
#include <reg52.h>
#include <string.h>
#define byte unsigned char
#define uchar unsigned char
#define word unsigned int
#define uint unsigned int
#define ulong unsigned long
#define BYTE unsigned char
```

```
#define WORD  unsigned int
#define TRUE  1
#define FALSE 0
sbit CTRL_BUTTON = P1^7;                          //P1.7=0，开始发送；P1.7=1，停止发送
void initUart(void);                              //初始化串口波特率，使用定时器2
void time(unsigned int ucMs);                     //延时单位为ms
uchar idata  ucSendBuf[20];                       //发送数据缓冲区
#define slaveNo ucSendBuf[0]                       //从机机号
#define tranSize ucSendBuf[2]                      // 数据长度
uchar idata databuf[10]={0x21,0x22,0x23,0x24,0x25,0x26,0x27,0x28,0x29,0x2a};
/******** 组织发送数据包 ********/
void arrange_data (uchar macno,uchar cmd,uchar datasize,uchar* sdata) {
uchar i,pf=0;
    ucSendBuf[0]=macno;                           //机号
    ucSendBuf[1]=cmd;                             //命令字
    ucSendBuf[2]=datasize;                        //数据长度
    memcpy(&ucSendBuf[3],sdata,datasize);         //发送数据
    ucSendBuf[datasize+3]=0;                       //校验和初始值为0
    for(i=0;i<datasize+3;i++){                     //计算校验和
        pf = pf + ucSendBuf[i];
    }
    ucSendBuf[datasize+3] = pf;
}
/******** main 函数 ********/
void main (void) {
uchar  i,j;
uint time Over;
    time(1);                                      //延时等待外围器件完成复位
    initUart();                                   //初始化串口
    while(TRUE){
        for(i=1;i<=3;i++){                        //实际连接从机 3 个
            arrange_data(i,6,8,databuf);          //组织发送数据
            P2=ucSendBuf[0];time(800);            /*显示欲连接从机机号*/
            TB8=1;
            SBUF=ucSendBuf[0];while(!TI){}TI=0;
            time(800);
            for(j=1;j<ucSendBuf[2]+4;j++){        //发送数据
                TB8=0;
                SBUF=ucSendBuf[j];
                while(!TI){}TI=0;
                time(1);
            }
            SM2=0;
            //等待从机返回信息，从机应答超时判断
            timeOver=0;
            while((RI==0)&&(timeOver<=300)){
                timeOver++;
            }RI=0;
            if(timeOver<300)
                P2=SBUF;        //显示从机应答信息
```

```
                    time(1000);
                }
            }
}
/********** 初始化串口波特率 ************/
void initUart(void){                      //初始化串口波特率，使用定时器2
    SCON = 0xd0;                          //串口工作在方式3
    RCAP2H=(65536-(3456/96))>>8;
    RCAP2L=(65536-(3456/96))%256;
    T2CON=0x34;                           //设置使用 T2 产生接收和发送数据的时钟
}
void time(unsigned int ucMs){             //延时单位：ms
#define DELAYTIMES 239
unsigned char ucCounter;                  //延时设定的循环次数
    while(ucMs! =0){
        for(ucCounter=0;ucCounter<DELAYTIMES;ucCounter++) ;
        ucMs--;
    }
}
```

从机1程序如下，其他各从机程序详见本程序代码。

```
#include  <reg52.h>
#define byte unsigned  char
#define uchar unsigned  char
#define word unsigned  int
#define uint unsigned  int
#define ulong unsigned  long
#define BYTE  unsigned char
#define WORD  unsigned int
#define TRUE  1
#define FALSE 0
sbit CTRL_BUTTON = P1^6;                 //P1.6=0，开始发送；P1.6=1，停止发送
void time(unsigned int ucMs);            //延时单位为 ms
void initUart(void);                     //初始化串口波特率，使用定时器2
uchar idata  ucReciBuf[21];              //接收数据缓冲区
/******** main 函数 *********/
void main (void) {
    time(1);                             //延时等待外围器件完成复位
    initUart();                          //初始化串口
    IE=0x90;                             //打开串口中断
    while(TRUE)
EA=1;
}
/********** 初始化串口波特率 ************/
void initUart(void){                     //初始化串口波特率，使用定时器 T2
    SCON = 0xf0;                         //串口工作在方式3
    RCAP2H=(65536-(3456/96))>>8;
    RCAP2L=(65536-(3456/96))%256;
T2CON=0x34;                              //设置使用 T2 产生接收和发送数据的时钟
}
```

```
/*********** 串行口中断服务程序***************/
void serialport0_int(void) interrupt 4 {
uchar i,pf=0;
EA=0;
RI=0;ucReciBuf[0]=SBUF;                          //机号
if(ucReciBuf[0]==0x01) SM2=0;
    while(RI==0){}RI=0;ucReciBuf[1]=SBUF;  //命令字
    while(RI==0){}RI=0;ucReciBuf[2]=SBUF;  //数据长度
    for(i=3;i<(ucReciBuf[2]+4);i++){         //后续数据
        while(RI==0){}RI=0;ucReciBuf[i]=SBUF;
    }
 for(i=0;i<(ucReciBuf[2]+3);i++){             //计算校验和
        pf = pf + ucReciBuf[i];
    }
    if((ucReciBuf[0]==01H)&&(pf==ucReciBuf[ucReciBuf[2]+3])){
                        //是本机且校验和正确, 应答信息为 0xa0 与机号之和
        P2=ucReciBuf[0];                     //显示本机机号
        SBUF=ucReciBuf[0]+0xa0;              //回送应答信息
        while(TI==0){}TI=0;
    }
    Else
        P2=0xff;                             //显示 0xff
}
void time(unsigned int ucMs){              //延时单位: ms
#define DELAYTIMES 239
unsigned char ucCounter;                   //延时设定的循环次数
    while(ucMs! =0){
        for(ucCounter=0;ucCounter<DELAYTIMES;ucCounter++) ;
        ucMs--;
        }
}
```

7.6 PC 与单片机间的通信

7.6.1 PC 与单片机的点对点通信设计

1. 硬件接口电路

工业化的迅猛发展对信息的传输、交换和处理等提出了更高的要求。在功能比较复杂的控制系统和数据采集系统中，一般常用 PC 作为主机，单片机作为从机。单片机通过串行口与 PC 机的串行口相连，将采集到的数据传送至 PC 机，再在 PC 机上进行数据处理。由于单片机的输入输出是 TTL 电平，而 PC 机配置的都是 RS232 标准串行接口，表 7-4 为 9 针 D 型连接器（插座）DB9 的引脚说明，其引脚定义如图 7-29 所示，对应的阴头用于连接线侧。由于两者的电平不匹配，必须将单片机输出的 TTL 电平转换为 RS232 电平。单片机与 PC 机的串行通信连接如图 7-30 所示。

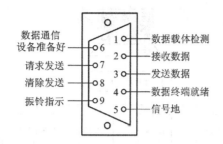

图 7-29　D 型 9 针插头引脚定义

表 7-4　　　　　　　　　　　　　　　DB9 的引脚说明

插针序号	功能说明	符号	信号方向
1	数据载波检测	DCD	DTE←DCE
2	接收数据	RXD	DTE←DCE
3	发送数据	TXD	DTE→DCE
4	数据终端准备	DTR	DTE→DCE
5	信号地	GND	
6	数据设备准备好	DSR	DTE←DCE
7	请求发送	RTS	DTE→DCE
8	清除发送	CTS	DTE←DCE
9	振铃指示	DELL	DTE←DCE

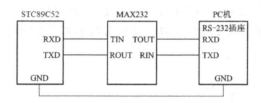

图 7-30　PC 与单片机的串行通信连接

2. 程序设计思想

通信程序设计分为 PC（上位机）程序设计与单片机（下位机）程序设计。

为了充分发挥高级语言（如 C、BASIC）编程简单、调试容易、制图作表能力强的优点和汇编语言执行速度快的特点，PC 机软件可采用 VC、VB 等语言编写的主程序调用汇编程序的方法，即 PC 机的主程序采用 C 语言编写，通信子程序由 PC 机汇编语言编写。在实际开发调试单片机端的串口通信程序时，也可以使用 STC 系列单片机下载程序中内嵌的串口调试程序或其他串口调试软件（如串口调试精灵软件）来模拟 PC 机端的串口通信程序。这也是在实际工程开发中，特别是团队开发时常用的办法。

7.6.2　PC 与多个单片机的串行通信接口设计

在工控系统（尤其是多点现场工控系统）设计实践中，单片机与 PC 机组合构成分布式测控系统是一个重要的发展方向。在图 7-31 中，PC 机与单片机间的通信采用主从方式，PC 机为主机，单片机为从机，由 PC 机确定与哪个单片机进行通信。

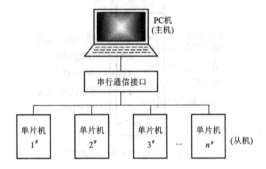

图 7-31　PC 与多台单片机构成小型的分布式测控系统

这种分布式测控系统在许多实时工业控制和数据采集系统中,充分发挥了单片机功能强、抗干扰性好、面向控制等优点,同时又可利用 PC 机弥补单片机在数据处理和交互性等方面的不足。在系统中,主机定时扫描前沿单片机,以便采集数据或发送控制信息。以 STC89C52 为核心的智能式测量和控制仪表(从机)既能独立地完成数据处理和控制任务,又可将数据传送给主机。PC 机将这些数据进行处理、显示、打印,同时将各种控制命令传送给各子机,实现集中管理和最优控制,特别是某子机系统的故障不会影响其他子系统的正常工作。要组成一个这样的分布式测控系统系统,首先要解决 PC 机与单片机之间的串行通信接口问题。

下面以 RS485 串行多机通信为例,说明 PC 机与数台 STC89C52 单片机进行多机通信的接口电路设计方案。由于 PC 机都配置有 RS232C 串行标准接口,可通过转换电路转换成 RS485 串行接口。STC89C52 单片机具有 1 个全双工的串行口,该串行口加上驱动电路后就可实现 RS485 串行通信。在图 7-32 中,单片机的串行口通过 75176 芯片驱动后可转换成 RS485 标准接口,根据 RS485 标准接口的电气特性,从机数量不多于 32 个。

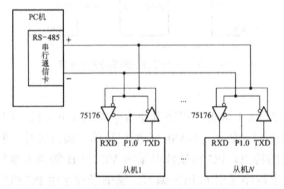

图 7-32　PC 与 STC89C52 单片机串行通信接口电路

7.7　小结

串行通信有异步通信和同步通信两种方式。异步通信按字符传输,每传送一个字符,就用起始位来进行收发双方的同步;同步通信进行数据传送时,发送和接收双方要保持完全同步,因此要求接收和发送设备必须使用同一时钟。同步传送的优点是可以提高传送速率,但硬件较复杂。

单片机串行通信的数据通路形式有单工、半双工、全双工三种形式。异步通信时可能会出现帧格式错、超时错等传输错误。校验传输错误的方法有奇偶校验、和校验、循环冗余码校验以及海明码校验。

与 STC89C52 单片机串行通信相关的寄存器包括：SBUF、SCON 和 PCON、SADEN 和 SADDR。其中读写 SBUF 缓冲器共用一个字节地址 99H，发送 SBUF 只写不读，而接收 SBUF 只读不写；用于串行口通信控制的寄存器 SCON 用于通信方式的选择、接收和发送控制通信状态的指示。为了方便多机通信，STC89C52 单片机设置了从机地址控制寄存器 SADEN 和 SADDR。

需要加以理解和注意的是，TB8 用于存储发送数据的第 9 位，RB8 用于存储接收数据的第 9 位。它们既可作为编程校验位使用，又可作为控制位使用。在多机通信中，经常把该位用做数据帧和地址帧的标识。SM2 为多机通信控制位。

STC89C52 单片机的串行接口有 4 种工作方式。方式 0 为同步通信方式，以 8 位数据为一帧，主要用于单片机 I/O 接口的扩展。其他 3 种工作方式均为异步通信方式，其中方式 1 的数据帧格式为 10 位，包括包括 1 个起始位、8 个数据位、一个可编程位（D8）和一个停止位；方式 2 和方式 3 的数据帧格式都是 11 位，包括 1 个起始位、8 个数据位、一个可编程位（D8）和一个停止位。可编程位（D8）可以由软件置 1 或者清零，存放在 TB8 中，发送时连同 8 位数据共同通过串行通信总线发出。接收端将依次接收到的 D0～D7 装入接收 SBUF 中，发送的可编程位（D8）存入 RB8 中。

在 STC89C52 单片机串行口的 4 种工作方式中，方式 0、方式 2 的波特率都是固定数值，方式 1、方式 3 的波特率是可变的，可以通过定时器 1 或者定时器 2 设定，一般当定时器 1 作为波特率发生器使用时，经常选择工作在方式 2。当设置定时器 T2 作为波特率发生器，定时器 T2 的溢出脉冲经 16 分频后作为串行口发送脉冲及接收脉冲。

7.8 习题

1. 什么是串行异步通信，它有哪些作用？
2. STC89C52 单片机的串行口由哪些功能部件组成？各有什么作用？
3. 简述串行口接收和发送数据的过程。
4. STC89C52 串行口有几种工作方式？有几种帧格式？各工作方式的波特率如何确定？
5. 若异步通信接口按方式 3 传送，已知其每分钟传送 3600 个字符，其波特率是多少？
6. STC89C52 中 SCON 的 SM2、TB8、RB8 有何作用？
7. 假设串行口以方式 3 发送一个地址帧，地址信息为 15H，请画出该串行帧的波形图。
8. 设单片机主频为 12MHz，求用 T1 产生波特率时的初始值，并计算波特率误差。
9. 在串行通信中，收发双方对波特率的设定应该是（　　）的。
10. 判断下列说法是否正确：
（1）串行通讯的第 9 位数据的功能可有用户定义。
（2）方式 2 或 3 时，发送的第 9 位数据应预先写入到 TB8。
（3）串行通讯发送时，TB8 的状态送入 SBUF 中。
（4）方式 1 的串行帧为每帧 11 位。

（5）串行口中断标志 TI 和 RI 既可以软件清除也可以硬件清除。

11．通过串行口发送或接收数据时，在程序中应使用（　　　　）。

A．MOVC 指令 　　　　　　　　　B．MOVX 指令

C．MOV 指令 　　　　　　　　　　D．XCHD 指令

12．简述利用串行口进行多机通信的原理。

13．什么叫定时器的溢出率，它有何意义？

14．为什么 STC89C52 单片机串行口的方式 0 帧格式没有起始位（0）和停止位（1）？

15．直接以 TTL 电平进行串行传输数据的方式有什么缺点？

16．为什么在串行传输距离较远时，常采用 RS-232C、RS-422A 和 RS-485 标准串行接口来进行串行数据传输？比较 RS-232C、RS-422A 和 RS-485 标准串行接口的优缺点。

17．STC89C52 单片机以串行方式 1 发送数据，波特率为 9600bps。若发送 1KB 数据，问至少要用多少时间？

18．若单片机晶振频率为 11.0592MHz,串行口工作于方式 3，波特率为 2400 波特，写出定时器方式控制字并计算定时器计数初始值。

19．STC89C52 单片机以串行口方式 1 发送 960B 数据用时 1 秒，试计算其波特率。

20．已知双机通信的波特率为 2400 波特,晶振频率为 11.0592MHz,采用中断方式应用 C51 编程，实现将发送机中数组 Buffer[10]的数据传输到接收机，并存储到接收机的 Receiver[]数组。编写双机通信程序。

第 **8** 章 STC89C52 单片机存储器的扩展

传统的 8051 系列单片机只有 128B（8051）/256B（8052）RAM 供用户使用。STC89C51 RC/RD+系列单片机（包括了 STC89C52RC）片内数据存储器除内部 RAM 之外，还包含了内部扩展的 RAM，其片上集成的数据存储器有 512B/1280B。STC89C51RC/RD+系列单片机内部集成了 4KB~64KB 的 Flash 程序存储器，用 ISP/IAP 技术读写内部 Flash 来实现的 EEPROM 最小有 2KB，最大有 16KB，基本上能很好地满足项目的需要，节省了片外资源，达到了降低成本的目的，使用起来也更加方便。这些资源对于小型的测控系统已经足够，但对于较大的应用若单片机内部集成的存储器还不能满足需求，就需要对 STC89C52RC 单片机进行外部程序存储器和外部数据存储器的扩展。

8.1 系统扩展结构

STC89C52 单片机采用总线结构，使扩展易于实现。由图 8-1 可以看出，系统扩展主要包括存储器扩展和 I/O 接口部件扩展。当系统要求扩展时，应将其外部连线变为与一般 CPU 类似的三总线结构形式，即地址总线（Address Bus,AB）、数据总线（Data Bus,DB）和控制总线（Control Bus,CB）。其中，地址总线用于传送单片机发出的地址信号，以便进行存储单元和 I/O 接口芯片中的寄存器单元的选择；数据总线用于单片机与外部存储器之间或与 I/O 接口之间传送数据，为双向；控制总线是单片机发出的各种控制信号线。

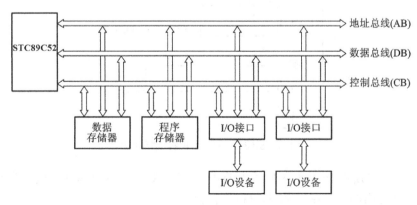

图 8-1　STC89C52 单片机的系统扩展结构

STC89C52 单片机的存储器扩展包括程序存储器扩展和数据存储器扩展。STC89C52 单片机采用程序存储器空间和数据存储器空间独立的哈佛结构。扩展后，系统形成了两个并行的外部存储器空间。

由于系统扩展是以 STC89C52 为核心，通过总线把单片机与各扩展部件连接起来。因此，要进行系统扩展首先要构造系统总线。

下面讨论单片机是如何来构造系统的三总线。

1. P0 口作为低 8 位地址/数据总线

STC89C52 受引脚数目限制，P0 口既用作低 8 位地址总线，又用作数据总线（分时复用），因此需增加一个 8 位地址锁存器。STC89C52 访问外部扩展的存储器单元或 I/O 接口时，先将低 8 位地址送地址锁存器锁存，锁存器输出作为系统的低 8 位地址（A7～A0）。

随后，P0 口又作为数据总线口（D7～D0），如图 8-2 所示。该口为三态数据双向口，是应用系统使用最为频繁的通道，单片机与外部进行信息交换，除少数通过 P1 口外，全部通过 P0 口传送。

2. P2 口作为高位地址线

P2 口用作系统的高 8 位地址线，再加上地址锁存器提供的低 8 位地址，便形成了 16 位的地址总线。使单片机系统的寻址范围达到 64KB。由于 P2 口有锁存功能，所以不需要外加锁存器。

3. 控制信号线

除地址线和数据线外，还要有系统的控制总线。这些信号有的就是单片机引脚的第一功能信号，有的则是 P3 口第二功能信号。包括：

（1）$\overline{\text{PSEN}}$ 作为外扩程序存储器的读选通控制信号。

（2）$\overline{\text{RD}}$ 和 $\overline{\text{WR}}$ 为外扩数据存储器和 I/O 的读、写选通控制信号。

（3）ALE 作为 P0 口发出的低 8 位地址锁存控制信号。

（4）$\overline{\text{EA}}$ 为片内外程序存储器的选择控制信号。

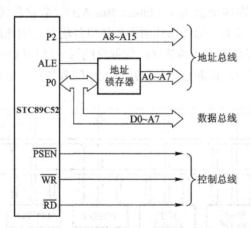

图 8-2　STC89C52 单片机扩展三总线结构

可见，STC89C52 的 PDIP40 HD 版本的 4 个并行 I/O 口，由于系统扩展的需要，能够真正作为数字 I/O 使用的就只剩下 P1 和 P3 的部分口线了。

8.2　地址锁存与地址空间分配

8.2.1　地址锁存

受引脚数的限制，STC89C52 的 P0 口兼作数据线和低 8 位地址线，为了将地址和数据信息区分开来，需要在 P0 口外部增加地址锁存器，即将地址信息的低 8 位锁存后输出。锁存器的锁存控制信号采用 ALE 实现。在每个机器周期，ALE 两次有效，可以利用地址锁存器在 ALE 的下降沿将 P0 口输出的地址信息锁存，当 ALE 转为低电平时，P0 输出 8 位数据信息。

目前，常用的地址锁存器芯片有 74LS373、74LS573 等。

1. 锁存器 74LS373

74LS373 芯片内部由 8 路 D 触发器和 8 个三态缓冲器组成。其内部结构如图 8-3 所示，引脚如图 8-4 所示。

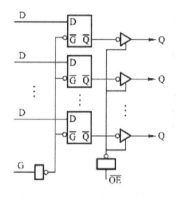

图 8-3　74LS373 的内部结构

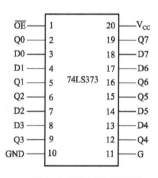

图 8-4　74LS373 的引脚

引脚说明：

D7～D0：8 位数据输入线，

Q7～Q0：8 位数据输出线。

G：数据输入锁存选通信号。当加到该引脚的信号为高电平时，外部数据选通到内部锁存器，负跳变时，数据锁存到锁存器中。

$\overline{\text{OE}}$：数据输出允许信号，低电平有效。当该信号为低电平时，三态门打开，锁存器中数据输出到数据输出线。当该信号为高电平时，输出线为高阻态。

STC89C52 与 74LS373 锁存器的连接如图 8-5 所示。当 G 端为高电平时，373 的数据输出端 Q 的状态与数据输入端 D 相同。当 G 端从高电平返回到低电平时（下降沿后），输入端的数据就被锁存在锁存器中，数据输入端 D 的变化不再影响 Q 端输出。

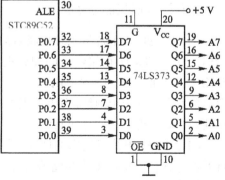

图 8-5　STC89C52 单片机 P0 口与 74LS373 的连接

74LS373 锁存器功能见表 8-1。

表 8-1 74LS373 功能表

$\overline{OE}$	G	D	Q
0	1	1	1
0	1	0	0
0	0	×	不变
1	×	×	高阻态

2. 锁存器 74LS573

74LS573 也是一种带有三态门的 8D 锁存器，功能及内部结构与 74LS373 完全一样，只是其引脚排列与 74LS373 不同，图 8-6 为 74LS573 引脚图。与 74LS373 相比，74LS573 的输入 D 端和输出 Q 端依次排列在芯片两侧，为绘制印制电路板提供了方便。

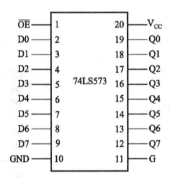

图 8-6 74LS573 引脚图

引脚说明：

D7～D0：8 位数据输入线。

Q7～Q0：8 位数据输出线。

G：数据输入锁存选通信号，该引脚与 74LS373 的 G 端功能相同。

$\overline{OE}$：数据输出允许信号，低电平有效。当该信号为低电平时，三态门打开，锁存器中数据输出到数据输出线。当该信号为高电平时，输出线为高阻态。

8.2.2 地址空间分配

从 STC89C52 单片机系统扩展结构可知，扩展后，单片机系统形成了两个并行的外部存储器空间，即程序存储器空间和数据存储器空间。两个独立空间的最大可寻址能力均为64KB。如何把片外的两个 64KB 地址空间分配给各个程序存储器、数据存储器芯片，使一个存储单元只对应一个地址，避免单片机发出一个地址时，同时访问两个单元，发生数据冲突。这就是存储器地址空间分配问题。

STC89C52 单片机发出的地址码用于选择某个存储器单元，在这个过程中单片机必须进行两种选择：一是选中该存储器芯片，称为"片选"，未被选中的芯片不能被访问。二是在"片选"的基础上再根据单片机发出的地址码来对"选中"芯片的某一单元进行访问，即"单元选择"。为实现片选，存储器芯片都有片选引脚。同时也都有多条地址线引脚，以便进行单元选择。

"片选"和"单元选择"都是单片机通过地址线一次发出的地址信号来完成选择的。

本书讲解时把单片机系统的地址线笼统地分为低位地址线和高位地址线，片选都是使用高位地址线。实际上，16 条地址线中的高、低位地址线的数目并不是固定的，只是习惯上把用于"单元选择"的地址线，都称为低位地址线，其余的为高位地址线。

常用的存储器地址空间分配方法有两种：线性选择法（简称线选法）和地址译码法（简称译码法）。

1. 线选法

线选法一般只适用于外扩少量的片外存储器和 I/O 接口芯片。所谓线选法，通常是指直接利用单片机系统的某一高位地址线作为存储器芯片（或 I/O 接口芯片）的"片选"控制信号。为此，只需要把用到的高位地址线与存储器芯片的"片选"端直接连接即可。

线选法的优点是电路简单，不需要另外增加地址译码器硬件电路，体积小，成本低。缺点是可寻址的芯片数目受到限制，芯片之间地址不连续，地址空间没有充分利用。

2. 译码法

对于一些外扩芯片数量较多的应用系统，需要的片选信号往往多于可利用的高位地址线，因此无法使用线选法扩展外围芯片。此时，可使用译码器对 STC89C52 单片机的高位地址进行译码，将译码输出作为存储器芯片的片选信号。这种方法能够有效地利用存储器空间。

常用的译码器芯片有 74LS138、74LS139 和 74LS154。若全部高位地址线都参加译码，称为全译码；若仅部分高位地址线参加译码，称为部分译码。部分译码存在着部分存储器地址空间相重叠的情况。

下面介绍两种常用的译码器芯片。

（1）74LS138

74LS138 是 3 线-8 线译码器，有 3 个数据输入端，经译码产生 8 种状态。引脚如图 8-7 所示，真值表见表 8-2。由该表可知，当一个选通端为 G1 为高电平，且另外两个选通端 $\overline{G2A}$ 和 $\overline{G2B}$ 为低电平时，可将输入端 C、B、A 的二进制编码在一个对应的引脚输出端以低电平译出。其余引脚输出均为高电平。此时，可将输出为低电平的引脚作为某一存储器芯片的片选信号。

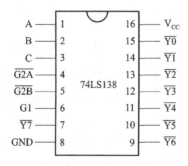

图 8-7　74LS138 引脚图

表 8-2 74LS138 真值表

输入端						输出端							
G1	$\overline{G2A}$	$\overline{G2B}$	C	B	A	$\overline{Y7}$	$\overline{Y6}$	$\overline{Y5}$	$\overline{Y4}$	$\overline{Y3}$	$\overline{Y2}$	$\overline{Y1}$	$\overline{Y0}$
1	0	0	0	0	0	1	1	1	1	1	1	1	0
1	0	0	0	0	1	1	1	1	1	1	1	0	1
1	0	0	0	1	0	1	1	1	1	1	0	1	1
1	0	0	0	1	1	1	1	1	1	0	1	1	1
1	0	0	1	0	0	1	1	1	0	1	1	1	1
1	0	0	1	0	1	1	1	0	1	1	1	1	1
1	0	0	1	1	0	1	0	1	1	1	1	1	1
1	0	0	1	1	1	0	1	1	1	1	1	1	1
其他状态			×	×	×	1	1	1	1	1	1	1	1

注：1 表示高电平，0 表示低电平，×表示任意。

（2）74LS139

双 2 线-4 线译码器。这两个译码器完全独立，分别有各自的数据输入端、译码状态输出端以及数据输入允许端，其引脚如图 8-8 所示，真值表见表 8-3（只给出其中一组）。

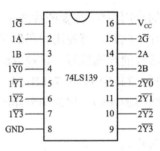

图 8-8　74LS139 引脚图

表 8-3 74LS139 真值表

输入端			输出端			
$\overline{G}$	B	A	$\overline{Y3}$	$\overline{Y2}$	$\overline{Y1}$	$\overline{Y0}$
0	0	0	1	1	1	0
0	0	1	1	1	0	1
0	1	0	1	0	1	1
0	1	1	0	1	1	1
1	×	×	1	1	1	1

下面以 74LS138 为例，采用全地址译码方式，介绍如何进行地址分配。例如，单片机要扩展 8 片 8KB 的 SRAM 6264，如何通过 74LS138 把 64KB 空间分配给各个芯片？

依照 74LS138 的译码逻辑，将 P2.7、P2.6、P2.5 这 3 条高位地址线分别接 74LS138 的 C、B、A 端，这样译码器的 8 个输出 $\overline{Y0}\sim\overline{Y7}$，分别接到 8 片 6264 的片选端，即可实现 8 选 1 的片选。低 13 位地址（P2.4～P2.0，P0.7～P0.0）完成对选中的 6264 芯片中的各个存储单元的单元选择。这样就把 64KB 存储器空间分成 8 个 8KB 空间了,地址空间分配如图 8-9 所示。图中,与地址无关的电路部分均未画出。扩展的 8 片 6264 的地址空间连续,而且没有地址重叠的现象。

在本例中,如果将 $\overline{Y7}$ 接到一片 6116,芯片容量只有 2KB,那么 E000H～E7FFH,E800H～EFFFH,F000H～F7FFH,F800H～FFFFH 这 4 个 2KB 空间都对应 6116 芯片,也就是说,即使采用全地址译码法,也仍然会有地址重叠现象。

采用译码器划分的地址空间块都是相等的,如果将地址空间块划分为不等的块,可采用可编程逻辑器件 FPGA 对其编程来代替译码器进行非线性译码。

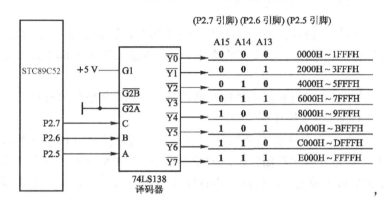

图 8-9　64KB 地址空间划分成 8 个 8KB 空间

8.3　程序存储器的扩展

外部程序存储器的种类单一,常采用只读存储器。只读存储器简称 ROM(Read Only Memory)。ROM 中的信息一旦写入,就不能随意更改,特别是不能在程序运行过程中写入新的内容,故称为只读存储器。这种存储器在电源关断后,仍能保存程序(我们称此特性为非易失性的),在系统上电后,CPU 可取出这些指令重新执行。

向 ROM 中写入信息称为 ROM 编程。根据编程方式不同,分为以下几种。

(1)掩模 ROM:编程以掩模工艺实现,因此称为掩模 ROM。这种芯片存储结构简单,集成度高,但由于掩模工艺成本较高,因此只适合于大批量生产。

(2)可编程 ROM(PROM):芯片出厂时没有任何程序信息,需要用独立的编程器写入。但 PROM 只能写一次,写入内容后,就不能再修改。

(3)EPROM:用紫外线擦除,用电信号编程。在芯片外壳的中间位置有一个圆形窗口,对该窗口照射紫外线就可擦除原有的信息。使用编程器可将调试完毕的程序写入。

(4)EEPROM(EEPROM):是一种使用电信号编程以及电信号擦除的 ROM 芯片。对 EEPROM 的读写操作与 RAM 存储器几乎没有什么差别,只是写入的速度慢一些,但断电后仍能保存信息。

(5)Flash ROM:称为闪速存储器(简称闪存),是在 EPROM、EEPROM 的基础上发展起来的一种电擦除型只读存储器。特点是可快速在线修改其存储单元中的数据,改写次数可达 1 万次,其读写速度很快,存取时间可达 70ns,而成本比 EEPROM 低得多。由于 Flash ROM

具有低成本和快速电擦写的特性，更受用户欢迎，目前大有取代 EEPROM 的趋势。

由于超大规模集成电路制造工艺的发展，芯片集成度愈来愈高，扩展程序存储器时使用的 ROM 芯片数量越来越少，因此芯片的选择多采用线选法，而地址译码法用的渐少。并且目前许多单片机生产厂家生产的 8051 内核的单片机，在芯片内部集成了数量不等的 Flash ROM，如 STC89C51RC/RD+系列单片机内部集成了 4KB～64KB 的 Flash ROM，能满足绝大多数用户的需要，性价比高。在片内集成的 Flash ROM 满足要求的情况下，用户没有必要再扩展外部程序存储器。

8.3.1　外扩程序存储器的操作时序

STC89C52 单片机应用系统的扩展方法较为简单容易，这是由单片机的优良扩展性能决定的。单片机的地址总线为 16 位，扩展的片外 ROM 的最大容量为 64KB，地址为 0000H～FFFFH。

STC89C52 单片机访问片外扩展的程序存储器时，所用的控制信号有以下 3 种。

（1）ALE：用于低 8 位地址锁存控制。

（2）$\overline{PESN}$：片外程序存储器"读选通"控制信号。它接外扩 EPROM 的 $\overline{OE}$ 引脚。

（3）$\overline{EA}$：片内、片外程序存储器访问的控制信号。当 $\overline{EA}$ =1 时，在单片机发出的地址小于片内程序存储器最大地址时，访问片内程序存储器；当 $\overline{EA}$ =0 时，只访问片外程序存储器。

扩展的片外 RAM 的最大容量也为 64KB，地址为 0000H～FFFFH。但由于 STC89C52 采用不同的控制信号和指令（CPU 对 ROM 的读操作由 $\overline{PSEN}$ 控制，指令用 MOVC 类；CPU 对 RAM 读、写操作分别用 $\overline{RD}$ 和 $\overline{WR}$ 控制，指令用 MOVX），所以，尽管 ROM 与 RAM 的地址是重叠的，也不会发生混乱。

STC89C52 对片外 ROM 的操作时序分两种，即执行非 MOVX 指令的时序和执行 MOVX 指令的时序，如图 8-10（a）、（b）所示。

1. 应用系统无片外 RAM

硬件系统没有外扩 RAM（或 I/O）时，不用执行 MOVX 指令。在执行非 MOVX 指令时，时序如图 8-10（a）所示。P0 口作为地址/数据复用的双向总线，用于输入指令或输出程序存储器的低 8 位地址 PCL。在每个机器周期中，地址锁存控制信号 ALE 两次有效，同时，$\overline{PSEN}$ 也是每个机器周期中两次有效。当 ALE 上升为高电平后，P2 口输出高 8 位地址 PCH，P0 口输出低 8 位地址 PCL；ALE 下降为低电平后，P2 口信息保持不变，而 P0 口将用来读取片外 ROM 中的指令。因此，低 8 位地址必须在 ALE 降为低电平之前由外部地址锁存器锁存起来。在 PSEN 输出负跳变选通片外 ROM 后，P0 口转为输入状态，读入片外 ROM 的指令字节。

2. 应用系统扩展了片外 RAM

在执行访问片外 RAM（或 I/O）的 MOVX 指令时，16 位地址应转而指向数据存储器，时序如图 8-10（b）所示。在指令输入以前，P2 口输出的地址 PCH、PCL 指向程序存储器；在指令输入并判定是 MOVX 指令后，ALE 在该机器周期 S5 状态锁存的是 P0 口发出的片外 RAM（或 I/O）低 8 位地址。若执行的是"MOVX　A,@DPTR"或"MOVX　@DPTR,A"指令，则此地址就是 DPL（数据指针低 8 位）；同时，在 P2 口上出现的是 DPH（数据指针的高 8 位）。若执行的是"MOVX　A,@Ri"或"MOVX　@Ri,A"指令，则 Ri 的内容为低 8

位地址,而 P2 口线上将是 P2 口锁存器的内容。在同一机器周期中将不再出现有效取指信号,下一个机器周期中 ALE 的有效锁存信号也不再出现;当 $\overline{RD}/\overline{WR}$ 有效时,P0 口将读/写数据存储器中的数据。

从图 8-10(b)可以看出,执行一次 MOVX 指令就会丢失一个 ALE 脉冲,且在执行 MOVX 指令时的第二个机器周期中,才对片外 RAM(或 I/O)进行读/写,地址总线才由数据存储器使用。

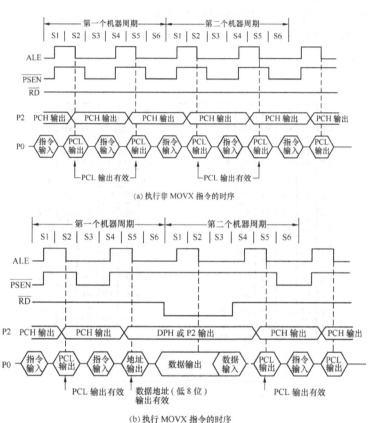

图 8-10　片外扩展 ROM 的操作时序

8.3.2　程序存储器的扩展方法

1. 常用的 EPROM 芯片

程序存储器的扩展使用比较多的是与单片机的连接为并行接口的 EPROM。

EPROM 的典型芯片是 27 系列产品,型号 "27" 后面的数字表示其位存储容量。如果换算成字节容量,只需将该数字除以 8 即可。例如,"27128"中的"27"后的数字"128",对应 16KB 的字节容量。随着大规模集成电路技术的发展,大容量存储器芯片产量剧增,售价不断下降,性价比明显增高,且由于小容量芯片停止生产,使市场某些小容量芯片价格反而比大容量芯片还贵。所以,应尽量采用大容量芯片。

目前常用的 EPROM 芯片有 2764(8KB)、27128(16KB)、27256(32KB)、27512(64KB)。27 系列 EPROM 芯片的引脚如图 8-11 所示,主要技术特性如表 8-4 所示。

图 8-11 中芯片的引脚功能如下：

A0～A15：地址线引脚。它的数目由芯片的存储容量决定，用于进行单元选择。

D7～D0：数据线引脚。

$\overline{CE}$：片选控制端。

$\overline{OE}$：输出允许控制端。

$\overline{PGM}$：编程时，编程脉冲的输入端。

V_{PP}：编程时，编程电压（+12V 或+25V）输入端。

V_{CC}：+5V，芯片的工作电压。

GND：数字地。

NC：无用端。

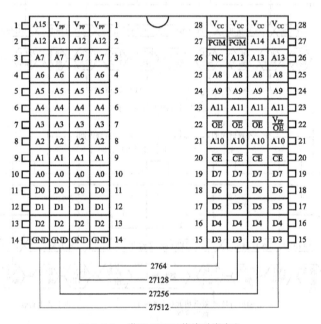

图 8-11　常用 EPROM 芯片引脚定义

表 8-4　常见 EPROM 芯片的主要技术特性

芯片型号	容量/kB	引脚数	工作电压/V	编程电压/V	读出时间/ns	最大工作电流/mA	最大维持电流/mA
Intel2732	4	24	5	12.5	100～300	100	35
Intel2764	8	28	5	12.5	100～200	75	35
Intel27128	16	28	5	12.5	100～300	100	40
Intel27256	32	28	5	12.5	100～300	100	40
Intel27512	64	28	5	12.5	100～300	125	40

EPROM 芯片一般有读出、未选中、编程、程序校验、编程禁止 5 种工作方式，其工作方式的控制见表 8-5。

表 8-5 EPROM 芯片的工作方式的控制

工作方式	$\overline{CE}/PGM$	$\overline{OE}$	D7～D0
读出	0	0	程序输出
未选中	0	×	高阻
维持	1	×	高阻态
编程	正脉冲	1	程序写入
程序校验	0	0	程序读出
编程禁止	1	1	高阻

（1）读出方式。一般情况下，EPROM 工作在独处方式。当 $\overline{CE}$ 为低电平，$\overline{OE}$ 为低电平，V_{PP} 为+5V，就可将 EPROM 指定地址单元的内容从 D7～D0 上读出。

（2）未选中方式。当 $\overline{CE}$ 为高电平时，芯片进入未选中方式，这时数据输出为高阻悬浮状态，不占用数据总线。EPROM 处于低功耗的维持状态。

（3）编程方式。在 V_{PP} 端加上规定好的高压，$\overline{CE}$ 和 $\overline{OE}$ 端加上合适的电平（不同芯片要求不同），可将数据写入到指定地址单元。编程地址和编程数据分别由系统的 A15～A0 和 D7～D0 提供。

（4）编程校验方式。V_{PP} 端保持相应的编程电压，按读出方式操作，读出固化好的内容，校验写入内容是否正确。

（5）编程禁止方式。编程禁止方式不能写入程序，输出呈现高阻状态。

2. STC89C52 单片机与 EPROM 的接口电路设计

由于 STC89C51RC/RD+系列单片机内部集成了 4KB～64KB 的 Flash ROM，所以在设计中,可根据实际需要来决定是否外部扩展 EPROM。当系统的应用程序不大于单片机片内的 Flash ROM 容量时，扩展外部程序存储器的工作可省略。但是作为扩展外部程序存储器的基本方法，读者还是应该掌握。

图 8-12 为 16KB ROM（27128）的扩展电路。更大容量的 27256、27512 与 STC89C52 的连接，差别仅在于连接的地址线数目不同。

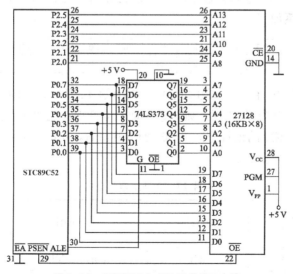

图 8-12　STC89C52 与 27128 的接口电路

STC89C52 的 P0 口接地址锁存器 74LS373,将低 8 位的地址锁存后再接到 27128 的 A0～A7 上。将 STC89C52 的地址锁存控制信号线 ALE 接 373 锁存器控制端 G,当 ALE 发生负跳变时,74LS373 将低 8 位地址锁存,P0 口方可作为数据线使用。27128 的高位地址线有 6 条:A8～A13,直接接到 P2 口的 P2.0～P2.4 即可。

在设计接口电路时,由于外扩的 EPROM 在正常使用中只读不写,故 EPROM 芯片只有读出控制引脚$\overline{OE}$,该引脚与 STC89C52 单片机的$\overline{PSEN}$相连。

由于是单片 EPROM 扩展,所以不需要考虑片选问题,27128 的片选端$\overline{CE}$直接接地。当然也可接到某一高位地址线上(A15 或 A14)进行线选或接某一地址译码器的输出端。

与单片 EPROM 扩展电路相比,多片 EPROM 的扩展除片选端$\overline{CE}$外,其他均与单片扩展电路相同。图 8-13 所示为采用译码法扩展 4 片 27128 EPROM。

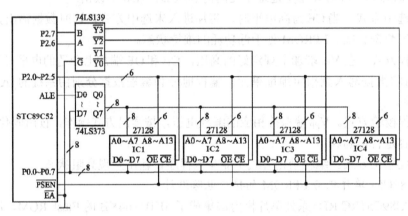

图 8-13 STC89C52 单片机与 4 片 27128EPROM 的接口电路

由于 27128 的容量为 16KB,片内地址线有 14 条。将高位剩余的 2 条地址线接到 74LS139 译码器的输入端 A、B,译码器使能端$\overline{G}$直接接地,输出端$\overline{Y0}$～$\overline{Y3}$分别接到 4 片 27128 的片选端。根据表 8-3 74LS139 的译码逻辑,$\overline{Y0}$～$\overline{Y3}$每次只能有一位输出为 0,因此只有输出为 0 的一端所连接的芯片才会被选中。若此时 P2.7=0、P2.6=0,选中 IC1。地址线 A15～A0 与 P2、P0 对应关系如下:

P2.7	P2.6	P2.5	P2.4	P2.3	P2.2	P2.1	P2.0	P0.7	P0.6	P0.5	P0.4	P0.3	P0.2	P0.1	P0.0
0	0	×	×	×	×	×	×	×	×	×	×	×	×	×	×

当 P2.7、P2.6 全为 0,P2.5～P2.0 与 P0.7～P0.0 这 14 条地址线的任意状态都能选中 IC1 的某一单元。当"×"全为"0"时,则为最小地址 0000H;当"×"全为"1"时,则为最大地址 3FFFH。因此,IC1 的地址空间为 0000H～3FFFH。同理,可得其他芯片的地址范围。各芯片的地址空间分布见表 8-6。

表 8-6　　　　　　　　　　4 片 27128 地址空间分布

译码器输入		译码器有效输出	选中芯片	地址范围	存储容量
P2.7	P2.6				
0	0	$\overline{Y0}$	IC1	0000H～3FFFH	16KB

译码器输入		译码器有效	选中芯片	地址范围	存储容量
P2.7	P2.6	输出			
0	1	$\overline{Y1}$	IC2	4000H~7FFFH	16KB
1	0	$\overline{Y2}$	IC3	8000H~BFFFH	16KB
1	1	$\overline{Y3}$	IC4	C000H~FFFFH	16KB

为了更清楚地讲述单片机与扩展的程序存储器的软、硬件间的关系，下面结合图 8-13 所示的译码电路，说明片外程序区读指令的过程。

3. 单片机片外程序区读指令的过程

单片机上电复位后，CPU 就从系统启动地址 0000H 处开始取指令，执行程序。取指令期间，低 8 位地址送 P0 口，经锁存器 A0~A7 输出。高 8 位地址送往 P2 口，直接由 P2.0~P2.5 锁存到 A8~A13 地址线上，P2.7、P2.6 作为 74LS139 译码输入产生片选控制信号。这样，根据 P2 口、P0 口状态则选中第一个程序存储器芯片 IC1（27128）的第一个单元地址 0000H。然后当 $\overline{PSEN}$ 变为低时，把 0000H 中指令代码经 P0 口读入内部 RAM 中进行译码，从而决定进行何种操作。在取出一个指令字节后，PC 自动加 1，然后取第二个字节，依次类推。当 PC=3FFFH 时，从 IC1 最后一个单元取指令，然后 PC = 4000H，CPU 向 P2 口、P0 口送出 4000H 地址时，则选中第二个程序存储器 IC2，IC2 的地址范围为 4000H~7FFFH，读指令过程同 IC1，不再赘述。

8.4　数据存储器的扩展

STC89C52 单片机内部仅有 512B 的数据存储器，可用于存放程序执行的中间结果和过程数据。这 512B 的内部数据存储器包含 256B 的内部 RAM 和 256B 的内部扩展 RAM。内部扩展的 256B RAM 在物理上属内部，而在逻辑上属外部。在系统需要大量数据缓冲的场合（如语言系统、商场收费 POS）中，可以通过在外部扩展较大容量的静态随机存储器（SRAM）或 Flash ROM 扩充系统的数据储存能力，扩展的最大容量为 64KB，地址为 0000H~FFFFH。

当设置特殊功能寄存器 AUXR（地址为 8EH）的 EXTRAM 位为 0 时，在 00H 到 FFH 单元（256 B），使用 MOVX @DPTR 指令访问的是内部扩展的 RAM，超过 0FFH 的地址空间将访问外部扩展的 RAM；而采用 MOVX @Ri 只能访问片内扩展的 00H 到 FFH 单元。

有些应用系统在外部扩展了 I/O 或者使用片选去选择多个 RAM 区时，与内部扩展的 RAM 逻辑地址上有时会冲突，这时可以将 EXTRAM 设置为"1"，禁止访问此内部扩展的 EXTRAM。此时 MOVX @DPTR/MOVX @Ri 的使用和普通 8052 单片机相同。

8.4.1　外扩数据存储器的读写操作时序

扩展 RAM 和扩展 ROM 类似，由 P2 口提供高 8 位地址，P0 口分时地作为低 8 位地址线和 8 位双向数据总线。片外 RAM 的读和写由 STC89C52 的 $\overline{RD}$（P3.7）和 $\overline{WR}$（P3.6）信号控制，尽管与 EPROM 的地址重叠，但由于控制信号不同（片外程序存储器 EPROM 的输出端允许 $\overline{OE}$ 由单片机的读选通信号 $\overline{PSEN}$ 控制），而不会发生总线冲突。STC89C52 单片机对片外 RAM 的读和写两种操作时序的基本过程是相同的。

1. 读片外扩展 RAM 操作时序

CPU 对扩展的片外 RAM 进行读操作的时序如图 8-14 所示。

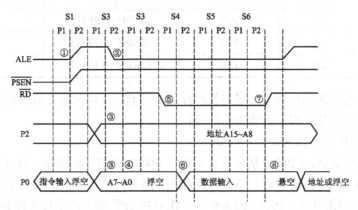

图 8-14 片外扩展 RAM 读时序

在第一个机器周期的 S1 状态，ALE 信号由低变高（见①处），读 RAM 周期开始。在 S2 状态，CPU 把低 8 位地址（DPL 内容）送到 P0 口总线上，把高 8 位地址（DPH 内容）送上 P2 口。ALE 下降沿（见②处）用来把低 8 位地址信息锁存到外部锁存器 74LS373 内。而高 8 位地址信息一直锁存在 P2 口锁存器中（见③处）。

在 S3 状态，P0 口总线变成高阻悬浮状态④。在 S4 状态，执行指令"MOVX A,@DPTR"后使 RD 信号变有效（见⑤处），RD 信号使被寻址的片外 RAM 把数据送上 P0 口总线（见⑥处），当 RD 回到高电平后（⑦处），P0 总线变为悬浮状态⑧。

2. 写片外扩展 RAM 操作时序

单片机执行 "MOVX @DPTR,A" / "MOVX @Ri,A" 指令，向片外 RAM 写数据。在单片机执行这条指令后，STC89C52 的 WR 信号为低有效，此信号使 RAM 的 WE 端被选通。

写片外 RAM 的时序如图 8-15 所示。开始的过程与读过程类似，但写的过程是 CPU 主动把数据送上 P0 口总线，故在时序上，CPU 先向 P0 口总线上送完 8 位地址后，在 S3 状态就将数据送到 P0 口总线（③处）。此间，P0 总线上不会出现高阻悬浮现象。

在 S4 状态，写信号 WR 有效（⑤处），选通片外 RAM，之后，P0 口上的数据就写到 RAM 内了，然后写信号 WR 变为无效（⑥处）。

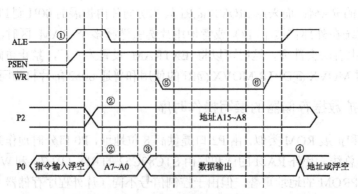

图 8-15 片外扩展 RAM 写时序

8.4.2　数据存储器扩展方法

1. 常用的静态 RAM（SRAM）芯片

在单片机应用系统中，外部扩展的数据存储器多采用 SRAM，但 SRAM 不具备数据掉电保护的特性。目前，常用的 SRAM 芯片有 6116（2KB），6264（8KB），62128（16KB），62256（32KB）等。它们都采用单一+5V 电源供电，双列直插封装，除 6116 为 24 脚封装外，6264、62128、62256 均为 28 脚封装。这些 RAM 芯片的引脚排列如图 8-16 所示，主要技术特性见表 8-7。

图 8-16 中各 SRAM 引脚功能如下：

A0～A14：地址输入线。

D0～D7：双向三态数据线。

$\overline{CE}$：片选信号输入线。对 6264 芯片，当 24 脚（CS）为高电平且 $\overline{CE}$ 为低电平时才选中该片。

$\overline{RD}$：读选通信号输入线，低电平有效。

$\overline{WR}$：写允许信号输入线，低电平有效。

VCC：工作电源+5V。

GND：地。

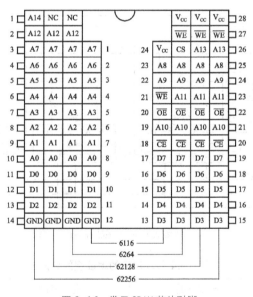

图 8-16　常用 SRAM 芯片引脚

表 8-7　　　　　　　　　　　　常用 SRAM 芯片的主要技术特性

芯片型号	容量/KB	引脚数	工作电压/V	典型工作电流/mA	典型维持电流/mA	典型存取时间/ns
6116	2	24	5	35	5	200
6264	8	28	5	40	2	200
62128	16	28	5	8	0.5	200
62256	32	28	5	8	0.5	200

SRAM 存储器有读出、写入、维持 3 种工作方式，工作方式的控制见表 8-8。

表 8-8　　　　　　　　　　　　常用 SRAM 芯片的工作方式的控制

工作方式	$\overline{CE}$	$\overline{OE}$	$\overline{WE}$	D7～D0
读出	0	0	1	数据输出
写入	0	1	0	数据输入
维持	1	×	×	高阻态

注：对于 CMOS 型 SRAM，$\overline{CE}$ 为高电平，电路处于降耗状态。此时，V_{CC} 电压可降至 3V 左右，内部存储的数据也不会丢失。

2. STC89C52 单片机与 SRAM 的接口电路设计

STC89C52 对片外 RAM 的读和写由 $\overline{RD}$（P3.7）和 $\overline{WR}$（P3.6）控制，片选端 $\overline{CE}$ 由地址译码器译码的译码输出控制。因此设计时，主要解决地址分配、数据线和控制信号线的连接问题。在与高速单片机连接时，还要根据时序解决读/写速度匹配问题。

图 8-17 为用线选法扩展 24KB 外部数据存储器的电路。图中数据存储器采用 3 片 6264，该芯片地址线有 13 条，为 A0～A12，故 STC89C52 剩余高位地址线为 3 条。用线选法可扩展 3 片 6264，对应的存储器空间见表 8-9。从表中可以看出，扩展的存储器芯片地址空间不连续。

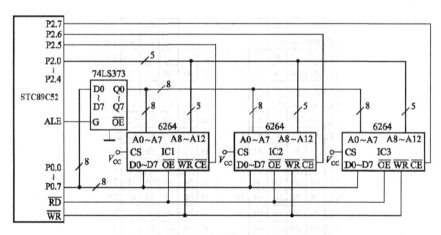

图 8-17　线选法扩展片外数据存储器电路图

表 8-9　　　　　　　　　　　　3 片 6264 芯片对应的地址空间分配

P2.7	P2.6	P2.5	选中芯片	地址范围	存储容量
1	1	0	IC1	C000H～DFFFH	8KB
1	0	1	IC2	A000H～BFFFH	8KB
0	1	1	IC3	6000H～7FFFH	8KB

图 8-18 所示为用译码法扩展外部数据存储器的接口电路。图中数据存储器采用 4 片 62128，芯片地址线为 A0～A13，高位剩余 2 条地址线，若采用 2-4 线译码器可扩展 4 片 62128。各片 62128 芯片地址分配如表 8-10 所示。由于全部高位地址线都参加译码，即采用了全译码方案，扩展的 4 片 62128 地址空间连续，且每个存储单元的地址唯一。

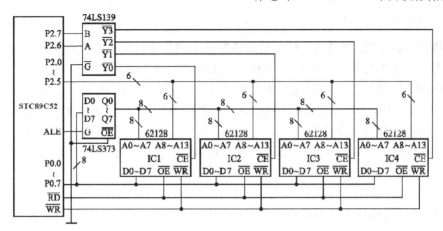

图 8-18　译码法扩展片外数据存储器电路图

表 8-10　　　　　　　　　　　　　　4 片 62128 芯片的地址空间分配

译码器输入		译码器有效输出	选中芯片	地址范围	存储容量
P2.7	P2.6				
0	0	$\overline{Y0}$	IC1	0000H～3FFFH	16KB
0	1	$\overline{Y1}$	IC2	4000H～7FFFH	16KB
1	0	$\overline{Y2}$	IC3	8000H～BFFFH	16KB
1	1	$\overline{Y3}$	IC4	C000H～FFFFH	16KB

为了更清楚地讲述单片机与扩展的数据存储器的软、硬件间的关系，下面结合图 8-18 所示的译码电路，说明片外 RAM 读/写数据的过程。

3. 单片机片外数据区读/写数据过程

例如，把片外 4000H 单元的数据送到片内 RAM 50H 单元中，程序如下：

```
AUXR    DATA 8EH
MOV     AUXR, #00000010B
MOV     DPTR, #4000H
MOVX    A, @DPTR
MOV     50H, A
```

先把寻址地址 4000H 送到 DPTR 中，当执行"MOVX　　A，@DPTR"时，DPTR 的低 8 位（00H）经 P0 口输出并锁存，高 8 位（40H）经 P2 口直接输出，根据 P0 口、P2 口状态选中 IC2 的 4000H 单元。当单片机读选通信号 $\overline{RD}$ 为低电平时，片外 4000H 单元的数据经 P0 口送往累加器 A。当执行指令"MOV 50H，A"写入片内 RAM50H 单元。

向片外数据区写数据的过程与读数据的过程类似。

例如，把片内 60H 单元的数据送到片外 8000H 单元中，程序如下：

```
AUXR    DATA 8EH
MOV     AUXR, #00000010B
MOV     A, 60H
MOV     DPTR, #8000H
```

```
MOVX    @DPTR, A
```

程序执行时，先把片内 RAM 60H 单元的数据送到 A 中，接下来把寻址地址 8000H 送到数据指针寄存器 DPTR 中，当执行"MOVX @DPTR，A"时，DPTR 的低 8 位（00H）由 P0 口输出并锁存，高 8 位（80H）由 P2 口直接输出，根据 P0 口、P2 口状态选中 IC3（6264）的 8000H 单元。当写选通信号 $\overline{WR}$ 有效时，A 中的内容送往片外 RAM 8000H 单元。

单片机读写片外数据存储器中内容，除了用"MOVX A，@DPTR"和"MOVX @DPTR，A"外，还可用指令"MOVX A，@Ri"和"MOVX @Ri，A"。这时 P0 口装入 Ri 中内容（低 8 位地址），而把 P2 口原有的内容作为高 8 位地址输出。

8.5 EPROM 和 RAM 的综合扩展

在单片机系统设计中，有时既要扩展程序存储器，也要扩展数据存储器（RAM）或 I/O，即进行存储器的综合扩展。本节将通过实例来介绍如何进行综合扩展。

【例 8-1】采用线选法扩展 2 片 SRAM 6264 的和 2 片 EPROM 2764。要求：给出硬件接口电路，确定各芯片的地址范围并编写程序将片外数据存储器中 C000H~C0FFH 单元全部清 0。

（1）在具体应用系统设计时，应按照系统扩展结构三总线的构建方法。其中，最关键的是片选信号和控制信号的确定。由于 2764 和 6264 的容量均为 8K×8，因此片内地址线都为 13 条。将高位剩余的 3 条地址线中的 P2.5 接到第一组 IC1 和 IC3 的片选端 $\overline{CE}$，P2.6 接到第二组 IC2 和 IC4 的片选端 $\overline{CE}$ 后。当 P2.6=1，P2.5=0 时，选中第一组 IC1 和 IC3；当 P2.6=0，P2.5=1 时，选中第二组 IC2 和 IC4。具体对一组中哪个芯片进行读/写操作还需 $\overline{PSEN}$、$\overline{WR}$、$\overline{RD}$ 控制线来控制。当 $\overline{PSEN}$ 为低电平时，到片外程序存储器 EPROM 中读程序；当 $\overline{RD}$ 或 $\overline{WR}$ 为低电平时，则对片外 RAM 读数据或写数据。由于 $\overline{PSEN}$、$\overline{WR}$、$\overline{RD}$ 三个信号是互斥的，任意时刻只能有一个信号有效，所以不会发生数据访问冲突。具体的硬件结构电路如图 8-19 所示。

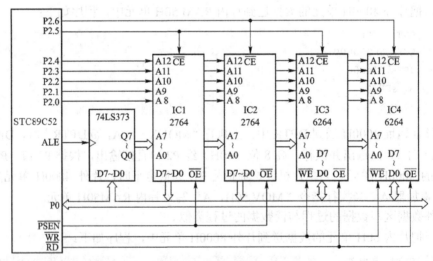

图 8-19　线选法扩展电路图

（2）各芯片地址空间分配

存储器地址均用 16 位表示，P0 口确定低 8 位，P2 口确定高 8 位。在图 8-18 中，高位剩余了一条地址线 P2.7 未接。设无用位 P2.7=1，若此时 P2.6=1、P2.5=0，选中 IC1、IC3。地址线 A15～A0 与 P2、P0 对应关系如下：

P2.7	P2.6	P2.5	P2.4	P2.3	P2.2	P2.1	P2.0	P0.7	P0.6	P0.5	P0.4	P0.3	P0.2	P0.1	P0.0
1	1	0	×	×	×	×	×	×	×	×	×	×	×	×	×

除 P2.6、P2.5 固定外，其他"×"位均可变。当"×"各位全为"0"时，则为最小地址 C000H；当"×"均为"1"时，则为最大地址 DFFFH。因此，IC1、IC3 的地址空间为 C000H～DFFFH。

设无用位 P2.7=1，若此时 P2.6=0、P2.5=1，选中 IC2、IC4。地址线 A15～A0 与 P2、P0 对应关系如下：

P2.7	P2.6	P2.5	P2.4	P2.3	P2.2	P2.1	P2.0	P0.7	P0.6	P0.5	P0.4	P0.3	P0.2	P0.1	P0.0
1	0	1	×	×	×	×	×	×	×	×	×	×	×	×	×

当"×"各位全为"0"时，则为最小地址 A000H；当"×"均为"1"时，则为最大地址 BFFFH。因此，IC2、IC4 的地址空间为 A000H～BFFFH。

4 片存储器芯片对应的地址空间如表 8-11 所示。从表中可以看出，第一组两片芯片地址空间完全重叠，第二组两片芯片地址空间也完全重叠。$\overline{PSEN}$、$\overline{WR}$、$\overline{RD}$ 三个信号只能一个有效，所以即使地址空间重叠，也不会发生数据冲突。

表 8-11 　　　　　　　 采用线选法 4 片存储器芯片地址空间分布

芯　　片	地　址　范　围
IC1	C000H～DFFFH
IC2	A000H～BFFFH
IC3	C000H～DFFFH
IC4	A000H～BFFFH

（3）将片外 RAM C000H～C0FFH 单元全部清 0。可采用以下方法：

方法 1：用 DPTR 作为数据区地址指针，通过字节计数器控制循环。参考程序如下：

```
         MOV    DPTR,#0C000H    ;设置数据块指针的初值
         MOV    R7,#00H         ;设置块长度计数器初值为 256 次
         CLR    A
LOOP:    MOVX   @DPTR,A         ;单元清 0
         INC    DPTR            ;地址指针加 1
         DJNZ   R7,LOOP         ;数据块长度减 1，若不为 0 则跳 LOOP 继续清 0
HERE:    SJMP   HERE            ;执行完毕，原地踏步
```

方法 2：用 DPTR 作为数据区地址指针，通过比较特征地址控制循环。参考程序如下：

```
         MOV    DPTR,#0C000H    ;设置数据块指针的初值
         CLR    A               ;A 清 0
LOOP:    MOVX   @DPTR,A         ;给一单元送"00H"
         INC    DPTR            ;数据块地址指针加 1
         MOV    R7,DPL          ;数据块末地址加 1 送 R7
         CJNE   R7,#0,LOOP      ;与末地址+1 比较
```

```
HERE:    SJMP    HERE
```

【例8-2】采用译码法扩展 2 片 SRAM6264 的和 2 片 EPROM 2764。要求：给出硬件接口电路，确定各芯片的地址范围，并编写程序将片外程序存储器中以 TAB 为首地址的 64 个单元的内容依次传送到其中一片 6264 中，

（1）2764 和 6264 的容量均为 8KB，片内地址线有 13 条。将高位剩余的 3 条地址线接到 74LS139 译码器的 3 个输入端 $\overline{G}$、A、B，输出端 $\overline{Y0}$ ～ $\overline{Y3}$ 分别连接 4 片芯片 IC1、IC2、IC3、IC4 的片选端。根据表 8-374LS139 的译码逻辑，且 $\overline{Y0}$ ～ $\overline{Y3}$ 每次只能有一位输出为 0，其他三位全为 1，只有输出为 0 的一端所连接的芯片被选中。扩展接口电路如图 8-20 所示。

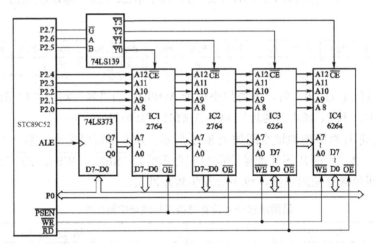

图 8-20　译码法扩展电路图

（2）74LS139 译码器要工作，使能端 $\overline{G}$ 必须为 0，因此 P2.7=0。若此时 P2.6=0、P2.5=0，选中 IC1。地址线 A15～A0 与 P2、P0 对应关系如下：

P2.7	P2.6	P2.5	P2.4	P2.3	P2.2	P2.1	P2.0	P0.7	P0.6	P0.5	P0.4	P0.3	P0.2	P0.1	P0.0
0	0	0	×	×	×	×	×	×	×	×	×	×	×	×	×

当 P2.7、P2.6、P2.5 全为 0，P2.4～P2.0 与 P0.7～P0.0 这 13 条地址线的任意状态都能选中 IC1 的某一单元。当"×"全为"0"时，则为最小地址 0000H；当"×"全为"1"时，则为最大地址 1FFFH。因此，IC1 的地址空间为 0000H～1FFFH。同理，可得其他芯片的地址范围。

表 8-12 给出了 4 片存储器芯片的地址空间分布。此例用全地址译码进行地址分配，各芯片的地址空间连续。

表 8-12　　　　　　　　　　　采用译码法 4 片芯片地址空间分布

P2.5（B）	P2.6（A）	芯片	地址范围
0	0	IC1	0000H～1FFFH
0	1	IC2	4000H～5FFFH
1	0	IC3	2000H～3FFFH
1	1	IC4	6000H～7FFFH

（3）要实现片外程序存储器中以 TAB 为首地址的 64 个单元的内容依次传送到片外 RAM，可以采用循环程序，设置 DPTR 指向待传送的数据块的首地址#TAB，循环次数为 64。设数据块传送到 IC3 中，参考程序如下：

```
        MOV     DPTR,#TAB        ;要传送数据的首地址#TAB 送入数据指针 DPTR
        MOV     R0,#0            ;R0 的初始值为 0
AGIN:   MOV     A,R0
        MOVC    A,@A+DPTR        ;把以 TAB 为首址 32 个单元内容送入 A
        PUSH    DPH
        PUSH    DPL
        MOV     DPTR,#2000H      ;IC3 首地址为 2000H
        MOVX    @DPTR,A          ;程序存储器中表的内容送入外部 RAM 单元
        POP     DPL
        POP     DPH
        INC     R0               ;循环次数加 1，也即外部 RAM 单元的地址指针加 1
        CJNE    R0,#64,AGIN      ;判 64 个单元的数据是否已经传送完毕，未完则继续
HERE:   SJMP    HERE             ;原地跳转
TAB:    DB      ……,……          ;外部程序存储器中要传送的 64 个单元的内容
```

8.6　小结

虽然 STC89C52 单片机芯片内部集成了 8KB Flash ROM 和 512B RAM，在构成实际系统时，当单片机自身存储资源还不能满足要求，这时往往需要进行系统扩展，以增加单片机的存储能力。系统扩展可以采用并行和串行两种方式。本章讨论的是采用并行方式，即使用单片机的系统总线扩展外部存储器。

系统总线按功能通常分为地址总线 AB、数据总线 DB 和控制总线 CB。扩展后，系统形成了两个并行的外部存储器空间，即程序存储器空间和数据存储器空间。由于单片机的地址总线为 16 位，所以，外扩片外存储器的最大容量为 64KB。虽然程序存储器与数据存储器的空间地址重叠，但由于使用的控制信号不同，所以不会发生访问上的混乱。

目前大多数单片机生产厂家都提供大容量 Flash ROM 型号的单片机，有些存储容量达到了 64KB，能满足绝大多数用户的需要，且价格与 ROM Less 的单片机不相上下，外部程序存储器的扩展可以省去。即使在有些需要扩展程序存储器的场合，由于程序存储器使用的 ROM 芯片数量愈来愈少，因此，芯片选择多采用线选法。

由于单片机的内部数据存储器容量较小，在需要大量数据缓冲的单片机系统中仍然需要外扩数据存储器。常采用 SRAM 和 Flash ROM 作为数据存储器，但 SRAM 掉电以后会丢失数据。

8.7　习题

1. 为什么要对单片机系统进行扩展？系统扩展主要包括哪些方面？
2. 画图说明单片机系统总线扩展方法。
3. 说明程序存储器扩展的一般性原理。
4. 说明数据存储器扩展的一般性原理。

5. 当 STC89C52 单片机系统中外扩的程序存储器和外扩的数据存储器地址重叠时，是否会发生数据冲突，为什么？

6. 区分 STC89C52 单片机片外程序存储器和片外数据存储器的最可靠方法是（　　）。

（1）看其位于地址范围的低端还是高端。

（2）看其离 STC89C52 单片机芯片的远近。

（3）看其芯片的型号是 ROM 还是 RAM。

（4）看其是与 $\overline{RD}$ 信号连接还是与 $\overline{PSEN}$ 信号连接。

7. 在存储器扩展中，无论是线选法还是译码法最终都是为扩展芯片的片选段提供（　　）控制信号。

8. 11 条地址线可选（　　）个存储单元，16KB 存储单元需要（　　）条地址线。

9. STC89C52RC 单片机外部数据存储器的最大可扩展容量是（　　）。

10. 起止范围为 0000H～3FFFH 的存储器的容量是（　　）KB。

11. 若 8KB RAM 存储器的首地址为 0000H，则末地址为（　　）。

12. 在 STC89C52 单片机中，PC 和 DPTR 都用于提供地址，但 PC 是访问（　　）存储器提供地址，而 DPTR 是为访问（　　）存储器提供地址。

13. STC89C52 单片机读取片外数据存储器数据时，采用的指令为（　　）。

　　A. MOV　A, @R1　　　　　　　　　B. MOVC　A, @A + DPTR

　　C. MOV　A, R4　　　　　　　　　　D. MOVX　A, @ DPTR

14. 编写程序，将外部数据存储器的 5000H～5FFFH 单元全部清 0。

15. 题图 8-1 所示为 STC89C52 单片机存储器地址空间分布以及存储器的地址译码电路，为使地址译码电路能按图中地址空间分布的要求进行正确寻址，要求画出：

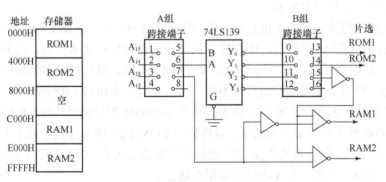

题图 8-1　地址空间分布及地址译码电路

（1）A 组跨接端子的内部正确连线图。

（2）B 组跨接端子的内部正确连线图。

（3）编写程序段完成将单片机片外 RAM 0C000H-0C00FH 16 个单元的数据传送到片内 RAM30H-3FH 单元中。

16. 请用 STC89C52 单片机、573 锁存器、1 片 2764 EPROM 和两片 6264 RAM 组成一个单片机应用系统，要求如下：

（1）画出硬件电路连线图，并标注主要引脚。

（2）指出该应用系统程序存储器和数据存储器的地址范围。

第9章 STC89C52 单片机 I/O 扩展与设计

本章主要内容：介绍 I/O 接口基本概念，I/O 口并行总线扩展方法，并行接口以 82C55 可编程芯片应用为例。介绍串行总线扩展的工作原理、特点以及工作时序，叙述 I/O 口串行总线扩展方法，以 IIC 总线、单总线、SPI 总线等串行总线应用为例，介绍单片机软件模拟串行接口总线时序以及单片机扩展串行总线接口应用实例。此处，以数字温度传感器 DS18B20 和 DS1621 以及 TLC2543 芯片为例的串行总线扩展接口电路设计、分析和编写的驱动程序等实际应用。

输入/输出（I/O）端口是单片机与外部设备交换数据的桥梁，I/O 端口可以使用集成在单片机芯片上的，也可以使用单独制成的芯片。STC89C52 单片机有三种封装，40 引脚 DIP 封装，它们片上有 4 个 8 位并行 I/O 口 P0～P3，44 引脚的 PLCC 和 PQFP 封装，它们片上除了 4 个 8 位并行 I/O 口 P0～P3 外增加一个 4 位 I/O 口 P4，在系统 I/O 端口不够用时，需要用扩展方式增加 I/O 端口。

传统的 I/O 端口扩展通常采用 8255A/8155H 和 TTL 芯片；现代的 I/O 口扩展采取选择片内带有不同端口数量的单片机芯片，一般根据不同应用需要选择不同类型的单片机，实现芯片级的 I/O 口扩展，这样设计的应用系统即稳定可靠，又节省成本，减少体积，降低设计难度，达到较高的性价比。

9.1 I/O 接口概述

单片机通过接口电路与外设传送数据，I/O 接口分串行接口和并行接口两种，串行接口采用逐位串行移位方式传输数据，并行接口采取多位数据同时传输数据，大多数情况下，外设速度很慢，无法跟上微秒级的单片机速度，为了保证数据传输的安全，可靠，必须设计合适的单片机与外设的 I/O 接口电路。

1. I/O 接口功能

一般的 I/O 接口有如下几种接口功能：

（1）数据传输速度匹配。单片机与外设传输信息时，需要通过 I/O 接口实时了解外设的状态，并根据这些状态信息（如忙、闲等），调节数据的传输，实现单片机与外设间的速度匹配。

（2）输出数据锁存功能。单片机传输速度很快，数据在总线上驻留时间短，为了保证外设可靠接收，在扩展的接口电路中应该具备锁存功能。

（3）输入数据三态缓冲功能。由于外设通过数据总线向单片机输入数据，若总线连接多个外设，为避免数据冲突，每次只允许一个外设使用总线传送数据，其余的外设应处于高阻隔离状态，所以，在扩展的 I/O 接口电路中应该具有输入数据三态缓冲功能。

（4）信号和电平转换。由于 CPU 处理并行数据，而外设处理串行数据，这时接口应该具有串转并或并转串功能，单片机与外设通信时电平不匹配，需要接口进行电平转换。

（5）设备选择功能。当有多个外设时，接口应该具有地址译码电路，选择不同的外设进行通信。

2. I/O 接口与端口的区别

I/O 接口是 CPU 与外界的链接电路，是 CPU 与外界进行数据交换的通道，CPU 发出命令和输出运算结果以及外设输入数据或状态信息都是通过 I/O 接口电路。

I/O 端口是 CPU 与外设直接通信的地址，通常是 I/O 接口电路中能够被 CPU 直接访问的寄存器地址称端口。CPU 通过这些端口发送命令、读取状态或传输数据。一个接口电路可以有一个或多个端口。例如：可编程并行接口芯片 8255A 包含一个命令/状态端口和 3 个数据端口，有些端口只读不写，有些端口只写不读。

3. I/O 端口编址

单片机采用地址方式访问端口，所以，所有接口中的 I/O 端口必须进行编址，以便 CPU 通过端口与外设交换信息。常用 I/O 端口编址方式有独立编址和统一编址。

（1）独立编址方式

独立编址方式是将 I/O 端口地址空间与存储器地址空间严格分开进行编址，地址空间互相独立，界限分明。

（2）统一编址方式

统一编址是将 I/O 端口地址空间与数据存储器单元同等对待，每个 I/O 端口作为一个外部数据存储器地址单元统一编址。单片机访问端口时如同访问片外数据存储器单元那样进行读写操作。

STC89C52 单片机对 I/O 端口采用的是统一编址方式。

4. 单片机与外设间的数据传输方式

单片机与外设间的数据传输方式有中断、同步、异步三种。

（1）中断传输方式

单片机中断传输方式是利用单片机自身的中断资源实现数据传送。当外设数据准备就绪时，向单片机发出数据传输的中断请求，触发单片机中断。单片机中断响应后，进入中断服务程序，实现单片机与外设间数据传输。采用中断方式可以大大提高单片机工作效率，实现实时控制。

（2）同步传输方式

单片机与外设的速度相差不大时，采用同步方式传输数据。实现同步无条件的数据传输。例如：单片机与片外数据存储器之间的数据传输方式就是同步传输方式。

（3）异步传输方式

单片机与外设的速度相差较大时，需要经过查询外设的状态进行有条件的传输数据，如外设空闲时，允许传输数据；外设忙时，禁止传输数据。异步传输方式优点是通用性好，硬件连线和查询程序比较简单，但是数据传输效率不高。

5. I/O 接口电路种类

I/O 接口电路种类，我们根据总线结构分并行接口和串行接口。

单片机的并行总线扩展，就是利用三总线 AB(地址总线)、DB（数据总线）、CB（控制总线）进行的系统扩展，该扩展方法不再是单片机系统唯一的扩展结构，除并行总线扩展技术之外，近年又出现串行总线扩展技术。例如：我们介绍 Philips 公司的 IIC 串行总线接口、DALLAS 公司的单总线（1-Wire）接口和 Motorola 公司的 SPI 串行外设的串行接口。

9.2 TTL 电路扩展并行接口

在单片机应用系统设计中，采用 TTL 电路或 CMOS 电路的输出锁存器、输入缓冲器，使用总线式或非总线式扩展实现与单片机连接。

9.2.1 TTL 电路扩展并行 I/O 口

【例 9-1】采用总线式扩展 TTL 电路构成简单输入/输出口如图 9-1 所示，STC89C52 单片机利用 74LS373 和 74LS245 扩展接口电路。用 74LS373 扩展输出口，驱动 8 个 LED 发光二极管，74LS245 扩展输入口，输入端连接了 8 个按键。

基础知识：74LS245 是 8 位三态收发器，无锁存功能，可以用做 8 位总线驱动器。74LS245 引脚共 20 个引脚：20 脚为电源，19 脚（$\overline{CE}$）为三态允许端（低电平有效），18 脚～11 脚为 B 组总线，10 脚为地，9 脚～2 脚为 A 组总线，1 脚（$AB/\overline{BA}$）为方向控制端，若 1 脚为高电平时，则 A 组数据到 B 总线，该 1 脚为低电平时，则是 B 组数据到 A 总线。所以，74LS245 即可以扩展为输入口，又可以扩展为输出口，输入还是输出由方向控制端来决定。

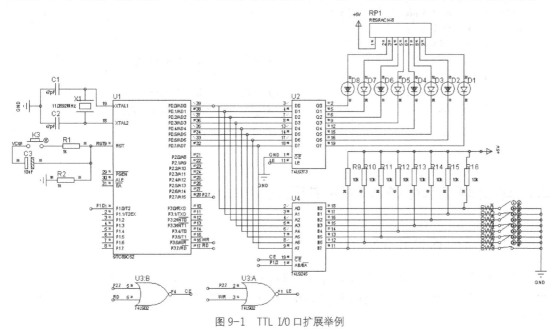

图 9-1　TTL I/O 口扩展举例

1. 电路分析

根据图 9-1 所示分析知，扩展的输出口 74LS373 端口为只写不读端口，芯片输出控制 LE 信号由 P2.7 和单片机 P3.6 引脚写信号 $\overline{WR}$ 相或取非确定，端口地址只需 P2.7=0，即 A15=0，其余地址线任选，此处全选 1，则 74LS373 端口地址为 7FFFH。扩展输入口 74LS245 端口为只读不写端口，芯片输入控制 CE 信号由 P2.7 和单片机 P3.7 引脚读信号 $\overline{RD}$ 相或取非确定，可见 74LS245 和 74LS373 共用一个端口，所以 74LS245 端口地址也为 7FFFH，此时单片机的 P1.0 连接到 74LS245 方向控制端，作为输入口由 B 组数据到 A 总线，该引脚为低电平，则 P1.0=0。

2. 驱动程序

该段程序，循环读取输入口按键组态值，将该值输出到输出端口驱动对应发光二极管亮灭。

（1）汇编语言程序

```
              ORG     0000H
START:  CLR     P1.0              ;设置 P1.0=0，确定 74LS245 数据 B→A。即输入口
              MOV     DPTR,#7FFFH
              MOVX    A,@DPTR          ;读 74LS245 输入口数据，即按键值。
              MOV     @DPTR,A          ;数据输出到 74LS373，驱动发光二极管亮灭。
              AJMP    START            ;
              END
```

（2）C51 程序

```
/*文件名：9-1.C，使用 C51 运行库中预定义宏*/
#include<reg52.h>
#define XBYTE ((unsigned char volatile xdata *) 0)
#define EXPORT   XBYTE[0x7ffF]              //定义扩展端口地址
#define uchar unsigned char
sbit     P10=P1^0;                          //定义 74LS245 方向控制端
/******** main 函数 *********/
void main (void) {
    uchar    key;
    P10=0;                                  //设置 74LS245 方向控制端为 0
    while(1){
        key=EXPORT;                         //读 74LS245 输入口按键值
        EXPORT=key;                         //向 74LS373 输出口输出按键值
    }
}
```

9.3 可编程接口芯片 82C55 扩展并行接口

9.3.1 82C55 芯片介绍

82C55 芯片是 Intel 公司的可编程并行 I/O 接口芯片，3 个 8 位并行 I/O 口，3 种工作方式，单片机与多种外设连接时的中间接口电路。82C55 的引脚及内部结构如图 9-2 和图 9-3 所示。

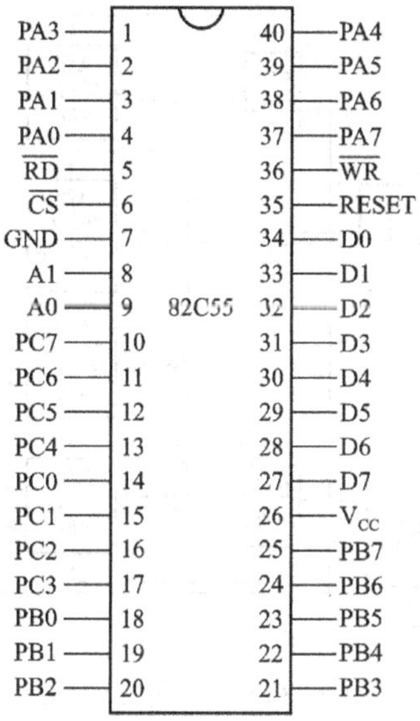

图 9-2　82C55 的引脚图

82C55 的引脚如图 9-2 所示，分为数据线、地址线、读/写控制线、输入/输出端口线和电源线。

D7～D0（data bus）：三态、双向数据线，与 CPU 数据总线连接，用来传送数据。

A1, A0（port address）：地址线，用来选择 82C55 内部端口。

$\overline{CS}$（chip select）：片选信号线，低电平有效时，芯片被选中。

$\overline{RD}$（read）：读出信号线，低电平有效时，允许数据读出。

$\overline{WR}$（write）：写入信号线，低电平有效时，允许数据写入。

RESET（reset）：复位信号线，高电平有效时，将所有内部寄存器（包括控制寄存器）清 0。

PA7～PA0（port A）：A 口输入/输出信号线。

PB7～PB0（port B）：B 口输入/输出信号线。

PC7～PC0（port C）：C 口输入/输出信号线。

VCC：+5V 电源。GND：电源地线。

如图 9-3 所示为 82C55 的内部结构，它有 3 个并行数据输入/输出端口，两种工作方式的控制电路，一个读/写控制逻辑电路和一个 8 位数据总线缓冲器。

各部件的功能如下：

（1）A 组和 B 组控制电路

A 组和 B 组控制电路是根据单片机写入的"命令字"控制 82C55 工作方式。A 组控制 PA 口和 PC 口的上半部（PC7～PC4）；B 组控制 PB 口和 PC 口的下半部（PC3～PC0），并可用"命令字"来对端口 PC 的每一位实现按位置"1"或清"0"。

（2）数据总线缓冲器

数据总线缓冲器是一个三态双向 8 位缓冲器，作为 82C55 与系统总线之间的接口，用来传送数据、指令、控制命令以及外部状态信息。

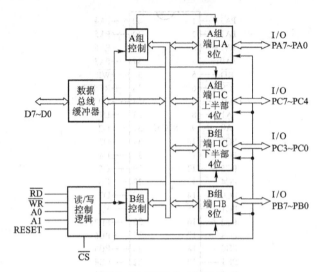

图 9-3 82C55 的内部结构

（3）读/写控制逻辑电路

读/写控制逻辑电路接收 STC89C52 单片机发来的控制信号 $\overline{\text{RD}}$、$\overline{\text{WR}}$、RESET 以及地址信号 A1、A0 等，然后根据控制信号的要求，端口数据被 STC89C52 单片机读出，或者将 STC89C52 单片机送来的数据写入端口。各端口工作状态与控制信号的关系如表 9-1 所示。

表 9-1   82C55 端口工作状态选择表

A1	A0	$\overline{\text{RD}}$	$\overline{\text{WR}}$	$\overline{\text{CS}}$	工作状态
0	0	0	1	0	读端口 A
0	1	0	1	0	读端口 B
1	0	0	1	0	读端口 C
0	0	1	0	0	写端口 A
0	1	1	0	0	写端口 B
1	0	1	0	0	写端口 C
1	1	1	0	0	写控制口
X	X	X	X	1	数据总线为三态
1	1	0	1	0	非法
X	X	1	1	0	数据总线为三态

9.3.2 82C55 控制字

单片机可向 82C55 控制寄存器写入两种不同的控制字。

1. 工作方式选择控制字

82C55 有 3 种基本工作方式：

（1）方式 0—基本输入/输出；

（2）方式 1—选通输入/输出；

（3）方式 2—双向传送

3 种工作方式由方式控制字来决定。格式如图 9-4 所示。最高位 D7=1，为方式控制字的标志，以便与另一控制字相区别。

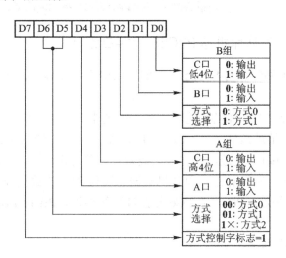

图 9-4 82C55 的方式控制字格式

PC 口分两部分，PC 口高 4 位与 PA 口一起统称 A 组，PC 口低 4 位与 PB 口一起统称 B 组。其中 PA 口可工作于方式 0、1 和 2，而 PB 口只能工作在方式 0 和 1。

2. PC 口按位置位/复位控制字

82C55 芯片的另一控制字。即 PC 口中任何一位，可用一个写入 82C55 控制口的置位/复位控制字来对 PC 口按位置 "1" 或清 "0"。用于位控。格式如图 9-5 所示。

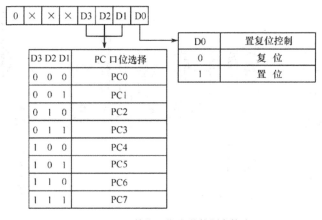

图 9-5 PC 口按位置位/复位控制字格式

【例 9-2】STC89C52 向 82C55 的控制字寄存器写入按位置位/复位控制字 07H，则 PC3 置 1；08H 写入控制口，则 PC4 清 0。程序段如下：

```
MOV    DPTR, #X1X2X3X4H ;控制寄存器端口地址 X1X2X3X4H 送 DPTR
MOV    A, #07H          ;按位置位/复位控制字 07H 送 A
MOVX   @DPTR, A         ;控制字 07H 送控制寄存器，将 PC3 置 1
...........
```

```
MOV      DPTR, #X1X2X3X4H ;控制字寄存器端口地址 X1X2X3X4H 送 DPTR
MOV      A, #08H          ;按位置位/复位控制字 08H 送 A
MOVX     @DPTR, A         ;控制字 08H 送控制字寄存器，将 PC4 清 0
```

9.3.3　STC89C52 单片机与 82C55 的接口设计

【例 9-3】设计 STC89C52 与 82C55 连接的接口电路，并编写相应的驱动程序。

1. 硬件接口电路

如图 9-6 为 STC89C52 单片机扩展一片 82C55 的电路。单片机 P0 口输出经 74LS373 锁存器形成扩展后低 8 位地址总线 A7～A0，地址总线 A1A0 与 82C55 的 A1A0 连接；地址总线 A7 与 82C55 的片选端 $\overline{CS}$ 相连，其它地址线悬空；单片机 $\overline{RD}$（P3.7）和 $\overline{WR}$（P3.6）端直接与 82C55 的控制线 $\overline{RD}$、$\overline{WR}$ 相连；单片机数据总线与 82C55 数据线连接。82C55 的 PA 口 PA3～PA0 与按键行线相连，PC 口的 PC6 与按键列线相连，PB 口 PB3～PB0 与数码管 4 个引脚相连。

2. 确定 82C55 端口地址

根据图 9-6 所示，82C55 只有 3 条线与 STC89C52 地址线相接，片选端 $\overline{CS}$、端口地址选择端 A1、A0，分别接于地址总线 A7A1A0，其它地址线全悬空。显然只要保证 A7 为低电平时，即可选中 82C55；若 A1A0 再为"00"，则选中 82C55 的 PA 口。同理 A1A0 为"01"、"10"、"11"分别选中 PB 口、PC 口及控制口。

若端口地址用 16 位表示，除 A7A1A0 之外的位全设为"1"（也可全设为"0"），则 82C55 的 A、B、C 及控制口地址分别为 FF7CH、FF7DH、FF7EH、FF7FH。

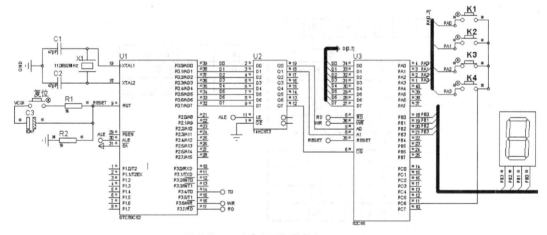

图 9-6　STC89C52 单片机扩展一片 82C55 的仿真接口电路

3. 软件编程

在实际设计中，须根据外设的类型选择 82C55 的操作方式，并在初始化程序中把相应控制字写入控制口。

按照图 9-6 所示的 STC89C52 与 82C55 的连接图，A 口为输入口，连接按键行线，B 口为输出口，连接数码管，PC6 连接按键列线，单片机将 4 个按键的 16 种组态值送数码管显示。

驱动程序有 3 个模块：主程序、键盘扫描程序、数码管显示程序。

（1）汇编语言程序清单：

```
              ORG       0000H
PORTA8255  EQU       0FF7CH              ;定义 8255 的 A 口地址
PORTB8255  EQU       0FF7DH              ;定义 8255 的 B 口地址
PORTC8255  EQU       0FF7EH              ;定义 8255 的 C 口地址
CTRL8255   EQU       0FF7FH              ;定义 8255 的控制口地址
REMUNIT    EQU       42H                 ;定义显示缓存单元
MAIN:      MOV       A,#90H              ;A 口方式 0 输入，B 口、C 口方式 0 输出
           MOV       DPTR,#CTRL8255      ;DPTR 指向控制口
           MOVX      @DPTR,A             ;命令字写入控制口
           MOV       REMUNIT,#00H        ;显示缓存单元清零
LOOP:      LCALL     KEY                 ;调用键盘扫描子程序
           LCALL     DISPLAY             ;调用显示子程序
           AJMP      LOOP
KEY:       MOV       DPTR,#PORTC8255     ;DPTR 指向 C 口，列线
           MOV       A,#00H
           MOVX      @DPTR,A             ;向 C 口输出 0，获得 PC6=0
           MOV       DPTR,#PORTA8255     ;DPTR 指向 A 口，行线
           MOVX      A,@DPTR             ;读取行值
           MOV       REMUNIT,A           ;保存该 4 个按键组态值
           RET
DISPLAY:      MOV A,REMUNIT              ;取出行值送 A 累加器
           MOV       DPTR,#PORTB8255     ;DPTR 指向 B 口
           MOVX      @DPTR,A             ;向 B 口输出 4 个按键组态值
           RET
           END
```

（2）C51 程序清单：

```c
#include<reg52.h>
#include<absacc.h>
#define PA8255   0xff7c                  //定义 8255A 口地址
#define PB8255   0xff7d                  //定义 8255B 口地址
#define PC8255   0xff7e                  //定义 8255C 口地址
#define COM8255  0xff7f                  //定义 8255 控制寄存器地址
#define uchar unsigned char
/******** key 键盘扫描函数 ********/
key(uchar keyvalue){
   XBYTE[PC8255]=0x00;                   //向 C 口输出 0 值，即 PC6=0
   keyvalue=XBYTE[PA8255];               //读取 A 口键值
   return keyvalue;                      //返回键值
}
/******** display 函数 ********/
display(){
   uchar key_temp;
   key_temp=key();                       //调键盘扫描子程序
   XBYTE[PB8255]=key_temp;               //向 B 口输出键值
}
```

```
/******** main 函数 ********/
void main (void) {
    uchar    key_temp;
    XBYTE[COM8255]=0x90;                //命令字送 8255 控制口
    while(1){
        key();                          //调键盘扫描子程序
        display();                      //调显示子程序
    }
}
```

82C55 接口芯片在单片机应用系统中广泛用于与各种外部数字设备的连接，如打印机、键盘、显示器以及作为数字信息的输入、输出接口。

9.4 串行扩展总线接口

本节介绍三种串行扩展总线：单总线（1-Wire）接口、SPI 串行外设接口、IIC 串行总线接口以及单片机扩展这些总线接口设计和应用实例。单片机的串行扩展技术与并行扩展技术相比具有显著的优点，串行接口器件与单片机连接时需要的 I/O 口线很少（仅需 1～4 条），串行接口器件体积小，因而占用电路板的空间小，仅为并行接口器件的 10%，明显减少电路板空间和成本。除上述优点，还有工作电压宽、抗干扰能力强、功耗低、数据不易丢失等特点。串行扩展技术在 IC 卡、智能仪器仪表以及分布式控制系统等领域得到广泛应用。

9.4.1 单总线串行扩展

单总线（也称 1-Wire bus）是由美国 DALLAS 公司推出的外围串行扩展总线。只有一条数据输入/输出线 DQ，总线上的所有器件都挂在 DQ 上，电源也可以通过这条信号线供给，使用一条信号线的串行扩展技术，称为单总线技术。每一个符合 One-Wire 协议的芯片都有一个唯一的 64 位地址（8 位的家族代码、48 位的序列号和 8 位的 CRC 代码）。主芯片对各个从芯片的寻址依据这 64 位的内容来进行，片内还包含收发控制和电源存储电路，如图 9-7 所示。此处，单片机作为主芯片，设置单片机端口一条线作为单总线，具有单总线特性 DS18B20 作为从芯片，以下详细叙述 DS18B20 的特性、工作原理以及应用实例。

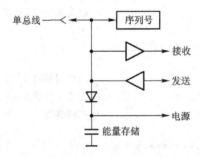

图 9-7 单总线芯片的内部结构示意图

1．DS18B20 性能特点

DS18B20 是 DALLAS 公司生产的、具有 One-Wire 协议的数字式温度传感器。设计地址线、数据线和控制线合用 1 根双向数据传输信号线（DQ）。传感器的供电寄生在通信的总线上，可以从总线通信的高电平中取得，因此可以不需要外部的供电电源，也可以直接用供电端（V_{DD}）供电。温度高于 100℃时，不推荐使用寄生电源，供电范围为 3.0V~5.5V，当 DS18B20 处于寄生电源模式时，V_{DD} 引脚必须接地，且总线空闲时需保持高电平以便对传感器充电。每个器件独有的 64 位芯片序列号（ID）辨认总线上的器件和记录总线上的器件地址，可以将多个温度传感器挂接在该单一总线上，实现多点温度的检测。

每只 DS18B20 都有一个唯一存储在 ROM 中的 64 位编码。最低 8 位是单线系列编码：28H，接着的 48 位是一个唯一的序列号，最高 8 位是以上 56 位的 CRC 编码，($CRC=X^8+X^5+X^4+1$)，64 位光刻 ROM 代码格式如图 9-8 所示。

64-BIT LASERED ROM CODE

8-BIT CRC		48-BIT SERIAL NUMBER		8-BIT FAMILY CODE (28h)	
MSB	LSB	MSB	LSB	MSB	LSB

图 9-8　64 位光刻 ROM 代码格式

DS18B20 测温范围为-55℃～＋125℃（－67℉～＋257℉）；温度传感器的精度为用户可编程的 9 位、10 位、11 位或 12 位，分别以 0.5℃，0.25℃，0.125℃和 0.0625℃增量递增；具有非易失性上下限温度报警设定功能。转换时间：9 位精度时为 93.75ms；10 位精度为 187.5ms；12 位精度为 750ms。

2. DS18B20 温度传感器的暂存器

DS18B20 温度传感器的内部暂存器有 9 个字节，暂存器组成如表 9-2 所示，该暂存器包含了带有非易失性的可电擦除的 EEPROM 特性的静态随机寄存器 SRAM，用来存放高温和低温报警触发寄存器（TH 和 TL）和配置寄存器。

表 9-2　　　　　　　　　　　　　　　　DS18B20 寄存器

字节地址	寄存器内容	字节地址	寄存器内容
00H	温度值低位（LSB）	05H	保留
01H	温度值高位（MSB）	06H	保留
02H	高温上限值（TH）*	07H	保留
03H	低温下限值（TL）*	08H	CRC 校验值*
04H	配置寄存器*	—	—

注意：*表示该值存放在 EEPROM 中。

暂存器由 9 个字节组成，其分配如表 9-2 所示。当温度转换命令发布后，经转换所得温度值以二个字节补码形式存放在寄存器的第 0 个和第 1 个字节。单片机可通过单总线接口读到该数据，读取时低位在前，高位在后，数据格式如表 9-4 所示。第 2、3 字节存放温度上下限报警值，第 4 字节为配置寄存器，第 8 个字节是 CRC 检验字节，检验通信时数据传送的正确性。

3. DS18B20 配置寄存器

DS18B20 配置寄存器有 8 位，格式如下：

TM	R1	R0	1	1	1	1	1

其中：TM 是测试模式位，用于设置 DS18B20 在工作模式还是在测试模式，0 为工作模式，1 为测试模式。在 DS18B20 出厂时该位被设置为 0，用户不要去改动，R1 和 R0 用来设置分辨率（DS18B20 出厂时设置为 12 位分辨率），分辨率设置如表 9-3 所示：

表 9-3   分辨率设置

R1	R0	分辨率	转换时间 ms	测温精度℃
0	0	9	93.75	0.5
0	1	10	187.5	0.25
1	0	11	375	0.125
1	1	12	750	0.0625

4. DS18B20 温度存放格式

DS18B20 可以完成对温度测量，以 12 位精度为例，用 16 位带符号扩展的二进制补码读数形式，1 个 LSB 表示 0.0625℃，12 位精度测出的温度值 2 个字节 16 位二进制补码形式见表 9-4。

表 9-4   DS18B20 温度存放格式

位序	D15	D14	D13	D12	D11	D10	D9	D8	D7	D6	D5	D4	D3	D2	D1	D0
数值	S	S	S	S	2^7	2^6	2^5	2^4	2^3	2^2	2^1	2^0	2^{-1}	2^{-2}	2^{-3}	2^{-4}

注意：其中，S 为符号扩展位，S=0 表示温度位正值，S=1 表示温度为负值。

对于表 9-4 的温度计算：当符号位 S=0 时，直接将二进制位转换为十进制值；当 S=1 时，先将补码变为原码，再计算十进制值，表 9-5 是对应的一部分温度值。

DS18B20 采取 12 位精度测出的数字量用 16 位二进制补码表示，它与温度关系见表 9-5：

表 9-5   DS18B20 数值与温度关系

温度	数据输出（二进制）	数据输出（十六进制）
+125℃	0000 0111 1101 0000	07D0H
+85℃*	0000 0101 0101 0000	0550H
+25.0625℃	0000 0001 1001 0001	0191H
+10.125℃	0000 0000 1010 0010	00A2H
+0.5℃	0000 0000 0000 1000	0008H
0℃	0000 0000 0000 0000	0000H
−0.5℃	1111 1111 1111 1000	FFF8H
−10.125℃	1111 1111 0101 1110	FF5EH
−25.0625℃	1111 1110 0110 1111	FE6FH
−55℃	1111 1100 1001 0000	FC90H

*温度寄存器上电复位值为+85℃

5. DS18B20 命令字

根据 DS18B20 的通讯协议，主机（单片机）控制 DS18B20 完成温度转换必须经过三个步骤：每一次读写之前都要对 DS18B20 进行复位操作，复位成功后发送一条 ROM 指令，最后发送 RAM 指令，这样才能对 DS18B20 进行预定的操作。复位要求主 CPU 将数据线下拉

500 微秒，然后释放，当 DS18B20 收到信号后等待 15～60 微秒左右，再发出 60～240 微秒的应答低脉冲，主 CPU 收到此信号表示复位成功。

DS18B20 命令字有 ROM 指令和 RAM 指令，它的指令集如表 9-6 所示。

表 9-6　　　　　　　　　　　　　　DS18B20 指令集

ROM 指令				
指令	代码	功　能	命令发布后，单总线活动	注释
读 ROM	33H	读 DS1820 中的 ROM 编码，仅用在总线上只有 1 个 DS18B20	DS18B20 发送家族代码（64 位）	
匹配 ROM	55H	发出 64 位 ROM 编码，访问单总线上与该编码相对应的 DS1820 使之作出响应，为下一步对该 DS1820 的读写做准备		
搜索 ROM	0F0H	搜索挂接在同一总线上 DS1820 的个数并识别 64 位 ROM 地址。为操作各器件作好准备		
跳过 ROM	0CCH	跳过 64 位 ROM 地址，直接向 DS1820 发温度变换命令。适用于单片工作		
告警搜索	0ECH	执行后，只有温度超过设定值上限或下限的芯片才做出响应		
RAM 指令				
温度变换	44H	启动 DS1820 进行温度转换	DS18B20 传送转换状态给主机	1
读暂存器	0BEH	读全部暂存器内容包括 CRC 字节	DS18B20 传送相当于 9 字节到主机	2
写暂存器	4EH	向暂存器的第 2 字节、第 3 字节、第 4 字节写上、下限温度值和配置字	主机传送三字节数据到 DS18B20	3
复制暂存器	48H	将暂存器中 TH、TL 和配置寄存器内容复制到 EEPROM 中	无	1
重调 EEPROM	0B8H	将 EEPROM 中 TH、TL 和配置寄存器内容召回到暂存器的第 2 字节、第 3 字节、第 4 字节中	DS18B20 传送记忆状态给主机	
读供电方式	0B4H	读 DS1820 的供电模式。寄生供电时 DS1820 发送"0"，外接电源供电 DS1820 发送"1"	DS18B20 传送供电状态给主机	

注释说明：

1. 由于寄生电源 DS18B20，在温度转换和从暂存器复制数据到 EEPROM 期间，主机必须强行拉高单总线，这时无其它总线活动发生。

2. 主机可以在任何时候用复位命令中断数据传送。

3. 三字节必须在发布复位命令之前写入。

6. DS18B20 时序

我们介绍 DS18B20 的三种时序：初始化时序、读 0 或 1 的时序、写 0 或 1 的时序。

（1）初始化时序：

时序如图 9-9 所示，总线 t_0 时，主机发送一复位脉冲（最短为 480μs 的低电平信号），t_1 时释放总线并进入接收状态，DS1820 在检测到总线的上升沿之后等待 15～60μs，接着 t_2 时，

DS1820 发出应答脉冲（低电平持续 60～240μs）。

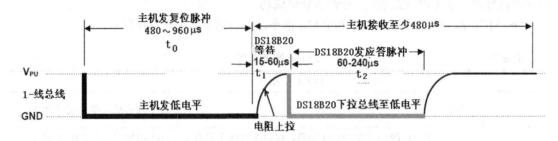

图 9-9 DS18B20 初始化时序

我们根据图 9-9 时序图，编写初始化子程序，以下是晶振频率为 12MHz，P1.7 接单总线的初始化子程序。

```
/**************** 汇编语言初始化 ds1820 子程序*****************/
DQ      BIT     P1.7
INT:    CLR     EA
L0:     CLR     DQ          ;总线为复位电平
        MOV     R2,#240
L1:     DJNZ    R2,L1       ;总线复位电平保持 480μs（480~960μs）
        SETB    DQ          ;释放总线
        MOV     R2,#30
L4:     DJNZ    R2,L4       ;释放总线，DS18B20 等待 60μs（15~60μs）
        CLR     C           ;清进位位 C
        ORL     C,DQ        ;读总线
        JC      L0          ;判断总线下拉为 0? 即有应答信号吗? 无则重新来。
        MOV     R6,#20      ;有应答，保持该信号 122μs      （60~240μs    ）
L5:     ORL     C,DQ        ;读总线，
        JC      L3          ;总线释放转 L3,
        DJNZ    R6,L5       ;总线为低电平转 L5，应答时间（2+20×（2+2+2））=122μs
        SJMP    INT
L3:     MOV     R2,#240
L2:     DJNZ    R2,L2       ;总线上拉为 1，保持该电平 480μs（主机接收至少 480μs）。
        SETB    EA
        RET
/***************C 语言初始化 DS18B20 函数***************/
sbit    ds=P1^7                 //设置 DS18B20 温度传感器信号线
void dsreset(void) {            //18B20 复位，初始化函数
    int i;
    ds=0;                       //主机拉低总线
    i=60;while(i>0)i--;         //维持低电平（i=60~119）
    ds=1;                       //释放总线
    delay(20) ;                 //等待 60μs（15~60μs）
    while(!ds) delay(60) ;      //等待应答（60~240μs）
}
```

（2）写时隙

当主机总线 t_0 时刻从高拉至低电平时就产生写时隙如图 9-10 所示，从 t_0 时刻开始 15μs

之内应将所需写的位送到总线上，DSl820 在 t_1 后 15～60μs 间对总线采样。若采样时，总线为低电平写入的位是 0，为高电平写入的位是 1，连续写 2 位的间隙应大于 1μs。

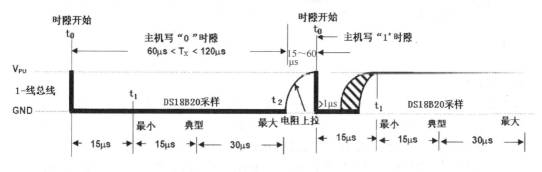

图 9-10　写时隙

我们根据图 9-10 写时隙时序图来编写程序，以下是晶振为 12MHz，P1.7 接单总线，写 1 个字节的子程序，该字节在 A 中。加粗字体部分程序是写 1 位代码。

```
/**************汇编语言向 DS18B20 写一个字节子程序*****************/
            DQ      BIT     P1.7
WRBYTE:     CLR     EA          ;关中断
            MOV     R3,#8       ;写入 DS18B20 的 bit 数,一个字节 8 位,存在 A 中
WR1:        SETB    DQ          ;时隙开始时刻
            MOV     R4,#8
            RRC     A           ;把一个字节数据(A)分成 8 个 bit 位环移给 C,低位先。
            CLR     DQ          ;开始写入时,DS18B20 总线要处于复位(低电平)状态
WR2:        DJNZ    R4,WR2      ;DS18B20 总线复位保持 16μs
            MOV     DQ,C        ;写入一个 bit,DS18B20 采样
            MOV     R4,#20
WR3:        DJNZ    R4,WR3      ;等待 40μs,采样维持时间。
            DJNZ    R3,WR1      ;转向写入下一个 bit
            SETB    DQ          ;写完 1 字节,重新释放 DS18B20 总线
            SETB    EA          ;开中断
            RET
/***************C 语言向 DS18B20 写一个字节数据****************/
void tempwritebyte(uchar dat){
    uchar j;
    bit testb;                  //定义位变量 testb
    for(j=1;j<=8;j++){          //循环写入 8 位
        testb=dat&0x01;
        dat=dat>>1;
        if(testb){              //若 testb=1
            ds=0;               //主机拉低总线
            _nop_();            //主机拉低总线(>1μs)
            ds=1;               //写 1
            delay(19);          //延时 60μs,写时隙必须持续时间(60~120μs)
        }
    else{
```

```
        ds=0;                   //写 0
        delay(19);              //延时 60μs，写时隙必须持续时间（60~120μs）
        ds=1;                   //释放总线
        _nop_();
    }
  }
}
```

（3）读时隙

读时隙时序如图 9-11 所示，是从主机下拉单总线低电平 1μs 开始，此后释放总线，在主机开始读时隙后，DS18B20 将开始向总线传送位 1 或位 0，此时，若总线为高电平，DS18B20 传送是 1，若为低电平，则传送是 0，当传送位 0 时，DS18B20 将在时隙结束时刻释放总线，总线靠上拉电阻将它拉回到高电平空闲状态，在开始读时隙 15μs 内来自 DS18B20 数据是有效的。2 个读时隙之间至少需 1μs 恢复时间，所有读时隙必须持续至少 60μs 时间。

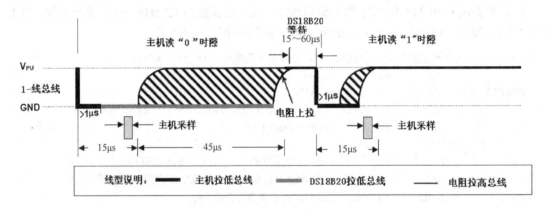

图 9-11　读时隙

我们根据图 9-11 读时隙时序图编写读一个字节子程序，以下是晶振为 12MHz，P1.7 接单总线，读 1 个字节的子程序，读出字节存放在 A 中，加粗字体部分是读 1 位代码。

```
/*************汇编语言程序：从 DS18B20 中读出一个字节子程序*****************/
        DQ      BIT     P1.7
RDBYTE: CLR     EA              ;关中断
        MOV     R6,#8
RE1:    CLR     DQ              ;主机拉低总线
        MOV     R4,#4           ;
        NOP                     ;读前总线保持低电平 3μs(>1μs)
        SETB    DQ              ;开始总线释放
RE2 :   DJNZ    R4,RE2          ;持续 8μs
        MOV     C,DQ            ;主机从 DS18B20 总线采样（读）一个 bit（15μs 内）
        RRC     A               ;把读得的位值环移给 A
        MOV     R5,#30
RE3:    DJNZ    R5,RE3          ;持续 60μs
        DJNZ    R6,RE1          ;转向读下一个 bit
        SETB    DQ              ;读完 8 位，重新释放 DS18B20 总线
        SETB    EA              ;开中断
```

```
                   RET
/***********C51 程序：从 DS18B20 读 1 位函数*****************/
Bit   tempreadbit(void){              //读 1 位函数
    bit dat;                          //定义位变量 dat
    ds=0;_nop_();_nop_();             //拉低电平，维持>1μs
    ds=1;delay(2);                    //释放总线 9μs(<15μs)
    dat=ds;                           //采样
    delay(20);                        //63μs,读时隙必须持续至少 60μs 时间
    return (dat);                     //返回采样位值
}
/***************C51 程序：从 DS18B20 读 1 字节函数*****************/
uchar tempread(void){                 //读 1 个字节
    uchar i,j,dat;
    dat=0;                            //字节变量 dat 赋初值 0
    for(i=1;i<=8;i++){                //循环读取 8 位数据，
        j=tempreadbit();
        dat=(j<<7)|(dat>>1);          //最先读出的数据放在最低位
    }
    return(dat);                      //返回读出 1 个字节数据
}
```

执行序列

通过单线总线端口访问 DS18B20 的协议如下：

步骤 1. 初始化

步骤 2. ROM 操作指令

步骤 3. DS18B20 功能指令，即 RAM 操作指令

【例 9-4】如图 9-12 所示为一个由单总线构成的多温度监测系统仿真图，寄生供电模式，4 个 DS18B20 编号自上向下为 1、2、3、4。显示格式：自左向右，第一位，DS18B20 的编号，第二位，不显（灭），后 4 位显示相应 DS18B20 温度值（BCD 码）。

1. 配置 DS18B20 序列号

多温度传感器检测系统，对于挂在单总线上的多个 DS18B20 芯片，识别总线上所有芯片序列码以及芯片的数目和型号是至关重要的，DS18B20 提供相应搜索、匹配、读取芯片 ROM 指令，实际 DS18B20 出厂时，每个芯片有唯一序列码来识别器件，此处，我们用 Proteus 仿真调试，则需要给每个 DS18B20 配置序列码，由于家族编号 28H 和 CRC 检测编号系统会自动给出，我们只需配置其余字节，配置方法有 5 个步骤：

（1）在图 9-12 中，鼠标放在 DS18B20 上，按右键出现对话框，选中编辑内容栏（Edit Properties）后会出现 9-13 对话框。

（2）图 9-13 为编辑元件对话框（Edit Component），选择 ROM Serial Number 栏输入 DS18B20 序列号，此处 U5 元件序列号为 d7000000B8C53328。

（3）28 是家族编码，在家族编码栏（Family Code）可以观察到。

（4）以上 U5 元件序列号 28 和 d70000 是系统自动给出，我们配置允许配置字节（4 个字节），此处配置 00B8C533，我们可以编写一个简单程序分别将每个 DS18B20 完整序列号读出保存（读 ROM 序列号时，总线只能连接一个 DS18B20）。

（5）若你没有配置 DS18B20，系统自动给出每个 DS18B20 相同序列号。

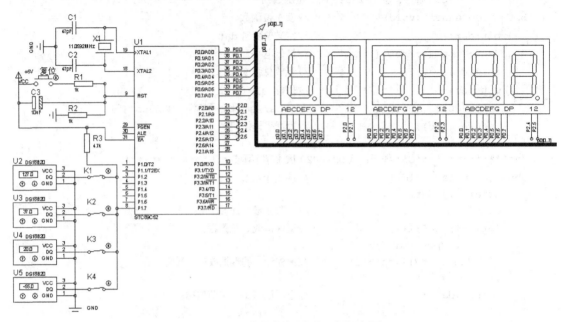

图 9-12　单总线构成的分布式温度监测系统

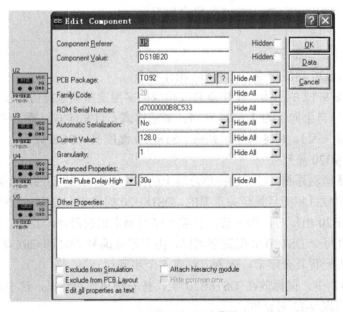

图 9-13　配置 DS18B20 截图

2. 获取序列号方法

在图 9-12 中，将要获取序列号 DS18B20 芯片与 P1.7 引脚相连，其余 DS18B20 芯片断开，运行读序列号子程序 GET_seq 并保存序列号在 40H 为首地址的连续 8 个单元中，序列号最低字节存在 40H 单元，我们可以查询这些单元可知该芯片序列号，此时汇编语言程序为：

```
/***文件名: get_18B20_seq.A51***/
DQ              BIT     P1.7
SEQ_NUBER       EQU     40H             ;序列号存放首地址
                ORG     0000H
MAIN:           LCALL   GET_seq         ;调读 DS18B20 序列号子程序
                SJMP    MAIN
/*注意: 以下程序用到的 INT、WRbyte、RDBYTE 子程序在 DS18B20 时序部分已有叙述, 此处略。*/
/**********读 DS18B20 序列号子程序**************/
GET_seq:        MOV     R2,#08H
                MOV     R0,#SEQ_NUBER
                LCALL   INT             ;调用初使化子程序
                MOV     A,#33H          ;读 ROM 命令字送 A
                LCALL   WRbyte          ;发送读 ROM 命令进入 DS18B20。
LOOP:           LCALL   RDBYTE          ;从 DS18B20 中读序列号, 先读低字节
                MOV     @R0,A           ;保存序列号
                INC     R0              ;地址加 1
                DJNZ    R2,LOOP         ;8 字节读完? 未完, 转 LOOP 继续。
                RET
```

想看完整源代码可以看课件例题 9-5: 文件名为 get_18B20_seq.A51 源代码。

3. 设计思路

多温度传感器检测系统硬件电路如图 9-12 所示, 对于题目要求 6 个数码管循环显示 4 个传感器温度值, 可以先启动所有传感器温度转换, 然后分别读取各个传感器转换温度值并保存。系统软件由 8 个子程序和一个主程序组成, 子程序功能(子程序名)分别是: 初始化 DS18B20 (INT)、向 DS18B20 写 1 个字节 (WRBYTE)、从 DS18B20 读出 1 个字节 (RDBYTE)、BCD 码显示格式转换 (BCD_CONV)、数码管显示 (DISPLAY)、给 DS18B20 编号并装配相应的序列号 (GET_number_SEQ)、转换/采集 (Convert) 和中断服务 (INTT0)。由于 INT、WRBYTE、RDBYTE 三个子程序本章节时序部分已有详细叙述, DISPLAY 数码管显示程序第 10 章有详细叙述, 此处只讲解三个主要子程序: GET_number_SEQ、Convert 和 INTT0。

4. 程序框图

(1) 分配 DS18B20 编号并装配相应的序列号子程序 (GET_number_SEQ)

运行获取序列号子程序(get_18B20_seq.A51)知图 9-12 中 4 个 DS18B20 的序列号是 U2: 8E000000B8C53028, U3: B9000000B8C53128, U4: E0000000B8C53228, U5: D7000000B8C53328, 每个序列号是 8 个字节, 仔细观察所有 DS18B20 序列号发现, 只有第 2 字节、第 8 字节内容不同 (由低位到高位计算字节编号), 其余各字节内容相同, 给它们序列号不同的字节分配 2 个暂存单元 71H 和 70H, 72H 存放 dDS8B20 器件编号, 根据不同器件编号分配相应序列号, 并调用采样子程序采样该器件转换温度值, 分配 DS18B20 编号并装配相应的序列号子程序框图如图 9-14 所示。

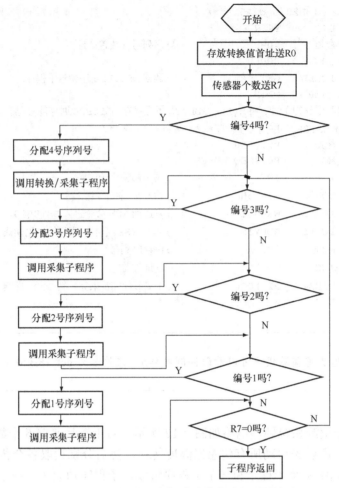

图 9-14 DS18B20 编号并装配相应的序列号子程序框图

```
GET_number_SEQ:
        MOV     R0,#TEMP_9byte      ;存放温度转换值单元首地址送 R0
        MOV     R7,#04H             ;DS18B20 个数送 R7
        CJNE    R7,#04H,NEQT3       ;第 4 个 DS18B20 吗? 不是转 NEQT3 继续
        MOV     70H,#0D7H           ;是,该序列号第 8 字节内容送 70H 单元
        MOV     71H,#33H            ;该序列号第 2 字节内容送 71H 单元
        LCALL   Convert             ;调用转换/采集子程序
NEQT3:  CJNE    R7,#03H,NEQT2       ;第 3 个 DS18B20 吗? 不是,转 NEQT2 继续
        MOV     70H,#0E0H           ;是,该序列号第 8 字节内容送 70H 单元
        MOV     71H,#32H            ;该序列号第 2 字节内容送 71H 单元
        LCALL   Convert             ;调用转换/采集子程序
NEQT2:  CJNE    R7,#02H,NEQT1       ;第 2 个 DS18B20 吗? 不是,转 NEQT1 继续
        MOV     70H,#0B9H           ;是,该序列号第 8 字节内容送 70H 单元
        MOV     71H,#31H            ;该序列号第 2 字节内容送 71H 单元
        LCALL   Convert             ;调用转换/采集子程序
NEQT1:  CJNE    R7,#01H,NEQT0       ;第 1 个 DS18B20 吗? 不是,转 NEQT0 继续
        MOV     70H,#8EH            ;是,该序列号第 8 字节内容送 70H 单元
```

	MOV	71H,#30H	;该序列号第 2 字节内容送 71H 单元
	LCALL	Convert	;调用转换/采集子程序
NEQT0:	DJNZ	R7,NEQT3	
	RET		

（2）转换/采集（Convert）子程序

多个 DS18B20 转换/采集（Convert）子程序流程是：先 DS18B20 初始化→发送跳过 ROM 指令→发送启动所有的 DS18B20 转换指令→发送匹配 ROM 指令→发送一个 DS18B20 序列号→发送读暂存器指令→读取 DS18B20 温度转换值并保存→子程序返回。

Convert:	LCALL	INT	;调用初使化子程序
	MOV	A,#0CCH	;忽略 ROM 命令字
	LCALL	WRbyte	;调用发送忽略 ROM 命令子程序
	MOV	A, #44H	;启动温度转换命令
	LCALL	WRbyte	;调用温度转换命令
U2:	LCALL	INT	;重新初始化
	MOV	A,#55H	;匹配 ROM 指令字
	LCALL	WRbyte	;调用发送匹配 ROM 指令
	MOV	A,#28H	;以下是 8 个字节（64 位）DS18B20 序列号发送
	LCALL	WRbyte	
	MOV	A,71H	
	LCALL	WRbyte	
	MOV	A,#0C5H	
	LCALL	WRbyte	
	MOV	A,#0B8H	
	LCALL	WRbyte	
	MOV	A,#00H	
	LCALL	WRbyte	
	MOV	A,#00H	
	LCALL	WRbyte	
	MOV	A,#00H	
	LCALL	WRbyte	
	MOV	A,70H	
	LCALL	WRbyte	
TEMP:	MOV	A,#0BEH	;读温度暂存器命令字送 A
	LCALL	WRbyte	;调用发送读温度暂存器命令
	LCALL	RDBYTE	;读转换值的低字节
	MOV	@R0,A	;读出温度值低字节存入 R0 间址单元
	INC	R0	;地址加 1
	LCALL	RDBYTE	;读转换值的高字节
	MOV	@R0,A	;读出温度值高字节存入 R0 间址单元
	INC	R0	;地址加 1
	RET		

（3）中断服务（INTT0）子程序

据题目要求：循环显示 4 个 DS18B20 传感器温度值，可以采用中断方式，每隔 1s 去读取 DS18B20 编号和相对应的温度值送显示缓冲区。

设计思路：选晶振频率为 12MHz，定时/计数器 T0 定时 100ms，计数 10 次，每隔 1s 去读取一个 DS18B20 温度值，从器件编号 4 开始，并将对应器件编号温度值送保存数据单元，通过改变器件编号和对应该编号器件温度转换值存储地址来改变显示内容，中断服务程序框图如图 9-15 所示。

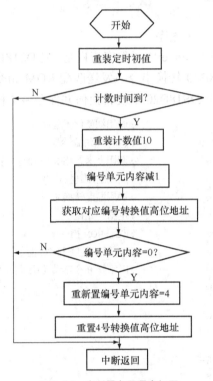

图 9-15 中断服务子程序框图

```
/***************中断服务子程序***************/
INTT0:      MOV     TH0,#3CH        ;重新装入初值
            MOV     TL0,#0B0H;
            DJNZ    20H,RETURN      ;1 秒时间未到，返回
            MOV     20H,#0AH        ;重置中断次数
            DEC     72H             ;DS18B20 编号减 1
            INC     73H             ;存放 DS18B20 温度值地址加 1
            INC     73H             ;存放 DS18B20 温度值地址加 1
            MOV     A,72H
            CJNE    A,#00H,RETURN   ;DS18B20B 编号到 0?
            MOV     72H,#04         ;重置 DS18B20 编号
            MOV     73H,#51H        ;重置相应编号温度值的单元地址
RETURN:     RETI                    ;中断返回
```

想看完整源代码可以看课件例题 9-5：文件名为 DS18B20_number.A51 源代码。

5. C51 程序清单

设计思路：多温度传感器检测关键点是区别单总线数据是那个传感器器件送出的，我们

一次启动所有传感器转换，再依次发送器件序列号读取相应温度转换值。设置 4 行 8 列的二维数组作为序列号数组存放器件序列号，数组行号加 1 表示器件编号。

多温度传感器检测系统 C51 程序是由主函数调用几个子函数完成，子函数功能（子函数名）分别是：μs 延时函数（delay）、DS18B20 初始化函数（dsreset）、向 DS18B20 写 1个字节（tempwritebyte），从 DS18B20 读 1 位函数（tempreadbit）、从 DS18B20 读 1 个字节（tempread）、DS18B20 启动转换函数（temp_convert）、多个 DS18B20 读取寄存器中存储的温度数据（get_temp），读取 DS18B20 转换值送显示缓冲区程序（data_change）和数码管显示函数（Display）。由于 delay、dsreset、tempwritebyte、tempreadbit、tempread、temp_convert、五个函数本章节时序部分已有详细叙述，此处函数名和代码没变，省略。在此仅叙述多个DS18B20 读取寄存器中存储的温度数据（get_temp）、定时器 T0 中断函数和主程序。C51程序清单如下：

```
/*******文件名: DS18B20_number.C********/
#include <reg52.h>
#include <stdio.h>
#include<intrins.h>
#define  uchar unsigned char
#define  uint  unsigned int
uchar temp,a,b,k,m=0x20,n=0;                    //m 为计数变量，器件编号变量为 n+1
sbit ds=P1^7;                                   //温度传感器信号线
/*P0 口连接数码管的段码端口，P2 口连接数码管的位码端口*/
uchar code DSY_CODE[]={0xc0,0xf9,0xa4,0xb0,0x99,0x92,0x82,
0xf8,0x80,0x90,0x88,0x83,0xC6,0xA1,0x86,0x8e,0xbf,0xff,0xff}  //字型数组
uchar data DSY_SBUF[]={0x0,0x0,0x0,0x0,0x0,0x0};              //显示缓冲数组
uchar data Rseq_rom[4][8]={0x28,0x30,0xc5,0xb8,0x00,0x00,0x00,0x8e,
0x28,0x31,0xc5,0xb8,0x00,0x00,0x00,0xb9,
0x28,0x32,0xc5,0xb8,0x00,0x00,0x00,0xe0,
0x28,0x33,0xc5,0xb8,0x00,0x00,0x00,0xd7};                     //序列号数组
/*****多个 DS18B20 读取寄存器中存储的温度数据********/
uint get_temp(uchar n){
    uint i;uchar dat;
    dsreset();                          //初始化函数
    delay(10);                          //延时等待发送就绪
    tempwritebyte(0x55);                //发送匹配 ROM 指令
    for(i=0;i<8;i++){                   //循环发送 8 个字节序列号
    dat=Rseq_rom[n][i];
        tempwritebyte(dat);
        _nop_();
    }
    tempwritebyte(0xbe);                //发送读暂存器命令，即读温度转换值
    a=tempread();                       //读温度值低 8 位
    b=tempread();                       //读温度值高 8 位
    temp=b;
    temp=temp<<4;                       //两个字节拼装成温度值整数部分
    temp=temp|(a>>4);
    return temp;                        //返回采样温度值
}
```

```
/*******中断服务子程序*****/
 void timer0int(void) interrupt 1{
     TH0=0x3c;                             //重装定时初值
     TL0=0xb0;
     if(m==0){m=0x0a;n++;}                 //1秒到,重装计数初值,器件编号加1
     else m--;                             //1秒没到,计数变量内容减1
     if(n==4)n=0;                          //4个器件转换值读完,器件变量回0
 }
/**************主程序************/
void main(){
     SP=0x60;
     TMOD=0x01;
     TH0=0x3c;                             //给T0装入计数初值
     TL0=0x0B0;
     m=0x0a;                               //计数变量m=10
     ET0=1;                                //允许T0申请中断
     EA=1;                                 //总中断允许
     TR0=1;                                //启动T0
     while(1){
         tempchange();                     //调用启动温度转换函数
         data_change(n);                   //调用读取ds18b20值送显示缓冲区函数
         Display();                        //调用数码管显示函数
     }
 }
```

想看完整源代码可以看课件例题 9-5：文件名为 DS18B20_number.C 源代码。

9.4.2 SPI 总线串行扩展

SPI（Serial Periperal Interface）是 Motorola 公司推出的同步串行外设接口，允许单片机与多个厂家生产的带有标准 SPI 接口的外围设备直接连接，以串行方式交换信息。

图 9-16 为 SPI 外围串行扩展结构图。SPI 使用 4 条线：串行时钟 SCK，主器件输入/从器件输出数据线 MISO，主器件输出/从器件输入数据线 MOSI 和从器件选择线片选端 $\overline{\text{CS}}$。

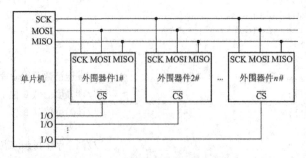

图 9-16 SPI 外围串行扩展结构图

SPI 典型应用是单主系统，一台主器件，从器件通常是外围接口器件，如存储器、I/O 接口、A/D、D/A、键盘、日历/时钟和显示驱动等。扩展多个外围器件时，SPI 无法通过数据线译码选择，故外围器件都有片选端 $\overline{\text{CS}}$。在扩展单个 SPI 器件时，外围器件的片选端 $\overline{\text{CS}}$ 可以接地或通过 I/O 口控制；在扩展多个 SPI 器件时，单片机应分别通过 I/O 口线来分时选通外围器件。

SPI 系统中单片机对从器件的选通需控制其 $\overline{\text{CS}}$ 端，由于省去传输时的地址字节，数据传送软件十分简单。但在扩展器件较多时，需要控制较多的从器件 $\overline{\text{CS}}$ 端，连线较多。

在 SPI 系统中，主器件单片机在启动一次传送时，便产生 8 个时钟，传送给接口芯片作为同步时钟，控制数据的输入和输出。传送格式是高位（MSB）在前，低位（LSB）在后，如图 9-17 所示。输出数据的变化以及输入数据时的采样，都取决于 SCK，但对不同外围芯片，可能是 SCK 的上升沿起作用，也可能是 SCK 的下降沿起作用。SPI 有较高的数据传输速度，最高可达 1.05Mbit/s。

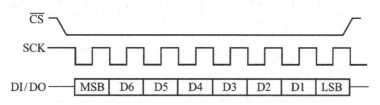

图 9-17　SPI 数据传送格式

SPI 从器件要具有 SPI 接口。主器件是单片机。目前已有许多机型的单片机都带有 SPI 接口。但对 STC89C52，由于不带 SPI 接口，SPI 接口的实现，可采用软件与 I/O 口结合来模拟 SPI 时序。

【例 9-5】设计 STC89C52 单片机与串行 A/D 转换器 TLC2543 的 SPI 接口。

1. TLC2543 介绍

TLC2543 是美国 TI 公司的一款 8 位、12 位、16 位为一体的可选输出二进制位数的 11 通道串行 SPI 接口的 A/D 转换芯片，一路转换时间为 10μs。片内有 1 个 14 路模拟开关，用来选择 11 路模拟输入以及 3 路内部测试电压中的 1 路进行采样。供电电压 V_{CC} 为 4.5～5.5V 参考电压：V_{ref+} 最大到 V_{CC}，V_{ref-} 接到地，CLK 最大频率：4.1MHz。

外部输入信号为：数据输入 SDI；片选 $\overline{\text{CS}}$；I/O 时钟 CLK；模拟量输入 $\text{AIN}_i(i=0\sim10)$；输出信号为：转换结束 EOC、数据输出 SDO。

（1）TLC2543 工作原理：

● $\overline{\text{CS}}$ 由高变为低时，允许 SDI、CLK、模拟量 $\text{AIN}_i(i=0\sim10)$ 信号输入和 SDO 数据信号输出，EOC 在转换过程中一直为高电平，转换结束变为低电平。

● $\overline{\text{CS}}$ 由低到高时，禁止 SDI、CLK 和模拟量 $\text{AIN}_i(i=0\sim10)$ 信号输入。

初始化时候，必须将 $\overline{\text{CS}}$ 由高拉低才能进行数据输出/输入。

注意

数据输入格式：

D7	D6	D5	D4	D3	D2	D1	D0
数据地址位				输出数据长度		输出数据格式	极性选择

D7-D4：数据地址位，用于选择输入通道与测试电压选择：0000 选择通道 0；0001 选择通道 1；类推：1010 选择通道 10；1011 选择测试电压=（V$_{ref+}$-V$_{ref-}$）/2；1100 选择测试电压=V$_{ref-}$；1101 选择测试电压=V$_{ref+}$。

D3D2：输出数据长度选择位：01 选 8 位数据，x0（x 为 0 或 1）选 12 位数据，11 选 16 位数据。

D1：输出数据格式选择位：0 选高位在前，1 选低位在前

D0：输出极性选择位，0 选单极性（电压范围：0～V$_{ref+}$），1 选双极性（电压范围：V$_{ref-}$～V$_{ref+}$）

（2）时序图：TLC2543 时序图如图 9-18 所示。

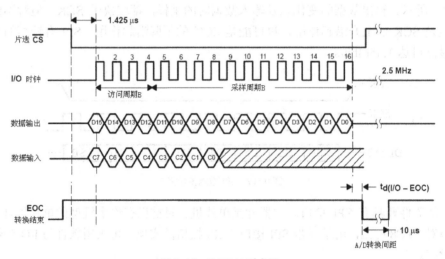

图 9-18　TLC2543 时序图

　TLC2543 在每次 I/O 周期读取的数据都是上次转换的结果，当前转换结果要在一个 I/O 周期中被串行移出。TLC2543A/D 转换的第 1 次读数由于内部调整，读取的转换结果可能不准确，应丢弃。

若参考电压 V$_{ref+}$=+5V，输入电压 V$_i$，转换后 12 位输出数据为 DATAout，它们之间关系为：$DATAout = \dfrac{FFFH}{+5V} \times V_i$

从 TLC2543 时序图 9-18 中知：片选 $\overline{CS}$ 拉低电平到第一个 I/O 时钟上升高电平（激活）需要延时 1.425μs，该延时确保 TLC2543 内部电路正确启动。在 I/O 时钟的开始的 8 个时钟周期内，控制数据送到 TLC2543 中；余下 8 个传输时钟周期被忽略。来自 TLC2543 转换的 12 位输出值被 DSP（数字信号处理器）接收调整在 16 位字中。在访问周期 B 内，采样检测通道地址。在采样周期 B 内，采样占用模拟通道的数据。转换是传输到最后一个 I/O 时钟下降沿处开始。当片选信号拉低后,来自 TLC2543 数据输出总线进入高阻状态允许其他器件分享 DSP 串口输入通道。

2. 接口设计

（1）硬件设计

例 9-6 的 STC89C52 单片机与 TLC2543 的 SPI 接口电路设计如图 9-19 所示。单片机的 P1.4、P1.5 和 P1.6 引脚分别与 TLC2543 的 CLK、$\overline{CS}$ 和 SDI 引脚相连；P1.3 与转换结束信号

EOC 相连，P1.7 与输出数据端 SDO 相连，单片机将命令字通过 P1.6 输入到 TLC2543 的输入寄存器中。

（2）软件设计分析

根据 TLC2543 输入格式和图 9-19 知：选择输出极性为单极性，输出数据格式为高位在前，输出数据长度为 12 位，则通道 0 至通道 10 的控制字为：00H~A0H，图 9-19 选择 10 通道（AIN10）进行 1 次 A/D 模数转换，A/D 转换结果共 12 位，分两次读入。先读入 TLC2543 中的 8 位转换结果到单片机中，同时写入下一次转换的命令，然后再读入 4 位的转换结果到单片机中。

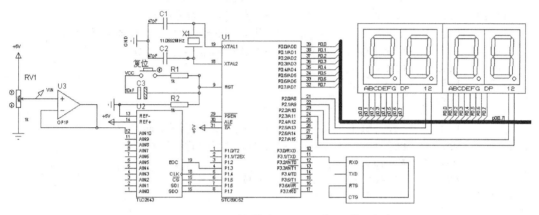

图 9-19　STC89C52 单片机与 TLC2543 的 SPI 接口电路

由于 TLC2543 时钟频率 f=2.5MHz，则时钟周期=(1/f)=(1/2.5MHz)=4μs，取单片机晶振频率=6MHz，则机器周期=2μs，则 1 个 NOP 指令 2μs。

3. 程序清单

（1）汇编程序清单：

```
ORG     0000H
CLK     BIT  P1.4        ;设计 P1.0 连接 TLC2543 时钟端
CS      BIT  P1.5        ;设计 P1.1 连接 TLC2543 片选端
DIN     BIT  P1.6        ;设计 P1.2 连接 TLC2543 数据输入端
DOUT    BIT  P1.7        ;设计 P1.3 连接 TLC2543 数据输出端
ADDR    EQU  50H         ;A/D 转换结果存储单元
MAIN:   ACALL  ADCONV2   ;调用 A/D 转换，SPI 传输子程序
        LCALL  DATA1     ;调用显示格式转换子程序
        ACALL  DISPLAY   ;调用数码管显示子程序
        AJMP   MAIN
ADCONV2:MOV    R0,#ADDR
        MOV    R1,#0A0H  ;选择通道 10，单极性，高位在前；12 位输出
        ACALL  READAD    ;加电后空转换一次。
        MOV    R1,#0A0H  ;通道 10 的有效转换开始
        ACALL  READAD
        MOV    A,R2      ;保存转换结果
        MOV    @R0,A
        INC    R0
```

```
          MOV     A,R3
          MOV     @R0,A
          RET
;READAD 为 TLC2543AD 转换子程序，R1 内容为控制字，转换值的高 8 位保存在 R2，低 4 位保存在 R3。
READAD:   CLR     CLK                 ;置 CLK 为低
          SETB    CS                  ;置 CS 为高
          CLR     CS                  ;置片选由高到低
          NOP
          NOP                         ;保持 CS 为低，延时>1.425μs，启动转换
          MOV     R4,#08              ;
          MOV     A,R1                ;控制字装入累加器 A 中
ADLOP1:   MOV     C, DOUT             ;转换值移出一位进入 C
          RLC     A                   ;值从 A 的最低位进入，控制字最高位移入 C
          MOV     DIN, C              ;控制字的 1 位移入 TLC2543
          SETB    CLK
          NOP
          NOP
          CLR     CLK
          DJNZ    R4, ADLOP1          ;8 位是否移完？没有，转 ADLOP1
          MOV     R2, A               ;转换值的高 8 位装入 R2
          MOV     A, #0
          MOV     R4,#04              ;读取低 4 位转换值
ADLOP2:   MOV     C, DOUT
          RLC     A
          SETB    CLK
          NOP
          NOP
          CLR     CLK
          DJNZ    R4, ADLOP2          ;4 位是否移完？没有，转 ADLOP2
          MOV     R3, A               ;低 4 位转换值装入 R3
          SETB    CS
          RET
DATA1:    MOV     79H,#11H            ;取"灭"的字型码索引值
          MOV     R0, #ADDR           ;A/D 转换值存储单元地址送 R0
          MOV     A, @R0              ;读取转换值 12 位中高 8 位
          ANL     A, #0F0H            ;取出转换值高 4 位送显示缓冲单元 7AH
          SWAP    A
          MOV     7AH, A
          MOV     A, @R0              ;取出转换值中 4 位送显示缓冲单元 7BH
          ANL     A, #0FH
          MOV     7BH, A
          INC     R0                  ;A/D 转换值存储单元地址加 1
          MOV     A, @R0;             ;读取转换值 12 位中低 4 位
          ANL     A, #0FH
          MOV     7CH, A              ;低 4 位值送显示缓冲单元 7CH
          RET
DISPLAY:略（数码管动态显示工作原理第 10 章有详细叙述，程序框图见图 13-21 所示。）
```

　　由本例见，单片机与 TLC2543 接口十分简单，只需用软件控制 4 条 I/O 引脚按规定时序对 TLC2543 进行访问即可。

（2）C51 程序清单：通过串行口输出 10 通道的温度值。

```
/******文件名 9-6B.C*****************/
#include<reg52.h>
#include<intrins.h>
#include<stdio.h>
#define uint unsigned int
#define uchar unsigned char
sbit ADout=P1^7;
sbit ADin=P1^6;
sbit CS=P1^5;
sbit CLK=P1^4;
sbit EOC=P1^3;
/***********ms 延时程序*****************/
void delay(uint z){//延时函数
    uint i;
    for(i=0;i<z;i++);
}
/*启动 TLC2543 转换并返回转换数值函数*/
uint readAD(uchar port){
    uchar ch,i,j;
    uint ad;
    ch=port;                    //通道数
    for(j=0;j<1;j++) {          //空循环一次，
        ad=0;
        ch=port;
        EOC=1;
        CS=1;                   //置 CS 为高
        CS=0;                   //置 CS 为低，
        _nop_();
        _nop_();                //转换开始
        CLK=0;                  //置 CLK 为低
        for(i=0;i<12;i++){
            if(ADout) ad|=0x01;
            ADin=(bit)(ch&0x80);
            CLK=1;
            CLK=0;
            ch<<=1;
            ad<<=1;
        }
    }
        CS=1;                   //置 CS 为高,停止转换
while(!EOC);ad>>=1; return(ad); //返回转换数值
}
/********** 初始化串口波特率 ************/
void initUart(void){            //初始化串口波特率, 使用定时器1
/* Setup the serial port for 9600 baud at 11.0592MHz */
    SCON = 0x50;                //串口工作在方式1
    TMOD = 0x20;                //T1 工作方式 2、定时
    TH1  = 0xfd;
    TR1  = 1;                   //启动 T1 计数
```

```
    TI=1;
}
/***********主函数***************/
void main(){
    uint i,ch;
    initUart();
    while(1)  {
        printf("ad=%x\n",readAD(0xa0));delay(2000);
    }
}
```

9.4.3 IIC 总线串行扩展

目前很多外设芯片是基于 IIC 总线与处理器通信，越来越多处理器或控制器内嵌 IIC 总线，了解 IIC 总线工作原理和通信时序是电子工程师必须具备的基本知识。

9.4.3.1 IIC 总线概述

IIC 总线是 PHILIPS 公司推出使用广泛、很有发展前途的芯片间串行数据传输总线，采用两线制实现全双工同步数据传送。

IIC 总线只有两条信号线，一条是数据线 SDA，另一条是时钟线 SCL。两条线均双向传送，所有连到 IIC 上器件的数据线都接到 SDA 线上，各器件时钟线均接到 SCL 线上。IIC 系统基本结构如图 9-20 所示。IIC 总线单片机直接与 IIC 接口的各种扩展器件（如存储器、I/O 芯片、A/D 芯片、D/A 芯片、键盘、显示器、日历/时钟）连接。

由于 IIC 总线的寻址采用纯软件的寻址方法，无需片选线的连接，这样就大大简化了总线数量。

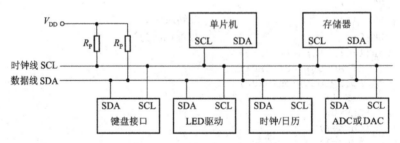

图 9-20　IIC 串行总线系统的基本结构

IIC 的运行由主器件（主机）控制。主器件是指启动数据的发送（发出起始信号）、发出时钟信号、传送结束时发出终止信号的器件，通常由单片机来担当。

从器件（从机）可以是存储器、LED 或 LCD 驱动器、A/D 或 D/A 转换器、时钟/日历器件等，从器件必须带有 IIC 串行总线接口。

当 IIC 总线空闲时，SDA 和 SCL 两条线均为高电平。由于连接到总线上器件（节点）输出级必须是漏极或集电极开路，只要有一器件任意时刻输出低电平，都将使总线上的信号变低，即各器件的 SDA 及 SCL 都是"线与"关系。

由于各器件输出端为漏级开路，故必须通过上拉电阻接正电源（见图 9-20 中的两个电阻），以保证 SDA 和 SCL 在空闲时被上拉为高电平。

SCL 线上的时钟信号对 SDA 线上的各器件间的数据传输起同步控制作用。SDA 线上的数据起始、终止及数据的有效性均要根据 SCL 线上的时钟信号来判断。

在标准 IIC 模式，数据的传输速率为 100kbit/s，高速模式下可达 400kbit/s。

总线上扩展的器件数量不是由电流负载决定的，而是由电容负载确定的。IIC 总线上每个节点器件的接口都有一定的等效电容，连接的器件越多，电容值越大，这会造成信号传输的延迟。总线上允许的器件数以器件的电容量不超过 400pF（通过驱动扩展可达 4000pF）为宜，据此可计算出总线长度及连接器件的数量。

每个连到 IIC 总线上的器件都有一个唯一的地址，扩展器件时也要受器件地址数目的限制。

IIC 系统允许多主器件，究竟哪一主器件控制总线要通过总线仲裁来决定。如何仲裁，可查阅 IIC 仲裁协议。但在实际应用中，经常遇到的是以单一单片机为主机，其他外围接口器件为从机情况。

9.4.3.2　IIC 总线的数据传送

1. 数据位的有效性规定

IIC 总线在进行数据传送时，每一数据位的传送都与时钟脉冲相对应。时钟脉冲为高电平期间，数据线上的数据必须保持稳定，在 IIC 总线上，只有在时钟线为低电平期间，数据线上的电平状态才允许变化，如图 9-21 所示。

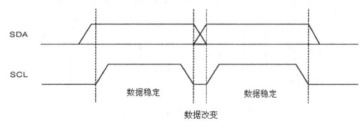

图 9-21　数据位的有效性规定

2. 起始和终止信号

据 IIC 总线协议，总线上数据信号传送由起始信号（S）开始、停止信号（P）结束。

起始信号和停止信号都由主机发出，在起始信号产生后，总线就处于占用状态；在停止信号产生后，总线就处于空闲状态。结合图 9-22 介绍启动信号和停止信号规定。

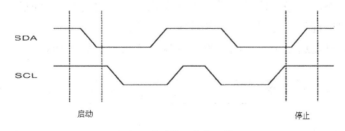

图 9-22　启动信号和停止信号

（1）启动信号（S）。在 SCL 线为高电平期间，SDA 线由高电平向低电平的变化表示起始信号，只有在起始信号以后，其他命令才有效。

（2）停止信号（P）。在 SCL 线为高电平期间，SDA 线由低电平向高电平的变化表示停止信号。随着停止信号出现，所有外部操作都结束。

3. IIC 总线上数据传送的应答

IIC 数据传送时，传送的字节数（数据帧）没有限制，但每一个字节必须为 8 位长度。数据传送，先传最高位（MSB），每一个被传送字节后都须跟随 1 位应答位（即一帧共有 9 位），如图 9-23 所示。

IIC 总线在传送每一字节数据后都须有应答信号 A，在第 9 个时钟位上出现，与应答信号对应的时钟信号由主机产生。这时发送方须在这一时钟位上使 SDA 线处于高电平状态，以便接收方在这一位上送出低电平应答信号 A。

由于某种原因接收方不对主机寻址信号应答时，例如接收方正在进行其他处理而无法接收总线上的数据时，必须释放总线，将数据线置为高电平，而由主机产生一个终止信号以结束总线的数据传送。

当主机接收来自从机的数据时，接收到最后一个数据字节后，必须给从机发送一个非应答信号（$\overline{A}$），使从机释放数据总线，以便主机发送一个终止信号，从而结束数据的传送。

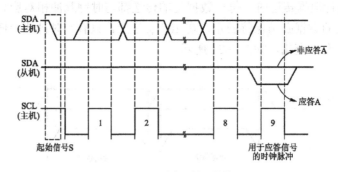

图 9-23　IIC 总线上的应答信号

4. IIC 总线上的数据帧格式

IIC 传送的信号即包括真正的数据信号，也包括地址信号。IIC 总线规定，在起始信号后必须传送一个从机的地址（7 位），第 8 位是数据传送的方向位（$R/\overline{W}$），若为"0"表示主机发送数据（$\overline{W}$），"1"表示主机接收数据（R）。

每次数据传送总是由主机产生的停止信号结束。但是，若主机希望继续占用总线进行新的数据传送，则可不产生停止信号，马上再次发出起始信号对另一从机进行寻址。因此，在总线一次数据传送过程中，可以有以下几种组合方式：

（1）主机向从机发送 n 个字节的数据，数据传送方向在整个传送过程中不变，传送格式如下：

S	从机地址	0	A	字节1	A	……	字节（n-1）	A	字节n	A/$\overline{A}$	P

阴影部分表示主机向从机发送数据，无阴影部分表示从机向主机发送数据，以下同。上述格式中的从机地址为 7 位，紧接其后的"1"和"0"表示主机的读/写方向，"1"为读，"0"为写。格式中：字节 1～n 为主机写入从机 n 个字节数据。

说明

（2）主机读来自从机的 *n* 个字节。除第一个寻址字节由主机发出，*n* 个字节都由从机发送，主机接收，数据传送格式如下：

S	从机地址	1	A	字节 1	A	……	字节（*n*-1）	A	字节 *n*	$\overline{A}$	P

其中：字节 1～*n* 为从机被读出的 *n* 个字节的数据。主机发送终止信号前应发送非应答信号，向从机表明读操作要结束。

（3）主机的读、写操作。在一次数据传送过程中，主机先发送一个字节数据，然后再接收一个字节数据，此时起始信号和从机地址都被重新产生一次，但两次读写的方向位正好相反。数据传送的格式如下：

S	从机地址	0	A	数据	A/$\overline{A}$	Sr	从机地址 r	1	A	数据	$\overline{A}$	P

"Sr"表示重新产生的起始信号，"从机地址 r"表示重新产生的从机地址。

由上可见，无论哪种方式，起始信号 S、终止信号 P 和从机地址均由主机发送，数据字节传送方向由寻址字节中方向位规定，每字节传送都必须有应答位（A 或 $\overline{A}$）相随。

5．寻址字节

在上面数据帧格式中，均有 7 位从机地址和紧跟其后的 1 位读/写方向位。下面要介绍的寻址字节是 IIC 总线的寻址，采用软件寻址，主机在发送完起始信号后，立即发送寻址字节来寻址被控的从机，寻址字节格式如下：

寻址字节	器件地址				引脚地址			方向位
	DA3	DA2	DA1	DA0	A2	A1	A0	R/$\overline{W}$

7 位从机地址即为"DA3、DA2、DA1、DA0"和"A2、A1、A0"。

其中"DA3、DA2、DA1、DA0"为器件地址，是外围器件固有的地址编码，器件出厂时就已经给定。"A2、A1、A0"为引脚地址，由器件引脚 A2、A1、A0 在电路中接高电平或接地决定，如图 9-28 中的 DS1621 芯片 A2、A1、A0 引脚连线。

数据方向位（R/$\overline{W}$）规定了总线上的单片机（主机）与外围器件（从机）的数据传送方向。R/$\overline{W}$ =1，表示主机接收（读）。R/$\overline{W}$ =0，表示主机发送（写）。

6．数据传送格式

IIC 总线上每传送一位数据都与一个时钟脉冲相对应，传送的每一帧数据均为一字节。但启动 IIC 总线后传送的字节数没有限制，只要求每传送一个字节后，对方回答一个应答位。在时钟线为高电平期间，数据线的状态就是要传送的数据。数据线上数据的改变必须在时钟线为低电平期间完成。

在数据传输期间，只要时钟线为高电平，数据线都必须稳定，否则数据线上任何变化都当作起始或终止信号。IIC 总线数据传送是必须遵循规定的数据传送格式。据总线规范，起始信号表明一次数据传送开始，其后为寻址字节。在寻址字节后是按指定读、写的数据字节与应答位。在数据传送完成后主器件都必须发送停止信号。在起始与停止信号间传输的字节数由主机决定，理论上讲没有字节限制。

IIC 总线上的数据传送有多种组合方式，前面已介绍常见的数据传送格式，这里不再赘述。从上述数据传送格式可看出：

（1）无论何种数据传送格式，寻址字节都由主机发出，数据字节的传送方向则遵循寻址字节中的方向位的规定。

（2）寻址字节只表明了从机的地址及数据传送方向。从机内部的 n 个数据地址，由器件设计者在该器件的 IIC 总线数据操作格式中，指定第一个数据字节作为器件内的单元地址指针，且设置地址自动加减功能，以减少从机地址的寻址操作。

（3）每个字节传送都必须有应答信号（ $A/\overline{A}$ ）相随。

（4）从机在接收到起始信号后都必须释放数据总线，使其处于高电平，以便主机发送从机地址。

9.4.3.3 STC89C52 单片机的 IIC 总线扩展的设计

本节首先介绍 STC89C52 单片机扩展 IIC 总线器件的硬件接口设计，然后介绍用单片机 I/O 口结合软件模拟 IIC 总线数据传送，以及数据传送模拟通用子程序的设计。

许多公司都推出带有 IIC 接口的单片机及各种外围扩展器件，常见有 ATMEL 公司的 AT24C 系列存储器、Philips 公司的 PCF8553（时钟/日历且带有 256×8 RAM）和 PCF8570（256×8 RAM）、MAXIM 公司的 MAX127/128（A/D）和 MAX517/518/519（D/A）等。

IIC 总线系统中的主器件通常由带有 IIC 总线接口单片机来担当，也可用不带 IIC 总线接口的单片机。从器件必须带有 IIC 总线接口。

STC89C52 是没有 IIC 总线接口的单片机，可利用其并行 I/O 口线模拟 IIC 总线接口的时序，因此，在许多 STC89C52 应用系统中，都将 IIC 总线的模拟传送技术作为常规的设计方法。

1. IIC 总线数据传送的模拟

STC89C52 用软件来模拟 IIC 总线上的信号为单主器件的工作方式下，没有其他主器件对总线的竞争与同步，只存在单片机对 IIC 总线上各从器件的读（单片机接收）、写（单片机发送）。

（1）典型信号模拟

为保证数据传送的可靠性，标准 IIC 的数据传送有严格的时序要求。IIC 总线的起始信号、终止信号、应答/数据 "0" 及非应答/数据 "1" 的模拟时序如图 9-24、图 9-25、图 9-26 及图 9-27 所示。

在 IIC 的数据传送中，可利用时钟同步机制展宽低电平周期，迫使主器件处于等待状态，使传送速率降低。

对起始/终止信号，要保证有大于 $4.7\mu s$ 的信号建立时间。终止信号结束时，要释放总线，使 SDA、SCL 维持在高电平，大于 $4.7\mu s$ 后才可以进行第 1 次起始操作。单主器件系统中，为防止非正常传送，终止信号后 SCL 可设置为低电平。

对于发送应答位、非应答位来说，与发送数据 "0" 和 "1" 的信号定时要求完全相同。只要满足在时钟高电平大于 $4.0\mu s$ 期间，SDA 线上有确定的电平状态即可。

（2）典型信号的模拟子程序

主器件采用单片机，晶振频率为 6MHz（机器周期 $2\mu s$），以下各个信号模拟是在设置 P1.2 为数据线 SDA，P1.3 为时钟线 SCL 情况下进行。常用的几个典型的波形模拟如下：

（A）起始信号 S。对一个新的起始信号，要求起始前总线空闲时间大于 $4.7\mu s$，而对一个重复的起始信号，要求建立时间也须大于 $4.7\mu s$。

图 9-24 所示的起始信号的时序波形在 SCL 高电平期间 SDA 发生负跳变, 该时序波形适用于数据模拟传送中任何情况下的起始操作。起始信号到第 1 个时钟脉冲的时间间隔应大于 4.0μs。

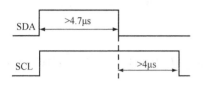

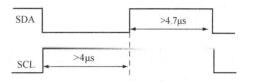

图 9-24　起始信号 S 的模拟　　　　　　　　　　　图 9-25　终止信号 P 的模拟

起始信号 S 的汇编语言子程序如下:

```
START:  SETB    SDA                 ;SDA=1
        SETB    SCL                 ;SCL=1
        NOP                         ;SDA=1 保持>4.7μs
        NOP
        CLR     SDA                 ;SDA=0
        NOP                         ;SDA=0 和 SCL=1（起始信号）保持 4μs
        NOP
        CLR     SCL                 ;SCL=0
        RET
/*********** C 语言启动 IIC 总线函数 ***********/
void start(void) {
    SDA=1;                          /*发送起始条件数据信号*/
    _nop_();
    SCL=1;                          /*发送起始条件的时钟信号*/
    _nop_();
    _nop_();
    SDA=0;                          /*发送起始信号*/
    _nop_();
    _nop_();
    SCL=0;
}
```

（B）终止信号 P。在 SCL 高期间 SDA 发生正跳变。终止信号 P 的波形如图 9-25 所示。终止信号 P 汇编语言子程序如下:

```
STOP:   CLR     SDA                 ;SDA=0
        SETB    SCL                 ;SCL=1
        NOP                         ;终止信号建立时间>4μs
        NOP
        SETB    SDA                 ;SDA=1,保持>4.7μs
        NOP
        NOP
        CLR     SCL                 ;SCL=0
        CLR     SDA                 ;SDA=0
        RET
/*********** C 语言终止 IIC 总线函数 ***********/
void stop(void) {
    SDA=0;                          //发送停止条件的数据信号
```

```
    SCL=1;                          //发送停止条件的时钟信号
    _nop_();
    _nop_();
    SDA=1;                          //发送IIC总线停止信号
    _nop_();
    _nop_();
}
```

（C）发送应答位/数据"0"。在 SDA 低电平期间 SCL 发生一个正脉冲，波形如图 9-26 所示。汇编语言子程序如下：

```
ACK:    CLR     SDA                 ;SDA=0
        SETB    SCL                 ;SCL=1
        NOP                         ;4μs
        NOP
        CLR     SCL                 ;SCL=0
        SETB    SDA                 ;SDA=1
        RET
/*********** C语言发送应答位/数据"0"函数 ***********/
Void    ACK(void) {
        SDA=0;
        SCL=1;
        _nop_();
        _nop_();
        SCL=0;
        SDA=1;
}
```

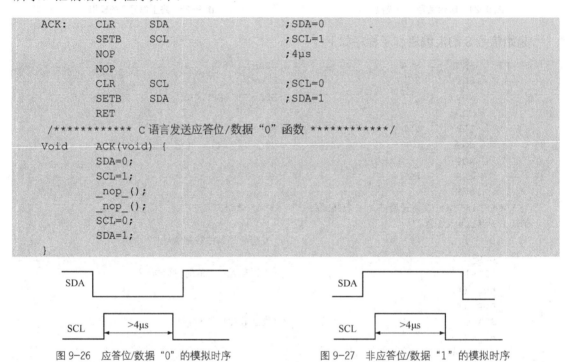

图 9-26 应答位/数据"0"的模拟时序   图 9-27 非应答位/数据"1"的模拟时序

（D）发送非应答位/数据"1"。在 SDA 高电平期间 SCL 发生一个正脉冲，时序波形图 9-27 所示。汇编语言子程序如下：

```
NACK:   SETB    SDA                 ;SDA=1
        SETB    SCL                 ;SCL=1
        NOP                         ;两条NOP指令为 4μs
        NOP
        CLR     SCL                 ;SCL=0
        CLR     SDA                 ;SDA=0
        RET
/*********** C语言发送非应答位/数据"1"函数 ***********/
void NoACK(void) {
        SDA=1;
        SCL=1;
        _nop_();
        _nop_();
        SCL=0;
        SDA=0;
```

}

2. IIC 总线模拟通用子程序

IIC 总线操作中除基本的起始信号、终止信号、发送应答位/数据 "0" 和发送非应答位/数据 "1" 外，还需要有应答位检查、发送 1 字节、接收 1 字节。

（A）应答位检查子程序

在应答位检查子程序 CACK 中，设置了标志位 F0，当检查到正常应答位时，F0=0；否则 F0=1。汇编语言参考子程序如下：

```
CACK:   SETB    P1.2            ;SDA 为输入线
        SETB    P1.3            ;SCL=1, 使 SDA 引脚上的数据有效
        CLR     F0              ;预设 F0=0
        MOV     C, P1.2         ;读入 SDA 线的状态
        JNC     CEND            ;应答正常, 转 F0=0
        SETB    F0              ;应答不正常, F0=1
CEND:   CLR     P1.3            ;子程序结束, 使 SCL=0
        RET
/***********C 语言从机应答位检查函数************/
void check_ACK(void) {
    SCL=0;
    SCL=1;
    _nop_();
    _nop_();
    while(SDA);
    SCL=0;                      //应答正常, 使 SCL=0, 结束。
}
```

（B）发送 1 字节数据子程序

下面是模拟 IIC 数据线 SDA 发送 1 字节数据的子程序。调用本子程序前，先将欲发送的数据送入累加器 A 中。参考子程序如：

```
W1BYTE: MOV     R6, #08H        ;8 位数据长度送入 R6 中
WLP:    RLC     A               ;A 左移, 发送位进入 C
        MOV     P1.2,C          ;将发送位送入 SDA 引脚
        SETB    P1.3            ;当 SCL=1 时, 使 SDA 引脚上的数据有效
        NOP
        NOP
        CLR     P1.3            ;当 SCL=0 时, SDA 线上数据变化
        DJNZ    R6,WLP
        RET
/***********C 语言发送一个字节函数, 待发送的数据放在 ch 变量中************/
void write_byte(uchar ch) {
    uchar i, n=8;
    for(i=0;i<n;i++) {          //向 SDA 发送一个字节数据, 8 位
        if((ch&0x80)==0x80) {   //若要发送的位为 1, 则 SDA=1
            SDA=1;              //发送 1
            SCL=1;
            _nop_();
            _nop_();
            SCL=0;
        }
```

```
        else {                              //若要发送的位为 0，则 SDA=0
            SDA=0;                          //发送 0
            SCL=1;
            _nop_();
            _nop_();
            SCL=0;
        }
        ch=ch<<1;                           //待发送的数据左移 1 位
    }
}
```

（C）接收 1 字节数据子程序

下面是模拟从 IIC 的数据线 SDA 读取 1 字节数据的子程序，并存入 R2 中，汇编语言子程序如下：

```
R1BYTE: MOV    R6,#08H        ;8 位数据长度送入 R6 中
RLP:    SETB   SDA            ;置 SDA 数据线为输入方式
        SETB   SCL            ;SCL=1, 使 SDA 数据线上的数据有效
        MOV    C,SDA          ;读入 SDA 引脚状态
        MOV    A,R2
        RLC    A              ;将 C 读入 A
        MOV    R2,A           ;将 A 存入 R2
        CLR    SCL            ;当 SCL=0 时，SDA 线上数据变化
        DJNZ   R6,RLP         ;8 位接收完吗? 未完，继续接收数据
        RET                   ;接收完，返回
/*******C 语言接收一个字节函数，从 SDA 线上读一个字节，8 位 ***********/
uchar read_byte(void) {
    uchar n=8;
    uchar receive_data=0;
    while(n--) {
        SDA=1;
        SCL=1;
        _nop_();
        _nop_();
        receive_data=receive_data<<1;       //左移一位
        if(SDA==1) {
            receive_data=receive_data|0x01;  //若接收到的位为1，则数据的最后一位置1
        }
        else {
            receive_data=receive_data&0xfe;  //接收到的位为0，则数据的最后一位为0
        }
        SCL=0;
    }
    return(receive_data);  //返回接收字节
}
```

9.4.3.4　单片机与 IIC 总线接口应用实例

【例 9-6】STC89C52 单片机与配有 IIC 总线的器件扩展接口电路如图 9-28 所示，其中 DS1621 为数字温度传感器芯片。

1. DS1621

DS1621 是 DALLAS 公司生产的一种功能较强的数字式温度传感器和恒温控制器。与同系列的 DS1620 相比控制更为简单，接口与 IIC 总线兼容，且可以使用一片控制器控制多达 8 片的 DS1621。其数字温度输出达 9 位，精度为 0.5℃，温度范围为–55～+125℃。通过读取内部的计数值和用于温度补偿的每摄氏度计数值获得温度值，还可利用公式计算提高温度值的精度。DS1621 工作电压范围为 2.7～5.5V，适用于低功耗应用系统。

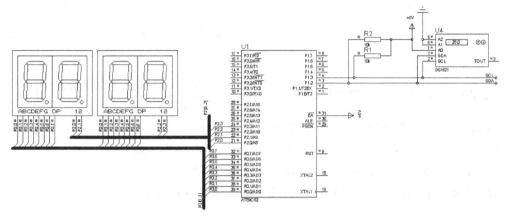

图 9-28　STC89C52 与有 IIC 总线器件的扩展接口仿真电路

（1）DS1621 器件特性、工作原理等

● 引脚：DS1621 引脚分配如图 9-29 所示。

● 引脚符号描述如下：

SDA：2 线串行通信接口的数据输入/输出

SCL：2 线串行通信接口的时钟信号

TOUT：自动恒温器输出，当温度超过 TH 或低于 TL 时

GND：地；VDD：电源电压输入.（2.7～5.5V）

A2、A1、A0：地址

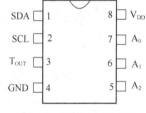

图 9-29　DS1621 引脚分配

（2）温度/数据配置关系如表 9-7 所示

表 9-7　　　　　　　　　　　　　温度/数据配置关系

温度	数据输出（二进制）	数据输出（十六进制）
+125℃	01111101 00000000	7D00h
+25℃	00011001 00000000	1900h
+½℃	00000000 10000000	0080h
+0℃	00000000 00000000	0000h
–½℃	11111111 10000000	FF80h
–25℃	11100111 00000000	E700h
–55℃	11001001 00000000	C900h

DS1621通过2总线送出两字节数据，该数据以二进制补码形式给出，第一字节为8位二进

制温度值（摄氏温度）整数部分，其中最高位为温度符号位（0为高于0℃，即正数，1为低于0℃，即负数），其余位为数据位，第二字节为温度小数部分，最高位为精度位（0为0.0℃，1为0.5℃），其余位不用，全为0。

9 位格式呈现如下：例如温度 T = −25℃，用二进制表示：$T_{原码}=10011001$，$T_{补码}=11100111$ 即为：

MSB

1	1	1	0	0	1	1	1

LSB

0	0	0	0	0	0	0	0

更精确温度值用如下公式计算出：

$$TEMPERATURE = TEMP\_READ - 0.25 + \frac{COUNT\_PER\_C - COUNT\_REMAIN}{COUNT\_PER\_C}$$ 其中：

TEMP_READ：使用读命令读出温度值（命令字为 AAH），
COUNT_REMAIN：使用读计数器命令读出值（命令字为 A8H）。
COUNT_PER_C：使用读斜率命令读出值（命令字为 A9H）。

（3）2 线（IIC 总线）与 DS1621 串行通信时序如图 9-30 所示：

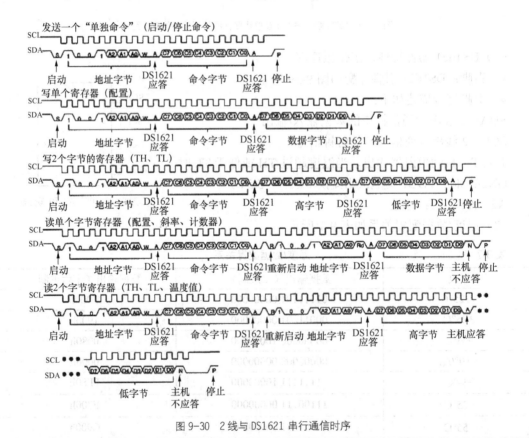

图 9-30 2 线与 DS1621 串行通信时序

（4）指令集见表 9-8：

表 9-8 DS1621 指令集

指 令	描 述	协议	发出协议后 2 总线数据	注释
温 度 转 换 指 令				
读温度	从温度寄存器读出最近一次温度转换值	AAH	读 2 字节数据	
读计数器	读出计数器计数值	A8H	读数据	
读斜率	读斜率累加器值	A9H	读数据	
启动转换	启动温度转换	EEH	空闲	1
停止转换	停止温度转换	22H	空闲	1
恒 温 器 指 令				
存取 TH	读/写 TH 寄存器中高限温值	A1H	写数据	
存取 TL	读/写 TL 寄存器中低限温值	A2H	写数据	
存取配置	读/写配置寄存器	ACH	写数据	

注意:

- 在连续转换模式中,一个停止转换指令将停止连续转换,而重新启动必须发启动指令。
- 在单一模式中,每一次温度读取必须发一次启动转换指令。

(5) 配置寄存器

配置寄存器描述如表 9-9 所示:

表 9-9 DS1621 配置寄存器格式

D7	D6	D5	D4	D3	D2	D1	D0
DONE	THF	TLF	NVB	1	0	POL	1SHOT

各位叙述如下:

DONE:转换完成位。"1"为转换完成,"0"为转换进行中。

THF:温度高标志位。当温度高于或等于 TH 寄存器中设定值时 THF 值变为"1"。当 THF 为 1 后,即使温度降到 TH 寄存器值以下,THF 值保持为 1。可以通过写入 0 或断开电源来清除这个标志。

TLF:温度低标志位。当温度小于或等于 TL 寄存器中设定值时 TLF 变为 1。当 TLF 为 1 后,即使温度升高到 TL 寄存器值以上,TLF 值仍保持为 1。可以通过写入 0 或断开电源来清除这个标志。

NVB:非易失性存储器忙标志位。值 1 表示忙,正在向存储器中写入数据,值 0 表示存储器不忙,写入存储器需要时间为 10ms。

POL:输出极性位。值 1 为高电平激活,值 0 为低电平激活,这位是非易失性的。

1SHOT:DS1621 温度转换模式位。值 1 为单个模式,当 DS1621 收到启动转换指令后将执行一次温度转换。值 0 为连续模式,收到转换指令后连续执行温度转换,这位是非易失性。

2. 单片机与 DS1621 接口电路分析:

(1) 器件地址:

DS1621 的器件地址格式为 1001A2A1A0 R/$\overline{W}$,通过 A2A1A0 编码一次可控制最多 8 片 DS1621 完成 8 处温度采样,在图 9-28 接口电路中,DS1621 的 A2A1A0=001 则此处器件读

地址为 93H，写地址为 92H。

（2）配置寄存器：

据据表 9-9 所示知：若单次温度转换，则配置值为 09H，而连续温度转换，则配置值为 08H。

（3）软件设计分析：

根据图 9-30 的 2 线与 DS1621 串行通信自上向下时序图，我们可以编写 5 个常用通信子程序，子程序功能（子程序名）分别为：发送单独命令（standalone）例如发送启动/终止命令；写单字节寄存器（Wone_byte）例如：写配置寄存器；写双字节寄存器（Wtwo_byte），例如写 TH、TL 温度；读单字节寄存器（read_one_byte）例如读配置、读斜率、读计数器；读双字节寄存器（read_two_byte）例如读温度。

仔细观察图 9-30 发现，以上 5 个常用子程序可以由 IIC 总线的起始信号 S、终止信号 P、发送应答位 ACK、发送非应答位 NACK、发送 1 字节数据子程序和接收 1 字节数据通用子程序来组成，即由 START、STOP、ACK、NACK、W1BYTE、R1BYTE 子程序组成，这些通用子程序在本章节 IIC 串行扩展设计已有详细叙述,此处不赘述，只给出子程序名。

3．程序框图

主程序功能为：初始化 DS1621：配置 DS1621，设置高、低温值（是否设置根据需要定，此处不设置），启动温度转换，读取温度转换值。为了直观观察温度变化，我们使用 4 位数码管来显示温度值，因此，需将采集来的 9 位十六进制补码调整为习惯 BCD 码送显示缓冲区，最后调数码管显示子程序，主程序框图如图 9-31 所示。

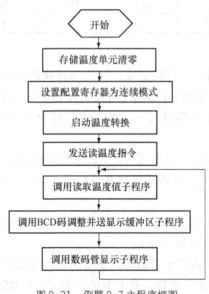

图 9-31　例题 9-7 主程序框图

4．程序清单：

（1）汇编语言程序清单　实现功能：数据采集与显示

```
        ORG     0000H
SCL             BIT     P1.3            ;时钟线
SDA             BIT     P1.2            ;数据线
```

```
WADDRESS_BYTE      EQU       92H              ;DS1621 写地址
RADDRESS_BYTE      EQU       93H              ;DS1621 读地址
COMMAND_BYTE       EQU       70H              ;命令字节
DATA_BYTE          EQU       71H              ;数据字节
MSBYTE             EQU       72H              ;温度高字节存储单元
LSBYTE             EQU       73H              ;温度低字节存储单元
MAIN:    MOV       MSBYTE,#00H               ;温度高字节存储单元清 0
         MOV       LSBYTE,#00H               ;温度低字节存储单元清 0
         MOV       COMMAND_BYTE,#0ACH        ;发送配置 DS1621 指令到命令字节
         MOV       DATA_BYTE,#08H            ;设置 DS1621 为连续转换模式,
         LCALL     Wone_byte                 ;配置 DS1621
         MOV       COMMAND_BYTE,# 0EEH       ;送启动温度转换指令到命令字节
         LCALL     standalone                ;发送启动温度转换
         MOV       COMMAND_BYTE,#0AAH        ;送读温度指令到命令字节
MAIN1:   LCALL     read_two_byte             ;发送读取温度值
         LCALL     DATA1                     ;调用温度值的 BCD 码调整并送显示缓冲区
         LCALL     DISPLAY                   ;调用数码管显示子程序
         AJMP      MAIN1
/*写单字节寄存器(配置)*/
Wone_byte:
         LCALL     START                     ;启动 DS1621
         MOV       A,#WADDRESS_BYTE          ;器件写地址送 A 累加器
         LCALL     W1BYTE                    ;发送写地址
         LCALL     ACK                       ;DS1621 应答
         MOV       A,COMMAND_BYTE            ;命令字送 A 累加器
         LCALL     W1BYTE                    ;发送命令
         LCALL     ACK                       ;DS1621 应答
         MOV       A,DATA_BYTE               ;数据字节送 A 累加器
         LCALL     W1BYTE                    ;发送数据
         LCALL     ACK                       ;DS1621 应答
         LCALL     STOP                      ;终止 DS1621
         RET
/*发送单独命令子程序(START/STOP CONVERT)*/
standalone:
         LCALL     START                     ;启动 DS1621
         MOV       A,#WADDRESS_BYTE          ;器件写地址送 A 累加器
         LCALL     W1BYTE                    ;发送写地址
         LCALL     ACK                       ;DS1621 应答
         MOV       A,COMMAND_BYTE            ;命令字送 A 累加器
         LCALL     W1BYTE                    ;发送命令
         LCALL     ACK                       ;DS1621 应答
         LCALL     STOP                      ;终止 DS1621
         RET
/*读双字节寄存器(TH 和 TL 寄存器以及温度值)*/
read_two_byte:
         LCALL     START                     ;启动 DS1621
```

```
        MOV     A,#WADDRESS_BYTE        ;器件写地址送 A 累加器
        LCALL   W1BYTE                  ;发送写地址
        LCALL   ACK                     ;DS1621 应答
        MOV     A,COMMAND_BYTE          ;命令字送 A 累加器
        LCALL   W1BYTE                  ;发送命令
        LCALL   ACK                     ;DS1621 应答
        LCALL   START                   ;重新启动 DS1621
        MOV     A,#RADDRESS_BYTE        ;器件读地址送 A 累加器
        LCALL   W1BYTE                  ;发送读地址
        LCALL   ACK                     ;DS1621 应答
        LCALL   R1BYTE                  ;调用读一个字节数据子程序
        MOV     MSBYTE,R2               ;保存第 1 次读到温度值高字节
        LCALL   ACK                     ;主机应答
        LCALL   R1BYTE                  ;调用读一个字节数据子程序
        MOV     LSBYTE,R2               ;保存第 2 次读到温度值低字节
        LCALL   NACK                    ;主机非应答信号
        LCALL   STOP                    ;终止 DS1621
        RET
/* BCD 码调整并送显示缓冲区子程序*/
DATA1:  MOV     R0,#MSBYTE              ;调用温度值 BCD 码调整并送显示缓冲区子程序
        MOV     A,@R0                   ;读采集的高 8 位温度值
        JB      ACC.7,DATA2            ;判断该值符号位，负数转 DATA2 处
CHANG:  MOV     B,#100
        DIV     AB                      ;正数除 100
        MOV     79H,A                   ;获得百位数送显示缓冲区 79H 单元
CHANG1: MOV     A,B
        MOV     B,#10
        DIV     AB                      ;除 100 后的余数除 10
        MOV     7AH,A                   ;获得十位数送显示缓冲区 7AH 单元
        MOV     7BH,B                   ;个位数送显示缓冲区 7BH 单元
        MOV     R0,#LSBYTE
        MOV     A,@R0                   ;读取采集的第 2 字节（低 8 位）温度值
        JB      ACC.7,XIAOSU           ;判断最高位是 1 转 XIAOSU 处
        MOV     7CH,#00H                ;第 2 字节最高位为 0 送到显示缓冲区 7CH 单元
        AJMP    DATAEND
XIAOSU: MOV     7CH,#05H                ;第 2 字节最高位为 1，送 5 到显示缓冲区 7CH 单元
DATAEND:RET
DATA2:  CPL     A                       ;采集值为负数，求取补码的原码值（取反+1）
        INC     A
        MOV     79H,#10H                ;将负号的字型代码的索引值送缓冲区 79H 单元
        MOV     B,#100
        DIV     AB                      ;求取负数百位数和余数
        AJMP    CHANG1
```

想看完整源代码可以看课件例题 9-7：文件名为 DS1621.A51 源代码。

（2）C51 程序清单：

本例题 C 语言程序清单由一个主函数和 13 个子函数组成，13 个子函数功能（子函数名）分别是：启动 IIC 总线（start）、终止 IIC 总线（stop）、发送应答位/数据"0"（ACK）、发送非应答位/数据"1"（NoACK）、从机应答位检查（check_ACK）、发送一个字节（write_byte）、接收一个字节（read_byte）、μs 延时函数（delay）、数码管显示（Display()）、设置 ds1621 配置寄存器（write_ac）、启动 DS1621 温度转换（write_ee）、从 DS1621 读出温度值（read_aa）、BCD 码调整（BCD_change）等。前 7 个函数在 IIC 总线模拟和通用程序模拟已有详细叙述，延时函数和数码管显示函数在例题 9-6 也有叙述，在这仅详细叙述设置 ds1621 配置寄存器、启动 DS1621 温度转换、从 DS1621 读出温度值、BCD 码调整等函数。

```c
/*文件名为 DS1621.C*/
#include<reg52.h>
#include<intrins.h>
#define uchar unsigned char
#define uint unsigned int
sbit SCL=P1^3;  //定义端口
sbit SDA=P1^2;
uchar code DSY_CODE[]={0xc0,0xf9,0xa4,0xb0,0x99,0x92,0x82,
0xf8,0x80,0x90,0x88,0x83,0xC6,0xA1,0x86,0x8e,0xbf,0xff,0xff}  //字型数组
uchar data DSY_SBUF[]={0x0,0x0,0x0,0x0};                      //显示缓冲数组
/*************设置 ds1621 配置寄存器函数 ************/
void write_ac() {
    start();                              //启动总线
    write_byte(0x92);                     //发送 DS1621 器件写地址
    ACK();
    write_byte(0xac);                     //发送配置寄存器指令
    ACK();
    write_byte(0x08);                     //配置为连续转换模式
    ACK();
    stop();                               //停止总线
}
/*************启动 DS1621 温度转换函数 ************/
void write_ee() {
    start();                              //DS1621 启动
    write_byte(0x92);                     //发送 DS1621 器件写地址
    check_ACK();
    write_byte(0xee);                     //发送启动温度转换指令
    ACK();
    stop();                               //停止总线
}
/*************从 DS1621 读出温度值函数 ************/
void read_aa(uchar receive_data[]) {
    uchar i;
    start();                              //DS1621 启动
    write_byte(0x92);                     //发送 DS1621 器件写地址
    ACK();
    write_byte(0xaa);                     //发送读温度指令
```

```
        ACK();
        start();                                    //重新 DS1621 启动
        write_byte(0x93);                           //发送 DS1621 器件读地址
        ACK();
        for(i=0;i<2;i++){                           //读温度，9 位二进制，两个字节
            receive_data[i]=read_byte();            //读出来的数据存到 receive_data[]数组中
            if(i==1) NoACK();
            else  ACK();
    }
        stop();                                     //停止总线
 }
/********读取温度值并进行 BCD 码调整函数**********/
void BCD_change(){
    uchar data receive_data[2]={0};                 //接收数据数组
    uchar k,l;
    read_aa(receive_data);                          //调用读 DS1621 温度值函数
    k=receive_data[0];                              //温度值高字节
    l=receive_data[1];                              //温度值低字节
    if(k&0x80){k=~k+1;DSY_SBUF[0]=16;}              //判断温度值，若温度低于 0 度，为负值
    else DSY_SBUF[0]=k/100;
    DSY_SBUF[1]=(k%100)/10;
    DSY_SBUF[2]=(k%100)%10;
    if(l&0x80)DSY_SBUF[3]=0x5;
    DSY_SBUF[3]=0x0;
}
/***********   main( )   ***********/
void main() {
    write_ac();                                     //调用配置 DS1621 函数
    write_ee();                                     //调用启动 DS1621 转换函数
    while(1)   {
        delay(200);                                 //延时等待芯片复位
        data_change();                              //调用读取温度并进行 BCD 码调整函数
        Display();                                  //调用数码管显示函数
    }
 }
```

注意　　　想看完整的源代码可以看课件例题 9-7：文件名为 DS1621.C 源代码。

9.5　小结

　　本章介绍 I/O 基本概念，介绍基本并行总线扩展接口电路设计方法，详细叙述可编程并行接口芯片 82C55 内部结构、外部引脚、3 种工作方式、方式命令字、C 口的按位置位/复位字以及 82C55 的应用实例。此外还介绍了串行总线扩展方法，叙述单片机与几类串行总线接口电路设计，例如：IIC 总线、单总线（1-Wire）和 SPI 总线，介绍基于 IIC 总线的数字温度传感器 DS1621 芯片、基于单总线数字温度传感器 DS18B20 芯片和基于 SPI 总线 TLC2543

芯片的外部引脚、特点、传输的数据格式、内部寄存器、命令字以及工作时序，介绍用单片机软件模拟串行接口总线时序以及单片机扩展串行总线接口具体应用实例。

9.6　习题

1. 单片机系统扩展的基本方法有哪些？

2. 8051 单片机并行总线由那些端口构成？如何构造并行总线？

3. I/O 接口和 I/O 端口有什么区别？I/O 接口功能是什么？

4. 常用的 I/O 端口编址方式有哪些？它们各自特点是什么？8051 单片机的 I/O 端口编址采用的是哪种方式？

5. 可编程并行接口 8255 有几个端口？这些端口名称是什么？端口地址如何确定？

6. 某单片机系统应用 8255 扩展 I/O 接口，设其 A 口为方式 1 输出，B 口为方式 1 输入，C 口余下的引脚用于输出，试写出其方式控制字。

7. 单片机采用两片 74LS373 和两片 74LS245 扩展片外端口，请问应如何扩展？设计扩展接口电路和芯片地址分配范围。

8. 单片机采用一片 74LS373 和一片 74LS245 扩展片外并行输出端口连接到 16 个 LED 发光二极管，另外一片 74LS245 扩展为并行输入端口，连接 8 个独立按键键盘。编程每隔 1S 钟读取按键键值，依次驱动并行输出发光二极管亮灭。

9. 什么是 IIC 总线？它有什么特点？采用 IIC 总线传输数据时，应该注意什么？

10. DS18B20 是什么芯片？有什么特点？试采用它设计一个电子温度计？

11. 什么是 SPI 总线？它有何特点？

第10章 STC单片机与I/O外部设备接口

单片机应用系统的人机接口都需要配置输入外部设备和输出外部设备。常用的输入外部设备有键盘、鼠标、扫描仪等；常用的输出外部设备有 LED 点阵、LED 数码管、LCD 显示器等。本章介绍 STC 单片机与各种输入和输出外部设备接口工作原理、接口硬件电路设计及其程序开发。

10.1 STC 单片机与键盘接口

键盘在 STC 单片机应用系统中实现数据、命令输入等功能，是人与单片机对话的主要工具。本节主要介绍键盘在 STC 单片机系统中的工作原理、键盘的工作方式和键盘接口设计。

10.1.1 键盘接口工作原理

键盘是由若干个按键组成的 STC 单片机输入外部设备，可以实现 STC 单片机输入数据和传达命令等功能，是人工干预 STC 单片机的重要手段之一。

1. 键盘的分类

键盘分两大类：编码键盘和非编码键盘。

（1）编码键盘，由硬件逻辑电路完成必要的识别工作与可靠性措施。每按一次键，键盘自动提供被按键的读数，同时产生一选通脉冲通知微处理器，并且还具有反弹跳和同时按键保护功能。这种键盘易于使用，但硬件比较复杂。例如：8279 可编程键盘/显示接口芯片构成编码式键盘系统，适用于主机任务繁重的情况。

（2）非编码键盘，只简单地提供键盘的行列与矩阵，其它功能，如按键识别、按键释放等仅靠软件来完成，故硬件较为简单，但占用 CPU 较多时间。常见的非编码键盘有两种：独立式按键结构、矩阵式按键结构。

2. 按键介绍

常用的按键有三种：机械触点式按键、导电橡胶式按键和柔性按键（又称触摸式键盘）。

（1）机械触点式按键是利用弹性使键复位，手感明显，连线清晰，工艺简单，适合单件制造。但是触点处易侵入灰尘而导致接触不良，所以体积相对较大。

（2）导电橡胶按键是利用橡胶的弹性来复位，通过压制的方法把面板上所有的按键制成一块，体积小，装配方便，适合批量生产。但是时间长了，由于橡胶老化而使弹力下降，同时易侵入灰尘，导致功能减弱。

（3）柔性按键是近年来迅速发展的一种新型按键，可以分为凸球型和平面型两种。凸球型动作幅度明显，触感较强，富有立体感，但制造工艺相对复杂；平面型幅度微小，触感较弱，但工艺简单，寿命长。柔性按键最大特点是防尘、防潮、耐蚀，外形美观，装嵌方便。而且按键的外形和面板的布局、色彩、键距可按照整机的要求来设计。

3. 键盘系统设计

首先，确定键盘编码方案：采用编码键盘或非编码键盘。随后，确定键盘工作方式：采用中断方式或查询方式获取输入键操作信息。然后，设计硬件电路。非编码键盘系统中，键闭合和键释放的信息获取，键抖动的消除，键值查找及一些保护措施的实施等任务，均由软件来完成。

4. 非编码键盘的键输入程序应完成的基本任务

（1）监测有无键按下：键的闭合与否，反映在电压上就是呈现出高电平或低电平，所以通过对电平高低状态的检测，便可确认按键是否按下。

（2）判断是哪个键按下。读入 I/O 口输入线的状态，通过判断 I/O 输入线是否为低电平就很容易识别出哪个键被按下。

（3）完成按键处理任务。

5. 从电路或软件设计角度应解决的问题

（1）如何消除键抖动影响。键盘按键所用开关为机械弹性开关，利用了机械触点的合、断作用。由于机械触点的弹性作用，一个按键开关在闭合和断开的瞬间均有一连串的抖动，波形图如图 10-1 所示，抖动时间的长短由按键的机械特性决定，一般为 5~10ms（这是一个很重要的参数）。通常我们手动按下键然后立即释放，这个动作中稳定闭合的时间超过 20ms。抖动过程引起电平信号的波动，有可能令单片机误解为多次按键操作，从而引起误处理。

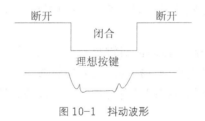

图 10-1　抖动波形

因此，为了确保 STC 单片机对一次按键动作只确认一次按键，那就必须加上去抖动操作。除去按键的抖动，通常有软件、硬件两种消除方法。

硬件消抖的电路图如图 10-2 所示。硬件消抖可靠性高，对于电路较为简单的单片机运用系统中采用硬件消除抖动将提高电路的稳定性和可靠性。在按键多的场合下，采用硬件消抖将会使电路复杂很多，因此这种方法只适用于按键数目较少的情况。

当按键较多时，硬件消抖将无法胜任，这时可以采用软件消抖。通常采用软件延时的方法进行消抖，在第一次检测到有键按下时，执行一段延时 10ms 的子程序后，再确认电平是否仍保持闭合状态电平（低电平），如果保持闭合状态电平，则确认真正有键按下。当按键松开时，由低电平变为高电平，执行一段延时 10ms 的子程序后，再次检测是否为高电平，若是高电平，则说明按键确实已经松开。

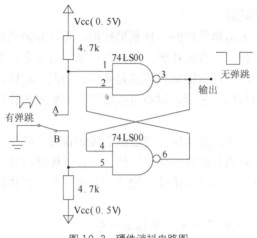

图 10-2　硬件消抖电路图

（2）如何实现串键的保护措施。串键是指同时有一个以上的键按下时，会引起 CPU 错误响应。通常采取的策略：单键按下有效，多键同时按下无效。

（3）如何处理连击现象。连击是一次按键产生多次击键的效果。为了消除连击，使得一次按键只产生一次键功能的执行（不管一次按键持续的时间多长，仅采样一个数据），必须实行对按键释放的处理。否则的话，键功能程序的执行次数将由按键时间决定。另一方面，连击是可以利用的。连击对于用计数法设计的多功能键特别有效。

10.1.2　键盘的工作方式

通常，键盘工作方式有 3 种，即编程扫描、定时扫描和中断扫描。这三种工作方式可以让单片机忙于各项工作任务时，兼顾键盘的输入。

编程扫描方式是利用单片机空闲时刻，调用键盘扫描子程序，反复扫描键盘，来响应键盘的输入请求。

定时扫描方式是单片机每隔一段时间对键盘扫描一次。通常利用单片机内定时器产生的定时中断，进入中断子程序对键盘进行扫描，在有按键按下时识别出该按键。

中断查询方式是单片机在只有在键盘有键按下时，才执行键盘扫描程序，如无键按下，单片机将不理睬键盘。

本文主要介绍相对比较简单的编程扫描方式，下面以 4×4 矩阵键盘为例讲解一下编程扫描方式的具体工作原理，4×4 矩阵键盘将 16 个按键排成 4 行 4 列，第一行将每个按键的一端连接在一起构成行线，第一列将每个按键的另一端连接在一起构成列线，这样便有 4 行 4 列共 8 根线，将这 8 根线连接到单片机的 8 个 I/O 口上，通过程序扫描键盘就可检测到 16 个键。同样用这种方法可以实现 3 行 3 列 9 个键、5 行 5 列 25 个键、6 行 6 列 36 个键等键盘的设计。

无论是独立键盘还是矩阵键盘，单片机检测其是否被按下的依据都是一样的，也就是检测与该键对应的 I/O 口是否为低电平。独立键盘有一端固定为低电平，单片机写程序检测时比较方便。而矩阵键盘两端都与单片机 I/O 口相连，因此在检测时需人为通过单片机 I/O 口送出低电平。在检测时，先送一列为低电平，其余几列全为高电平（此时可确定列数），然后立即轮流检测一次各行是否有低电平，若某一行检测到有低电平（此时可确定列数），由此可确定当前按下按键的具体位置，用同样的方法轮流向每一列送一次低电平，再轮流检测一次各行是否为低电平，这样可以检测完所有的按键，当有按键按下的时候即可判断按下的是那一个键。这就是矩阵键盘的检测原理和方法。

10.1.3　键盘接口硬件电路及其程序设计

键盘接口硬件电路如图 10-3 所示。

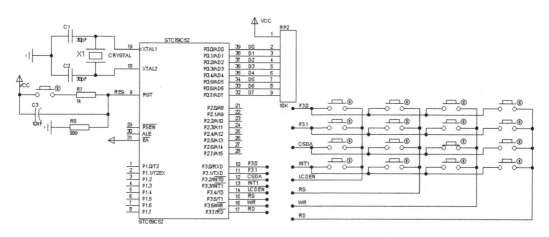

图 10-3　键盘接口硬件电路图

按键扫描示例程序：

```c
#include<reg51.h>  //52 系列单片机头文件
#define uchar unsigned char
#define uint unsigned int
sbit dula=P2^6;     //
sbit wela=P2^7;     //
uchar i=100;
uchar temp,key;
/*******************延时函数*******************/
void delay(unsigned char i){
    uint j,k;
    for(j=i;j>0;j--)
    for(k=125;k>0;k--);
}
uchar code table[]={0x3f,0x06,0x5b,0x4f,0x66,0x6d,0x7d,
                    0x07,0x7f,0x6f,0x77,0x7c,0x39,0x5e,0x79,0x71};
/*******************主函数*******************/
void main(){
    dula=0;
    wela=0;
    while(1){
    P3=0xfe;
    temp=P3;
    temp=temp&0xf0;
    if(temp!=0xf0){
        delay(10);   //延时消抖
        if(temp!=0xf0){
```

```
        temp=P3;
        switch(temp){
        case 0xee:key=0;break;
        case 0xde:key=1;break;
        case 0xbe:key=2;break;
        case 0x7e:key=3;break;
        }
        while(temp!=0xf0){        //按键释放确认
            temp=P3;
            temp=temp&0xf0;
        }
        display(key);
    }
}
P3=0xfd;
temp=P3;
temp=temp&0xf0;
if(temp!=0xf0){
    delay(10);
if(temp!=0xf0){
    temp=P3;
        switch(temp){
        case 0xed:key=4;break;
        case 0xdd:key=5;break;
        case 0xbd:key=6;break;
        case 0x7d:key=7;break;
        }
        while(temp!=0xf0){
        temp=P3;
        temp=temp&0xf0;
        }
        display(key);
    }
}
P3=0xfb;
temp=P3;
temp=temp&0xf0;
if(temp!=0xf0){
delay(10);
if(temp!=0xf0){
temp=P3;
switch(temp){
    case 0xeb:key=8;break;
    case 0xdb:key=9;break;
    case 0xbb:key=10;break;
    case 0x7b:key=11;break;
    }
    while(temp!=0xf0){
        temp=P3;
        temp=temp&0xf0;
    }
    display(key);
}
}
P3=0xf7;
```

```
        temp=P3;
        temp=temp&0xf0;
        if(temp!=0xf0){
            delay(10);
            if(temp!=0xf0){
                temp=P3;
                switch(temp){
                case 0xe7:key=12;break;
                case 0xd7:key=13;break;
                case 0xb7:key=14;break;
                case 0x77:key=15;break;
                }
                while(temp!=0xf0){
                    temp=P3;
                    temp=temp&0xf0;
                }
                display(key);
            }
        }
    }
}
```

10.2 STC 单片机与 LED 数码管的接口

数码管是一种半导体发光器件,其基本单元是发光二极管,即 8 个 LED 灯做成的数码管。数码管在 STC 单片机应用系统中实现数字和字符的显示。本章节主要介绍数码管在单片机系统中的工作原理及硬件电路设计。

10.2.1 数码管的结构与分类

数码管按段数分为七段数码管和八段数码管,八段数码管比七段数码管多一个发光二极管单元(多一个小数点显示):按发光二极管单元连接方式分为共阴极数码管和共阳极数码管。如图 10-4(b)所示,共阳极数码管是指将所有发光二极管的阳极连接到一起形成公共阳极的数码管。共阳极数码管在应用时应将公共极接到+5v,当某一字段发光二极管的阴极为低电平时,相应的字段就点亮。当某一字段的阴极为高电平时,相应的字段就不亮。共阴极数码管是指将所有的发光二极管的阴极连接到一起形成公共阴极的数码管。如图 10-4(a)所示,共阴极数码管在应用时应将公共极接地,当某一字段发光二极管的阳极为高电平时,相应的字段就点亮。当某一字段的阳极为低电平时,相应的字段就不亮。

10.2.2 数码管的工作原理

数码管工作方式有两种分静态显示驱动和动态显示驱动。

静态驱动也称直流驱动。静态驱动是指每个数码管的每一个段码都由一个单片机的 I/O 口进行驱动,或者使用如 BCD 码二——十进位转换器进行驱动。静态驱动的优点是编程简单,显示亮度高,缺点是占用 I/O 口多。如驱动 5 个数码管静态显示则需要 5×8=40 根 I/O 口来驱动,要知道一个 STC89C52 单片机可用的 I/O 口才 32 个呢,故实际应用时必须增加驱动器进行驱动,但增加了硬体电路的复杂性。

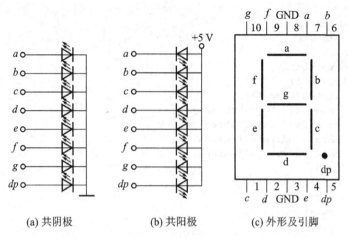

(a) 共阴极　　　　(b) 共阳极　　　　(c) 外形及引脚

图 10-4　数码管结构图

　　数码管动态显示驱动目前是单片机中应用最为广泛的显示方式之一，动态驱动是将所有数码管的 8 个显示笔划"a,b,c,d,e,f,g,dp "的同名端连在一起，另外为每个数码管的公共极 COM 增加位选来控制电路，位选由各自独立的 I/O 线控制。当单片机输出字形码时，所有数码管都接收到相同的字形码，但究竟是那个数码管会显示出字形，取决于单片机对位选通 COM 端电路的控制，所以我们只要将需要显示的数码管的位选通控制打开，该位就显示出字形，没有选通的数码管就不会亮。

　　透过分析轮流控制各个 LED 数码管的 COM 端，使得各个数码管轮流受控显示，这就是动态驱动。在轮流显示过程中，每位数码管的点亮时间为 1～2ms，由于人的视觉暂留特性及发光二极管的余辉效应，尽管实际上各位数码管并非同时点亮，但只要扫描的速度足够快，给人的印象就是一组稳定的显示，不会有闪烁感。动态显示的效果和静态显示是一样的，不仅能够节省大量的 I/O 口，而且功耗更低。

10.2.3　数码管接口实例分析

　　数码管接口硬件电路如图 10-5 所示。

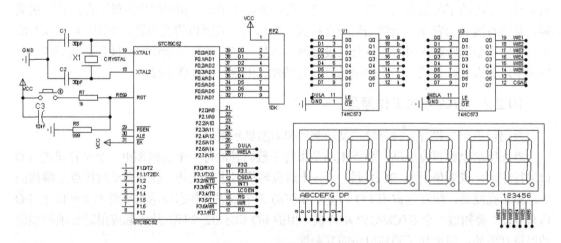

图 10-5　数码管接口硬件电路图

数码管动态显示示例程序：

```c
#include <reg51.h>
#define uchar unsigned char
#define uint unsigned int
sbit dula=P2^6;          //段选信号的锁存器控制
sbit wela=P2^7;          //位选信号的锁存器控制
uchar code wei[]={0xfe,0xfd,0xfb,0xf7,0xef,0xdf};//数码管各位的码表
uchar code duan[]={0x3f,0x06,0x5b,0x4f,0x66,0x6d};//0-5 的码表
void delay(unsigned int i)
{
    uint m,n;
    for(m=i;m>0;m--)
        for(n=90;n>0;n--);
}

void main()
{
    uchar num;
    while(1)
    {
        for(num=0;num<6;num++)
        {
            P0=wei[num];
            wela=1;
            wela=0;
            P0=duan[num];
            dula=1;
            dula=0;
            delay(2);        //时间间隔短，这是关键（所谓的同时显示，只是间隔较短而已，
                             //利用人眼的余辉效应，觉得每个数码管都一直在亮）。
        }
    }
}
```

10.3　STC 单片机与 LCD 显示器的接口

在 STC 单片机的应用系统中，有时需要显示一些汉字、符号或者图形信息，这时就需要使用小型显示模块，液晶显示器（Liquid Crystal Display，LCD）是一种低功耗的显示模块，液晶显示器具有低功耗和抗干扰能力强等优点，因此被广泛地应用在仪器仪表和各种控制系统中。本节主要介绍液晶显示器的分类和 STC 单片机与 LCD 液晶显示器接口电路及编程。

10.3.1　LCD 显示器简介

LCD 显示器主要工作原理是以电流刺激液晶分子产生点、线、面并配合背部灯管构成画面，并且能够显示诸如文字、曲线、图形、动画等信息。

在 STC 单片机系统中应用液晶显示器作为输出器件有以下几个优点：

- 显示质量高

由于液晶显示器每一个点在收到信号后就一直保持那种色彩和亮度，恒定发光，而不像阴极射线管显示器（CRT）那样需要不断刷新和亮点。因此，液晶显示器画质高且不会闪烁。

- 数字式接口

液晶显示器都是数字式的，此单片机系统的接口更加简单可靠，操作更加方便。

- 体积小、重量轻

液晶显示器通过显示屏上的电极控制液晶分子状态来达到显示的目的，在重量上比相同显示面积的传统显示器要轻得多。

- 功耗低

相对而言，液晶显示器的功耗主要消耗在其内部的电极和驱动 IC 上，因而耗电量比其他显示器要少得多。

1. 液晶显示器基本原理

液晶显示器原理是利用液晶的物理特性，通过电压对其显示区域进行控制，有电就有显示，这样即可以显示出图形。液晶显示器具有厚度薄、适用于大规模集成电路直接驱动、易于实现全彩色显示的特点，目前已经被广泛应用在电脑、数字摄像机、PDA 移动通信工具等众多领域。

2. 液晶显示器的分类

液晶显示器分类方法有很多种，通常可按其显示方式分为字段型、点阵字符型、点阵图形型等。除了黑白显示外，液晶显示器还有多灰度、有彩色显示等。如果根据驱动方式来分，可以分为静态驱动（Static）、单纯矩阵驱动（Simple Matrix）和主动矩阵驱动（Active Matrix）三种。

3. 液晶显示器各种图形的显示原理

（1）线段的显示

点阵图形式液晶由 M×N 个显示单元组成，假设 LCD 显示屏有 64 行，每行有 128 列，每 8 列对应 1 字节的 8 位，即每行有 16 个字节，共 16×8=128 个点组成，屏上 64×16 个显示单元与显示 RAM 区 1024 字节相对应，每一字节的内容和显示屏上相应位置的亮暗对应。例如屏的第一行的亮暗由 RAM 区的 000H——00FH 的 16 字节的内容决定，当（000H）=FFH 时，则屏幕的左上角显示一条短亮线，长度为 8 个点；当（3FFH）=FFH 时，则屏幕的右下角显示一条短亮线；当（000H）=FFH，（001H）=00H，（002H）=FFH，……（00EH）=FFH，（00FH）=00H 时，则在屏幕的顶部显示一条由 8 段亮线和 8 条暗线组成的虚线。这就是 LCD 显示的基本原理。

（2）字符的显示

用 LCD 显示一个字符时比较复杂，因为一个字符由 6×8 或 8×8 点阵组成，既要找到和显示屏幕上某几个位置对应的显示 RAM 区的 8 字节，还要使每字节的不同位为"1"，其他的为"0"，为"1"的点亮，为"0"的不亮。这样一来就组成某个字符。但对于内带字符发生器的控制器来说，显示字符就比较简单了，可以让控制器工作在文本方式，根据在 LCD 上开始显示的行列号及每行的列数找出显示 RAM 对应的地址，设立光标，在此送上该字符对应的代码即可。

（3）汉字的显示

汉字的显示一般采用图形的方式，事先从微机中提取要显示的汉字的点阵码（一般用字模提取软件）。每个汉字占 32B，分左右两半，各占 16B，左边为 1、3、5……右边为 2、4、6……可找出显示 RAM 对应的地址，设立光标，送上要显示的汉字的第一个字节，光标位置加 1；再送上第二个字节，换行并且按列对齐（两列），依次再送上第三个字节……直到 32B 显示完就可以在 LCD 上得到一个完整的汉字。

本章主要介绍 LCD1602 和 LCD12864，它们两者都是具有代表性的液晶显示器，生活上很多地方都用的到它们，同时易于掌握，比较适合初学者学习液晶编程。

LCD1602 液晶每行可显示 16 个字符，总共可显示两行，采用标准的 14 脚（无背光）或 16 脚（带背光）接口，各引脚接口说明如表 10-1 所示。

表 10-1　　　　　　　　　　　　　LCD1602 引脚接口说明

编号	符号	引脚说明	编号	符号	引脚说明
1	VSS	电源地	9	D2	数据
2	VDD	电源正极	10	D3	数据
3	VL	液晶显示偏压	11	D4	数据
4	RS	数据/命令选择	12	D5	数据
5	R/W	读/写选择	13	D6	数据
6	E	使能信号	14	D7	数据
7	D0	数据	15	BLA	背光源正极
8	D1	数据	16	BLK	背光源负极

1602 液晶模块内部的控制器共有 11 条控制指令，如表 10-2 所示。

表 10-2　　　　　　　　　　　　　LCD1602 控制指令

序号	指令	RS	R/W	D7	D6	D5	D4	D3	D2	D1	D0
1	清显示	0	0	0	0	0	0	0	0	0	1
2	光标返回	0	0	0	0	0	0	0	0	1	*
3	置输入模式	0	0	0	0	0	0	0	1	I/D	S
4	显示开/关控制	0	0	0	0	0	0	1	D	C	B
5	光标或字符移位	0	0	0	0	0	1	S/C	R/L	*	*
6	置功能	0	0	0	0	1	DL	N	F	*	*
7	置字符发生存贮器地址	0	0	0	1	字符发生存贮器地址					
8	置数据存贮器地址	0	0	1	显示数据存贮器地址						
9	读忙标志或地址	0	1	BF	计数器地址						
10	写数到 CGRAM 或 DDRAM）	1	0	要写的数据内容							
11	从 CGRAM 或 DDRAM 读数	1	1	读出的数据内容							

LCD1602 初始化过程：

延时 15ms

写指令 38H（不检测忙信号）

延时 5ms

写指令 38H（不检测忙信号）

延时 5ms

写指令 38H（不检测忙信号）

以后每次写指令、读/写数据操作均需要检测忙信号

写指令 38H：显示模式设置

写指令 08H：显示关闭

写指令 01H：显示清屏

写指令 06H：显示光标移动设置

写指令 0CH：显示光标设置

12864A-1 汉字图形点阵液晶显示模块，可显示汉字及图形，内置 8192 个中文汉字（16X16 点阵）、128 个字符（8×16 点阵）及 64×256 点阵。

LCD12864 液晶引脚说明如表 10-3 所示。

表 10-3　　　　　　　　　　　　LCD12864 液晶引脚说明

引脚号	引脚名称	方向	功能说明
1	VSS	—	模块的电源地
2	VDD	—	模块的电源正端
3	V0	—	LCD 驱动电压输入端
4	RS(CS)	H/L	并行的指令/数据选择信号；串行的片选信号
5	R/W(SID)	H/L	并行的读写选择信号；串行的数据口
6	E(CLK)	H/L	并行的使能信号；串行的同步时钟
7	DB0	H/L	数据 0
8	DB1	H/L	数据 1
9	DB2	H/L	数据 2
10	DB3	H/L	数据 3
11	DB4	H/L	数据 4
12	DB5	H/L	数据 5
13	DB6	H/L	数据 6
14	DB7	H/L	数据 7
15	PSB	H/L	并/串行接口选择：H-并行；L-串行
16	NC		空脚
17	/RET	H/L	复位 低电平有效
18	NC		空脚
19	LED_A	—	背光源正极（LED+5V）
20	LED_K	—	背光源负极（LED-0V）

LCD12864 液晶常用控制指令介绍。

1. 清除显示

RW	RS	DB7	DB6	DB5	DB4	DB3	DB2	DB1	DB0
L	L	L	L	L	L	L	L	L	H

功能：清除显示屏幕，把 DDRAM 位址计数器调整为"00H"

2. 位址归位

RW	RS	DB7	DB6	DB5	DB4	DB3	DB2	DB1	DB0
L	L	L	L	L	L	L	L	H	X

功能：把 DDRAM 位址计数器调整为"00H"，游标回原点，该功能不影响显示 DDRAM

3. 位址归位

RW	RS	DB7	DB6	DB5	DB4	DB3	DB2	DB1	DB0
L	L	L	L	L	L	L	H	I/D	S

功能：把 DDRAM 位址计数器调整为"00H"，游标回原点，该功能不影响显示 DDRAM

功能：执行该命令后，所设置的行将显示在屏幕的第一行。显示起始行是由 Z 地址计数器控制的，该命令自动将 A0~A5 位地址送入 Z 地址计数器，起始地址可以是 0~63 范围内任意一行。Z 地址计数器具有循环计数功能，用于行扫描同步，当扫描完一行后自动加一。

4. 显示状态 开/关

RW	RS	DB7	DB6	DB5	DB4	DB3	DB2	DB1	DB0
L	L	L	L	L	L	H	D	C	B

功能：D=1；整体显示 ON　　C=1；游标 ON　　B=1；游标位置 ON

5. 游标或显示移位控制

RW	RS	DB7	DB6	DB5	DB4	DB3	DB2	DB1	DB0
L	L	L	L	L	H	S/C	R/L	X	X

功能：设定游标的移动与显示的移位控制位：这个指令并不改变 DDRAM 的内容

6. 功能设定

RW	RS	DB7	DB6	DB5	DB4	DB3	DB2	DB1	DB0
L	L	L	H	DL	X	0 RE	X	X	

功能：DL=1（必须设为 1）　　RE=1；扩充指令集动作　　RE=0：基本指令集动作

7. 设定 CGRAM 位址

RW	RS	DB7	DB6	DB5	DB4	DB3	DB2	DB1	DB0
L	L	L	H	AC5	AC4	AC3	AC2	AC1	AC0

功能：设定 CGRAM 位址到位址计数器（AC）

8. 设定 DDRAM 位址

RW	RS	DB7	DB6	DB5	DB4	DB3	DB2	DB1	DB0
L	L	H	AC6	AC5	AC4	AC3	AC2	AC1	AC0

功能：设定 DDRAM 位址到位址计数器（AC）

9. 读取忙碌状态（BF）和位址

RW	RS	DB7	DB6	DB5	DB4	DB3	DB2	DB1	DB0
L	H	BF	AC6	AC5	AC4	AC3	AC2	AC1	AC0

功能：读取忙碌状态（BF）可以确认内部动作是否完成，同时可以读出位址计数器（AC）的值

10. 写资料到 RAM

RW	RS	DB7	DB6	DB5	DB4	DB3	DB2	DB1	DB0
H	L	D7	D6	D5	D4	D3	D2	D1	D0

功能：写入资料到内部的 RAM（DDRAM/CGRAM/TRAM/GDRAM）

11. 读出 RAM 的值

RW	RS	DB7	DB6	DB5	DB4	DB3	DB2	DB1	DB0
H	H	D7	D6	D5	D4	D3	D2	D1	D0

功能：从内部 RAM 读取资料（DDRAM/CGRAM/TRAM/GDRAM）

12. 待命模式（12H）

RW	RS	DB7	DB6	DB5	DB4	DB3	DB2	DB1	DB0
L	L	L	L	L	L	L	L	L	H

功能：进入待命模式，执行其他命令都可终止待命模式

13. 卷动位址或 IRAM 位址选择（13H）

RW	RS	DB7	DB6	DB5	DB4	DB3	DB2	DB1	DB0
L	L	L	L	L	L	L	L	H	SR

功能：SR=1；允许输入卷动位址   SR=0；允许输入 IRAM 位址

14. 反白选择（14H）

RW	RS	DB7	DB6	DB5	DB4	DB3	DB2	DB1	DB0
L	L	L	L	L	L	L	H	R1	R0

功能：选择 4 行中的任一行作反白显示，并可决定反白的与否

15. 睡眠模式（015H）

RW	RS	DB7	DB6	DB5	DB4	DB3	DB2	DB1	DB0
L	L	L	L	L	L	H	SL	X	X

功能：SL=1；脱离睡眠模式   SL=0；进入睡眠模式

16. 扩充功能设定（016H）

RW	RS	DB7	DB6	DB5	DB4	DB3	DB2	DB1	DB0
L	L	L	L	H	H	X	1 RE	G	L

功能：RE=1；扩充指令集动作   RE=0；基本指令集动作   G=1；绘图显示 ON   G=0；绘图显示 OFF

17. 设定 IRAM 位址或卷动位址（017H）

RW	RS	DB7	DB6	DB5	DB4	DB3	DB2	DB1	DB0
L	L	L	H	AC5	AC4	AC3	AC2	AC1	AC0

功能：SR=1；AC5~AC0 为垂直卷动位址   SR=0；AC3~AC0 写 ICONRAM 位址

18. 设定绘图 RAM 位址（018H）

RW	RS	DB7	DB6	DB5	DB4	DB3	DB2	DB1	DB0
L	L	H	AC6	AC5	AC4	AC3	AC2	AC1	AC0

功能：设定 GDRAM 位址到位址计数器（AC）

10.3.2　STC 单片机与 1602 液晶显示器的接口及软件编程

数码接口硬件电路图如图 10-6 所示。

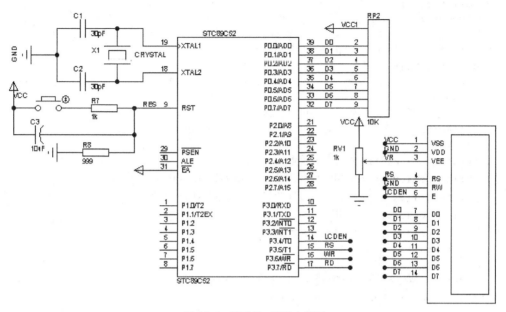

图 10-6　数码接口硬件电路图

LCD1602 液晶显示示例程序：

```c
#include<reg51.h>
#define uchar unsigned char
#define uint unsigned int
sbit lcden=P3^4;
sbit lcdrs=P3^5;
sbit lcdrw=P3^6;
void delayms(uint z)
{
    uint x,y;
    for(x=0;x<z;x++)
        for(y=0;y<110;y++);
}
/****************液晶显示模块****************/
void write_com(uchar com)//写指令
{
    lcdrs=0;
    lcden=0;
    P0=com;
    delayms(5);
    lcden=1;
    delayms(5);
    lcden=0;
}
void write_data(uchar date)//写数据
{
    lcdrs=1;
```

```
        lcden=0;
        P0=date;
        delayms(5);
        lcden=1;
        delayms(5);
        lcden=0;
}
/*************初始化1602液晶*************/
void init_1602()
{
        dula=0;
        wela=0;//关闭数码管显示; 仅用于开发板
        lcden=0;
        lcdrw=0;
        write_com(0x38);//显示模式设置
        write_com(0x0c);//00001DCB 开显示, 不显示光标, 不闪烁
        write_com(0x06);//000001NS 读/写字符后地址指针加一且光标加一
        write_com(0x01);//清屏
        write_com(0x80);//设置显示初始坐标
        delayms(5);
}
/***********液晶上显示一个百位数****************/
void write_bai(uchar add,uchar dat)
{
        uchar bai,shi,ge;
        bai=dat/100;
        shi=dat%100/10;
        ge=dat%10;
        write_com(0x80+add);
        write_data(0x30+bai);
        write_data(0x30+shi);
        write_data(0x30+ge);
}
/*************液晶上显示一个十位数****************/
void write_shi(uchar add,uchar dat)
{
        uchar shi,ge;
        shi=dat/10;
        ge=dat%10;
        write_com(0x80+add);
        write_data(0x30+shi);
        write_data(0x30+ge);
}
/********************主函数*********************/
void main()
{
        init_1602();
        while(1)
        {
                write_bai(1,100);
                write_shi(5,10);
        }
}
```

10.3.3　STC 单片机与 12864 液晶显示的接口及软件编程

数码接口硬件电路图如图 10-7 所示。

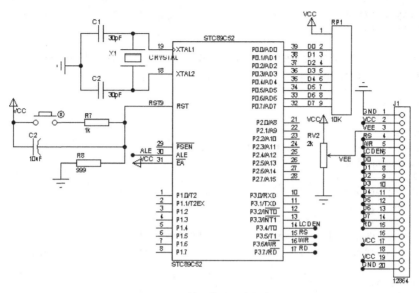

图 10-7　数码接口硬件电路图

LCD12864 液晶显示程序示例：

```
#include <reg51.h>
#define uchar unsigned char
#define uint  unsigned int
/****************** 端口定义********************/
#define LCD_data  P0            //数据口
sbit LCD_RS  = P3^5;            //寄存器选择输入
sbit LCD_RW  = P3^6;            //液晶读/写控制
sbit LCD_EN  = P3^4;            //液晶使能控制
sbit LCD_PSB = P3^7;            //串/并方式控制
/*****************显示字符定义***************/
uchar code dis0[] = {"第一行:"};
uchar code dis1[] = {"第二行:"};
uchar code dis2[] = {"第三行:"};
uchar code dis3[] = {"第四行:"};
void delay_1ms(uint x)
{
uint i,j;
for(j=0;j<x;j++)
    for(i=0;i<110;i++);
}
/*****写指令数据到LCD, RS=L, RW=L, E=高脉冲, D0-D7=指令码******/
void write_cmd(uchar cmd)
{
    LCD_RS = 0;
```

```
    LCD_RW = 0;
    LCD_EN = 0;
    P0 = cmd;
     delay_1ms(5);
    LCD_EN = 1;
     delay_1ms(5);
    LCD_EN = 0;
}
/*********写显示数据到LCD，RS=H，RW=L，E=高脉冲，D0-D7=数据*********/
void write_dat(uchar dat)
{
    LCD_RS = 1;
    LCD_RW = 0;
    LCD_EN = 0;
    P0 = dat;
     delay_1ms(5);
    LCD_EN = 1;
     delay_1ms(5);
    LCD_EN = 0;
}
/***********设定显示位置**************************/
void lcd_pos(uchar X,uchar Y)
{
   uchar  pos;
   if (X==0)
     {X=0x80;}
   else if (X==1)
     {X=0x90;}
   else if (X==2)
     {X=0x88;}
   else if (X==3)
     {X=0x98;}
   pos = X+Y ;
   write_cmd(pos);        //显示地址
}


/*******************LCD初始化设定********************* */
void lcd_init()
{
    LCD_PSB = 1;            //并口方式
    write_cmd(0x30);       //基本指令操作
    delay_1ms(5);
    write_cmd(0x0C);       //显示开，关光标
    delay_1ms(5);
    write_cmd(0x01);       //清除LCD的显示内容
    delay_1ms(5);
}

/***************** 主程序 ********************/
main()
{
    uchar i;
    delay_1ms(10);                //延时
    lcd_init();                   //初始化LCD
```

```
        lcd_pos(0,0);              //设置显示位置为第 1 行的第 1 个字符
        i = 0;
        while(dis0[i] != '\0')
        {
            write_dat(dis0[i]);    //显示字符
            i++;
        }
        lcd_pos(1,0);              //设置显示位置为第 2 行的第 1 个字符
        i = 0;
        while(dis1[i] != '\0')
        {
            write_dat(dis1[i]);    //显示字符
            i++;
        }
        lcd_pos(2,0);              //设置显示位置为第 3 行的第 1 个字符
        i = 0;
        while(dis2[i] != '\0')
        {
            write_dat(dis2[i]);    //显示字符
            i++;
        }
        lcd_pos(3,0);              //设置显示位置为第 4 行的第 1 个字符
        i = 0;
        while(dis3[i] != '\0')
        {
            write_dat(dis3[i]);    //显示字符
            i++;
        }
        while(1);
}
```

10.4　小结

本章对 STC89C52 单片机的 I/O 外部设备接口进行阐述，阐述了 STC 单片机与键盘接口的工作原理和工作方式，以及硬件电路与程序设计；阐述了 STC 单片机与 LED 数码管接口工作原理，并利用实例进行分析；阐述了 STC 单片机与 LCD 显示器接口实例。这部分内容属于输入输出外部设备接口应用，是人机交互的重要途径，所以希望读者认真掌握。

10.5　习题

1．简述键盘接口工作原理。

2．简述键盘有哪些工作方式。

3．阐述数码管的结构及其特点。

4．实现 STC89C52 单片机与 1602LCD 显示，并显示 "welcome"。

5．熟悉键盘原理和 1602LCD 显示原理，实现 STC89C52 单片机通过键盘输入数字在 1602LCD 进行显示。

第 11 章　STC89C52 与 A/D、D/A 转换器的接口

在单片机测控系统中，经常要求监控温度、压力、转速、流量、距离等非电物理量的变化，并将检测结果进行记录。由于单片机内部只能处理数字量，因此，这些非电物理量必须经传感器先转换成连续变化的模拟电信号（电压或电流）才能在单片机中用软件进行处理。实现模拟量转换成数字量的器件称为 A/D 转换器（ADC）。同样,在单片机构成的闭环控制系统中，有些被控制对象需要用模拟量来控制，在这种情况下，需要单片机系统将要输出的数字信号转变成相应的模拟信号，完成对象的控制。数字量转换成模拟量的器件称为 D/A 转换器（DAC）。本章介绍典型的 ADC、DAC 集成电路芯片，以及与单片机的硬件接口设计及软件设计。

11.1　STC89C52 与 A/D 转换器的接口

11.1.1　A/D 转换器简介

1. 概述

A/D 转换器把模拟量转换成数字量，以便于单片机进行数据处理。A/D 转换一般要经过采样、保持、量化及编码 4 个过程。在实际电路中，有些过程是合并进行的，如采样和保持，量化和编码在转换过程中是同时实现的。

随着超大规模集成电路技术的飞速发展，A/D 转换器的新设计思想和制造技术层出不穷。为满足各种不同的检测及控制任务的需要，大量结构不同、性能各异的 A/D 转换芯片应运而生。

目前单片的 ADC 芯片较多，对设计者来说，只需合理的选择芯片即可。现在部分的单片机片内集成了 A/D 转换器，在片内 A/D 转换器不能满足需要，还是需外扩。另外作为扩展 A/D 转换器的基本方法，读者还是应当掌握。

A/D 转换器按照转换速度可大致分为超高速（转换时间≤1ns）、高速（转换时间≤1μs）、中速（转换时间≤1ms）、低速（转换时间≤1s）等几种不同转换速度的芯片。为适应系统集成的需要，有些转换器还将多路转换开关、时钟电路、基准电压源、二－十进制译码器和转换电路集成在一个芯片内，为用户提供很多方便。

A/D 转换器按照输出代码的有效位数分为 4 位、8 位、10 位、12 位、14 位、16 位并行输出以及 BCD 码输出的 3 位半、4 位半、5 位半等多种。除并行输出 A/D 转换器外，随着单片机串行扩展方式的日益增多，带有同步 SPI 串行接口的 A/D 转换器的使用也逐渐增多。串行输出的 A/D 转换器具有占用端口线少、使用方便、接口简单等优点。较为典型的串行 A/D 转换器有美国 TI 公司的 TLC549（8 位）、TLC1549（10 位）以及 TLC1543（10 位）和 TLC2543（12 位）。由于单片机与串行 A/D 转换器接口设计，涉及同步串行口 SPI 的内容，已在 9.4.2 节 SPI 总线串行扩展进行了介绍。本章仅介绍单片机与并行输出 A/D 转换器的接口设计。

2. A/D 转换器的主要技术指标

（1）转换时间和转换速率

A/D 完成一次转换所需要的时间。转换时间的倒数为转换速率。

（2）分辨率

分辨率是衡量 A/D 转换器能够分辨出输入模拟量最小变化程度的技术指标。分辨率取决于 A/D 转换器的位数，所以习惯上用输出的二进制位数或 BCD 码位数表示。例如，A/D 转换器 AD1674 的满量程输入电压为 5V，分辨率为 12 位，可输出 12 位二进制数，即用 2^{12}（4096）个数进行量化。该 A/D 转换器能分辨出输入电压 5V/4096=1.22mV 的变化。

（3）量化误差

ADC 把模拟量变为数字量，用数字量近似表示模拟量，这个过程称为量化。量化过程误差是由于 ADC 有限位数对模拟量进行量化而引起的误差。理论上规定为一个单位分辨率的 $-1/2 \sim +1/2$LSB，提高 A/D 转换器的位数既可以提高分辨率，又能够减少量化误差。

（4）转换精度

转换精度定义为一个实际 A/D 转换器与一个理想 A/D 转换器在量化值上的差值，可用绝对误差或相对误差表示。

3. A/D 转换器的工作原理

随着大规模集成电路技术的迅速发展，A/D 转换器新品不断推出。按工作原理分，ADC 的主要种类有：逐次比较型、双积分型、Σ-Δ 式。

逐次比较型 A/D 转换器，在精度、速度和价格上都适中。

双积分型 A/D 转换器，具有精度高、抗干扰性好、价格低廉等优点，与逐次比较型 A/D 转换器相比，转换速度较慢，近年来在单片机应用领域中也得到广泛应用。

Σ-Δ 式 ADC 具有积分式与逐次比较型 ADC 的双重优点。它对工业现场的串模干扰具有较强的抑制能力，不亚于双积分 ADC，它比双积分 ADC 有较高的转换速度，与逐次比较型 ADC 相比，有较高的信噪比，分辨率高，线性度好，不需要采样保持电路。由于上述优点，Σ-Δ 式 ADC 得到了重视，已有多种 Σ-Δ 式 A/D 芯片可供用户选用。

尽管 A/D 转换器的种类很多，但目前种类最多、应用最广泛的还是逐次比较型 ADC。下面介绍逐次比较型 A/D 转换器的工作原理。

图 11-1 所示的逐次比较型 A/D 转换器由 N 位寄存器、D/A 转换器、比较器和控制逻辑等部分组成。转换过程中的逐次逼近是按照对分比较或者对分搜索的原理进行。其工作原理如下：在时钟脉冲的同步下，控制逻辑先使 N 位寄存器的 D7 位置 1（其余位为 0），此时该

寄存器输出的内容为 10000000，此值经 DAC 转换为模拟量输出 V_N，与待转换的模拟输入信号 V_{IN} 相比较，若 $V_{IN} \geqslant V_N$，则比较器输出为 1。于是在时钟脉冲的同步下，保留最高位 D7=1，并使下一位 D6=1，所得新值（11000000B）再经 DAC 转换得到新的 V_N，与 V_{IN} 比较，重复前述过程。反之，若使 D7=1 后，经比较，若 $V_{IN} \leqslant V_N$，则使 D7=0，D6=1，所得新值 V_N 再与 V_{IN} 比较，重复前述过程。依次类推，从 D7 到 D0 都比较完毕后，控制逻辑使 EOC 变为高电平，表示 A/D 转换结束，此时的 D7～D0 即为对应于模拟输入信号 V_{IN} 的数字量。

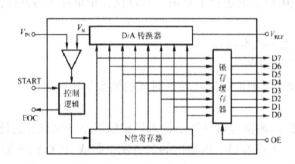

图 11-1　逐次比较型 A/D 转换器原理图

11.1.2　STC89C52 与并型 8 位 A/D 转换器 ADC0809 的接口

1. ADC0809 芯片

ADC0809 是 8 位逐次比较型、单片 CMOS 集成 A/D 转换器，其内部结构如图 11-2 所示。ADC0809 采用逐次比较法完成 A/D 转换，单一+5V 电源供电。片内带有锁存功能的 8 选 1 模拟开关，由 ADDC、ADDB、ADDA 的编码来决定所选的通道。A/D 转换速度取决于芯片外接的时钟频率，时钟频率范围为 10～1280kHz，完成一次转换需 100μs 左右。具有输出 TTL 三态锁存缓冲器，可直接连到单片机数据总线上。通过适当的外接电路，ADC0809 可对 0～5V 的模拟信号进行转换。

ADC0809 共有 28 个引脚，采用双列直插式封装。其引脚如图 11-3 所示。

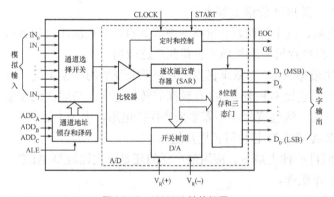

图 11-2　ADC0809 结构框图

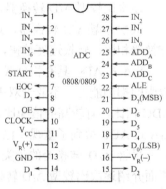

图 11-3　ADC0809 引脚图

引脚功能如下：

IN0～IN7：8 路模拟量输入端。

D7~D0：8 位数字量输出端。

ADDA、ADDB、ADDC 与 ALE：控制 8 路模拟输入通道的切换。ADDA、ADDB、ADDC 分别与单片机的三条地址线相连，三位编码对应 8 个通道地址端口。ADDC、ADDB、ADDA = 000~111 分别对应 IN0~IN7 通道的地址。各路模拟输入之间切换由软件改变 ADDC、ADDB、ADDA 引脚的编码来实现。

START：启动信号输入端。一般向此引脚输入一个正脉冲，上升沿复位内部逐次逼近寄存器，下降沿后开始 A/D 转换。

CLOCK：时钟信号输入端。

EOC：转换结束信号输出端。A/D 转换期间 EOC 为低电平，转换结束后变为高电平。

OE：输出允许端，控制输出锁存器的三态门。当 OE 为高电平时，转换结果数据出现在 D7~D0 引脚。当 OE 为低电平时，D7~D0 引脚对外呈高阻状态。

V_R（+）、V_R（-）：基准参考电压端，决定输入模拟量信号的量程范围。基准电压应单独用高精度稳压电源供给，其电压的变化要小于 1LSB。否则当被变换的输入电压不变，而基准电压的变化大于 1LSB，会引起 A/D 转换器输出的数字量变化。

V_{CC}：电源输入端，+5V。

GND：地。

ADC0809 的工作控制逻辑如图 11-4 所示。当通道选择地址有效时，ALE 信号一出现，地址便马上被锁存，这时转换启动信号紧随 ALE 之后（或与 ALE 同时）出现。START 的上升沿将逐次逼近寄存器 SAR 复位，在该上升沿之后的 2μs 加 8 个时钟周期内（不定），EOC 信号将变低电平，以指示转换操作正在进行中，直到转换完成后 EOC 再变高电平。单片机收到变为高电平的 EOC 信号后，便立即送出 OE 信号，打开三态门，读取转换结果。

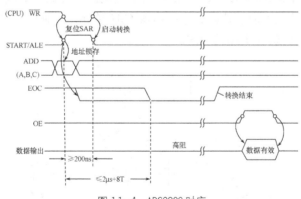

图 11-4　ADC0809 时序

2. STC89C52 与 ADC0809 的接口

单片机读取 ADC 的转换结果时，可采用查询和中断控制两种方式。

（1）查询方式

查询方式是在单片机把启动信号送到 ADC 之后，执行其他程序，同时对 ADC0809 的 EOC 脚不断进行检测，以查询 ADC 变换是否已经结束，如查询到变换已经结束，则读入转换完毕的数据。

ADC0809 与 STC89C52 的查询式接口如图 11-5 所示。

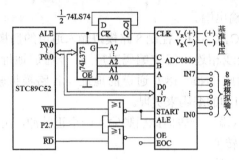

图 11-5　ADC0809 与 STC89C52 单片机的查询方式接口

　　由于 ADC0809 片内无时钟，可利用单片机提供的地址锁存允许信号 ALE 经 D 触发器二分频后获得，12T 模式下 ALE 引脚的频率是 STC89C52 单片机时钟频率的 1/6（但要注意，每当访问外部数据存储器时，将丢失一个 ALE 脉冲）。如果单片机时钟频率采用 6MHz，则 ALE 引脚的输出频率为 1MHz，再二分频后为 500kHz，符合 ADC0809 对时钟频率的要求。当然，也可采用独立的时钟源输出，直接加到 ADC 的 CLK 脚。

　　由于 ADC0809 具有输出三态锁存器，其 8 位数据输出引脚 D0～D7 可直接与单片机的 P0 口相连。地址译码引脚 ADDC、ADDB、ADDA 分别与地址总线的低三位 A2、A1、A0 相连，以选通 IN0～IN7 中的一个通道。

　　在启动 A/D 转换时，由单片机的写信号 $\overline{WR}$ 和 P2.7 控制 ADC 的地址锁存和转换启动，由于 ALE 和 START 连在一起，因此 ADC0809 在锁存通道地址的同时启动并进行转换。

　　在读取转换结果时，用低电平的读信号 $\overline{RD}$ 和 P2.7 引脚经一级"或非门"后产生的正脉冲作为 OE 信号，用来打开三态输出锁存器。

　　【例 11-1】采用 ADC0809 设计数据采集电路.该电路通过调节滑线变阻器，调节 IN0 的输入电压，A/D 转换结果存放至片内数据存储器 50H 单元，并通过两个 BCD 数码管显示出来。图 11-6 所示为硬件仿真电路原理图。

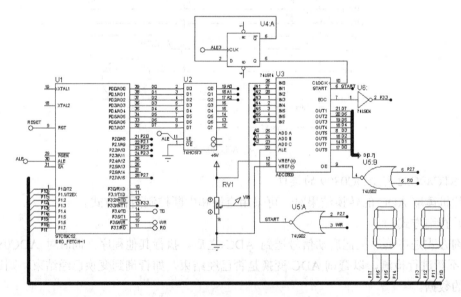

图 11-6　ADC0809 数据采集电路

电路分析：由于 Proteus 中没有 ADC0809 的仿真模型，在仿真时可采用 ADC0808 代替。ADC0808 与 ADC0809 除精度略有差别外（前者精度为 8 位、后者精度为 7 位），其余各个方面完全相同。

IN0～IN7 的地址分别为 7FF8H～7FFFH。

ADC0809 的 EOC 引脚经非门 74HC14 与单片机的外部中断输入引脚 $\overline{INT1}$ 引脚相连，A/D 转换结束后变为低电平，单片机据此采用查询或中断方式读取 A/D 转换结果。

参考程序：

```c
#include <reg52.h>
#include       <absacc.h>
#define AD_IN0   XBYTE[0X7FF8]        //IN0 通道地址
sbit ad_busy=P3^3;
unsigned char data temp _at_ 0x50;
void main(void){
    while(1){
    AD_IN0= 0;                        //启动 A/D 信号
    while(ad_busy==1);                //等待 A/D 转换结束
        temp=AD_IN0;                  //转换数据存到片内 50H 单元
        P1=temp;                      //转换数据显示
    }
}
```

在程序中"AD_IN0=0;"是一个虚写操作，写什么数据无关紧要。

（2）中断方式

中断控制方式是在启动信号送到 ADC 之后，单片机执行其他程序。ADC0809 转换结束并向单片机发出中断请求信号时，单片机响应此中断请求，进入中断服务程序，读入转换完毕的数据。中断控制方式效率高，所以特别适合于转换时间较长的 ADC。

如采用中断方式完成对例 11-1IN0 通道的输入模拟量信号的采集，当 A/D 转换结束后，EOC 发出一个脉冲向单片机提出中断申请，单片机响应中断请求后，由外部中断 1 的中断服务程序读取 A/D 转换结果，并启动 ADC0809 的下一次转换，外部中断 1 采用边沿触发方式。

参考程序：

```c
#include <reg52.h>
#include <absacc.h>
#define   AD_IN0 XBYTE[0x7FF8]        //IN0 通道地址
unsigned char temp _at_ 0x50;
void main(void){
    IE=0x84;                          //CPU 开放中断,允许外部中断 1 中断
    IT1=1;                            //外部中断 1 采用边沿触发
    AD_IN0 = 0;                       //启动 A/D 信号
    while(1){
    }
}
void data_acquisition(void) interrupt 2{
    EA=0;
    temp=AD_IN0;                      //转换数据显示
    P1=temp;
```

```
        AD_IN0=0;                              //启动 A/D 信号
        EA=1;
}
```

11.1.3　STC89C52 与并型 12 位 A/D 转换器 AD1674 的接口

在某些应用中，8 位 ADC 常常不够，必须选择分辨率大于 8 位的芯片，如 10 位、12 位、16 位 ADC，由于 10 位、16 位接口与 12 位类似，因此仅以常用的 12 位 A/D 转换器 AD1674 为例进行介绍。

1. AD1674 简介

AD1674 是美国 AD 公司生产的 12 位逐次比较型 A/D 转换器。转换时间为 10μs，单通道最大采集速率 100kHz。AD1674 片内有三态输出缓冲电路，因而可直接与各种典型的 8 位或 16 位的单片机相连。AD1674 片内还集成有高精度的基准电压源和时钟电路，从而使该芯片在不需要任何外加电路和时钟信号的情况下完成 A/D 转换，使用非常方便。

AD1674 是 AD574A/674A 的更新换代产品。它们的内部结构和外部应用特性基本相同，引脚功能与 AD574A/674A 完全兼容，可以直接替换 AD574、AD674 使用，但最大转换时间由 25μs 提高到 10μs。与 AD574A/674A 相比，AD1674 的内部结构更加紧凑，集成度更高，工作性能（尤其是高低温稳定性）更好，而且可以使设计板面积大大减小，因而可以降低成本并提高系统的可靠性。

AD1674 为 28 引脚双列直插式封装，其引脚排列如图 11-7 所示。各引脚功能如下：

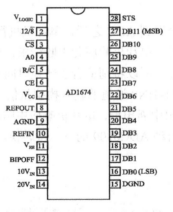

图 11-7　AD1674 引脚

DB0～DB11：12 位数据输出线。DB11 为最高位，DB0 为最低位，它们可由控制逻辑决定是输出数据还是对外呈高阻状态。

$12/\overline{8}$：数据模式选择。当 $12/\overline{8}=1$ 时，12 条数据线并行输出；当 $12/\overline{8}=0$ 时，与 A0 配合，12 位转换结果分两次输出，如图 11-7 所示。即只有高 8 位或低 4 位有效。$12/\overline{8}$ 端与 TTL 电平不兼容，故只能直接接至+5V 或 0V 上。

A0：字节选择控制。在转换期间，当 A0=0，进行全 12 位转换。当 A0=1，仅进行 8 位转换；在读出期间，与 $12/\overline{8}$ 配合，若 A0=0，高 8 位数据有效，若 A0=1，低 4 位数据有效，中间 4 位为"0"，高 4 位为高阻态。因此，当采用两次读出的 12 位数据应遵循左对齐原则（即：高 8 位+低 4 位+中间 4 位的 0000）。

$\overline{\text{CS}}$：芯片选择。当 $\overline{\text{CS}}$=0 时，芯片被选中，否则 AD1674 不进行任何操作。

R/$\overline{\text{C}}$：读/转换选择。当 R/$\overline{\text{C}}$=1 时，允许读取结果；当 R/$\overline{\text{C}}$=0 时，允许 A/D 转换。

CE：芯片启动信号。当 CE=1 时，允许读取结果，到底是转换还是读取结果与 R/$\overline{\text{C}}$有关。

上述 5 个控制信号组合的真值表如表 11-1 所示。

表 11-1　　　　　　　　　　　　　　　AD1674 控制信号真值表

CE	$\overline{\text{CS}}$	R/C	$12/\overline{8}$	A0	功 能 说 明
0	×	×	×	×	不起作用
×	1	×	×	×	不起作用
1	0	0	×	0	启动 12 位转换
1	0	0	×	1	启动 8 位转换
1	0	1	+5V	×	12 位数据并行输出
1	0	1	接地	0	高 8 位数据输出
1	0	1	接地	1	低 4 位数据+4 位尾 0 输出

STS：输出状态信号引脚。STS=1 表示正在进行 A/D 转换，STS=0 表示转换已完成。STS 可以作为状态信息被 CPU 查询，也可用它的下跳沿向单片机发出中断申请，通知单片机 A/D 转换已完成，可读取转换结果。

REFOUT：+10V 基准电压输出。

REFIN：基准电压输入。只有由此脚把从"REFOUT"脚输出的基准电压引入到 AD1674 内部的 12 位 DAC，才能进行正常的 A/D 转换。

BIPOFF：双极性补偿。对此引脚进行适当的连接，可实现单极性或双极性的输入。

10V$_{\text{IN}}$：10V 或-5～+5V 模拟信号输入端。

20V$_{\text{IN}}$：20V 或-10～+10V 模拟信号输入端。

DGND：数字地。各数字电路器件及"+5V"电源的地。

AGND：模拟地。各模拟电路器件及"+15V"、"-15V"电源地。

V$_{\text{CC}}$：正电源端，为+12～+15V。

V$_{\text{EE}}$：负电源端，为-12～-15V。

2. AD1674 的工作特性

由表 11-1 可知，当 CE=1，$\overline{\text{CS}}$=0 同时满足时，AD1674 才能处于工作状态。当 AD1674 处于工作状态时，R/$\overline{\text{C}}$=0 时启动 A/D 转换；R/$\overline{\text{C}}$=1 时读出转换结果。$12/\overline{8}$ 和 A0 端用来控制转换字长和数据格式。当 ADC 处于启动转换工作状态（R/$\overline{\text{C}}$=0），A0=0 时启动 12 位 A/D 转换方式工作；而 A0=1 则启动 8 位 A/D 转换方式工作。当 AD1674 处于数据读出工作状态（R/$\overline{\text{C}}$=1）时，A0 和 $12/\overline{8}$ 成为数据输出格式控制端。$12/\overline{8}$=1 时，对应 12 位并行输出；$12/\overline{8}$=0 时，则对应 8 位双字节输出。其中 A0=0 时输出高 8 位，A0=1 时输出低 4 位，并以 4 个 0 补足尾随的 4 位。注意，A0 在转换结果数据输出期间不能变化。

如要求 AD1674 以独立方式工作，只要将 CE、$12/\overline{8}$ 端接入+5V，$\overline{\text{CS}}$ 和 A0 接至 0V，将 R/$\overline{\text{C}}$ 作为数据读出和启动转换控制。R/$\overline{\text{C}}$=1 时，数据输出端出现被转换后的数据；R/$\overline{\text{C}}$=0 时，即启动一次 A/D 转换。在延时 0.5s 后，STS=1 表示转换正在进行。经过一个转换周期后，STS

跳回低电平，表示 A/D 转换完毕，可读取新的转换数据。

注意，只有在 CE=1 且 R/$\overline{\text{C}}$=0 时才启动转换，在启动信号有效前，R/$\overline{\text{C}}$ 必须为低电平，否则将产生读取数据的操作。

3. AD1674 的单极性和双极性输入的电路

通过改变 AD1674 引脚 8、10、12 的外接电路，可使 AD1674 实现单极性输入和双极性输入模拟信号的转换。

（1）单极性输入电路

图 11-8（a）为单极性输入电路，可实现输入信号 0～10V 或 0～20V 的转换。当输入信号为 0～10V 时，应从 10V$_{IN}$ 引脚输入（引脚 13）；输入信号为 0～20V 时，应从 20V$_{IN}$ 引脚输入（引脚 14）。输出的转换结果 D 的计算公式为：

$$D = 4096V_{IN} / V_{FS}$$

或

$$V_{IN} = D \cdot V_{FS} / 4096$$

式中，V_{IN} 为模拟输入电压，V_{FS} 为满量程电压。

若从 $10V_{IN}$ 脚输入，$V_{FS}=10V$，LSB=10/4096≈24mV；若从 $20V_{IN}$ 脚输入；VFS=20V，1LSB=20/4096≈49mV。图中的电位器 R_{P2} 用于调零，即当 $V_{IN}=0$ 时，输出数字量 D 为全 0。单片机系统模拟信号的地线应与 9 脚 AGND 相连，使其地线的接触电阻尽可能小。

（2）双极性输入电路

图 11-8（b）为双极性转换电路，可实现输入信号 -10～+10V 或 0～+20V 的转换。图中电位器 R_{P1} 用于调零。

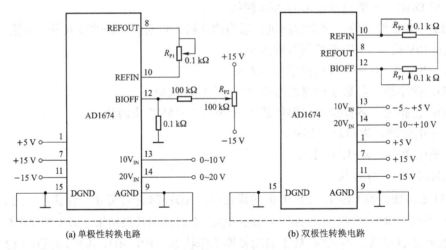

(a) 单极性转换电路　　　　　(b) 双极性转换电路

图 11-8　AD1674 模拟输入电路

双极性输入时，输出的转换结果 D 与模拟输入电压 V_{IN} 之间的关系为：

$$D = 2048(1 + V_{IN} / V_{FS})$$

或

$$V_{IN} = (D / 2048 - 1)V_{FS} / 2$$

式中，V_{FS} 为满量程电压。

上式求出的 D 为 12 位偏移二进制码，把 D 的最高位求反便得到补码。补码对应输入模拟量的符号和大小。同样，从 AD1674 读出的或代入到上式中的数字量 D 也是偏移二进制码。

例如，当模拟信号从 $10V_{IN}$ 引脚输入，则 V_{FS} =10V，若读得 D=FFFH，即 111111111111B=4095，代入式中，可求得 V_{IN} =4.9976V。

4. STC89C52 单片机与 AD1674 的接口

图 11-9 所示为 AD1674 与 STC89C52 单片机的接口电路。由于 AD1674 片内含有高精度的基准电压源和时钟电路，从而使 AD1674 无需任何外加电路和时钟信号的情况下即可完成 A/D 转换，使用非常方便。

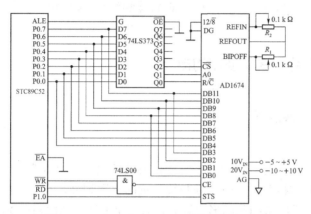

图 11-9　AD1674 与 STC89C52 单片机的接口电路

该电路采用双极性输入接法，可对 $-5V\sim+5V$ 或 $-10V\sim+10V$ 模拟信号进行转换。转换结果的高 8 位从 DB11～DB4 输出，低 4 位从 DB3～DB0 输出，即 A0=0 时，读取结果的高 8 位；当 A0=1 时，读取结果的低 4 位。若遵循左对齐的原则，DB3～DB0 应接单片机的 P0.7～P0.4。

根据 STS 信号线的三种不同接法，转换结果的读取有三种方式：

（1）如果 STS 空着不接，单片机就只能在启动 AD1674 转换后延时 10μs 以上再读取转换结果，即延时方式。

（2）如果 STS 接到 STC89C52 的一条端口线上，单片机就可以采用查询方式。当查询到 STS 为低电平时，表示转换结束。

（3）如果 STS 接到 STC89C52 的 $\overline{INT1}$ 端，则可以采用中断方式读取转换结果。

该图 AD1674 的 STS 与 STC89C52 的 P1.0 线相连，故采用查询方式读取转换结果。

STS 引脚接单片机的 P1.0 引脚，采用查询方式读取转换结果。当单片机执行对外部数据存储器写指令，使 CE=1，$\overline{CS}$ =0，$R/\overline{C}$ =0，A0=0 时，启动 A/D 转换。当单片机查询到 P1.0 引脚为低电平时，转换结束，单片机使 CE=1，$\overline{CS}$ = 0，$R/\overline{C}$ =1，A0=0，读取结果高 8 位；CE=1，$\overline{CS}$ = 0，$R/\overline{C}$ =1，A0=1，读取结果的低 4 位。

该接口电路完成一次 A/D 转换的查询方式的程序如下（高 8 位转换结果存入 R2 中，低 4 位存入 R3 中，遵循左对齐原则）：

```
AD1674: MOV    R0, #0F8H        ;端口地址送 R0
        MOVX   @R0, A           ;启动 AD1674 进行转换
        SETB   P1.0             ;置 P1.0 为输入
LOOP:   NOP
```

```
    JB      P1.0, LOOP              ;查询转换是否结束
    INC     R0                      ;使=1，准备读取结果
    MOVX    A, @R0                  ;读取高 8 位转换结果
    MOV     R2, A                   ;高 8 位转换结果存入 R2 中
    INC     R0                      ;使 R/C̄ =1,A0=1
    INC     R0
    MOVX    A, @R0                  ;读取低 4 位转换结果
    MOV     R3, A                   ;低 4 位转换结果存入 R3 中
    ………
```

11.2 STC89C52 与 D/A 转换器的接口

11.2.1 D/A 转换器简介

1. 概述

模/数转换器（DAC）是一种把数字信号转换成模拟信号的器件。

D/A 转换器的种类很多。按照二进制数字量的位数划分，有 8 位、10 位、12 位、16 位 D/A 转换器；按照数字量的数码形式划分，有二进制码和 BCD 码 D/A 转换器；按照 D/A 转换器输出方式划分，有电流输出型和电压输出型 D/A 转换器。在实际应用中，对于电流输出的 D/A 转换器，如需要模拟电压输出，可在其输出端加一个由运算放大器构成的 I/V 转换电路，将电流输出转换为电压输出。

单片机与 D/A 转换器的连接，早期多采用 8 位数字量并行传输的并行接口，现在除并行接口外，带有串行口的 D/A 转换器品种也不断增多。除了通用的 UART 串行口外，目前较为流行的还有 IIC 串行口和 SPI 串行口等。所以在选择单片 D/A 转换器时，要考虑单片机与 D/A 转换器的接口形式。

目前部分单片机芯片中集成的 D/A 转换器位数一般在 10 位左右，且转换速度很快，所以单片的 DAC 开始向高位数和高转换速度上转变。低端的产品，如 8 位的 D/A 转换器，开始面临被淘汰的危险，但是在实验室或涉及某些工业控制方面的应用，低端的 8 位 DAC 以其优异性价比还是具有相当大的应用空间的。

2. D/A 转换器的主要技术指标

（1）分辨率

分辨率是指输入数字量的最低有效位（LSB）发生变化时，所对应的输出模拟量（常为电压）的变化量。它反映了输出模拟量的最小变化值。

分辨率与输入数字量的位数有确定的关系，可以表示成 $FS/2^n$。FS 表示满量程输入值，n 为二进制位数。对于 5V 的满量程，采用 8 位的 DAC 时，分辨率为 $5V/2^8$=19.5mV；当采用 12 位的 DAC 时，分辨率则为 $5V/2^{12}$=1.22mV。显然，位数越多，分辨率就越高。即 D/A 转换器对输入量变化的敏感程度越高。

使用时，应根据对 D/A 转换器分辨率的需要来选定 D/A 转换器的位数。

（2）建立时间

建立时间是描述 D/A 转换器转换快慢的一个参数，用于表明转换时间或转换速度。其值

为从输入数字量到输出达到终值误差（1/2）LSB 时所需的时间。

电流输出型 DAC 的建立时间短。电压输出型 DAC 的建立时间主要决定于完成 I/V 转换的运算放大器的响应时间。根据建立时间的长短，可以将 DAC 分成超高速（＜1μs）、高速（10～1μs）、中速（100～10μs）和低速（≥100μs）DAC。

（3）转换精度

理想情况下，转换精度与分辨率基本一致，位数越多精度越高。但由于电源电压、基准电压、电阻、制造工艺等各种因素存在着误差。严格讲，转换精度与分辨率并不完全一致。只要位数相同，分辨率则相同，但相同位数的不同转换器转换精度会有所不同。例如，某种型号的 8 位 DAC 精度为 0.19%，而另一种型号的 8 位 DAC 精度为 0.05%。

3. D/A 转换器的工作原理

目前常用的 D/A 转换器是由 T 型电阻网络构成的，一般称其为 T 型电阻网络 D/A 转换器，如图 11-10 所示。计算机输出的数字信号首先传送到数据锁存器（或寄存器）中，然后由模拟电子开关把数字信号的高低电平变成对应的电子开关状态。当数字量某位为 1 时，电子开关就将基准电压源 V_{REF} 接入电阻网络的相应支路；若为 0 时，则将该支路接地。各支路的电流信号经过电阻网络加权后，由运算放大器求和并变换成电压信号，作为 D/A 转换器的输出。

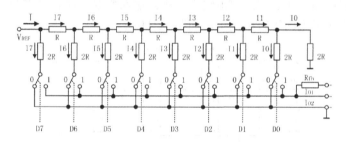

图 11-10　DAC 原理图

该电路是一个 8 位 D/A 转换器。V_{REF} 为外加基准电源，R_{fb} 为外接运算放大器的反馈电阻。D7～D0 为控制电流开关的数据。由图 11-10 可以得到：

$$I = V_{REF} / R$$

$$I_7 = I/2^1，\quad I_6 = I/2^2，\quad I_5 = I/2^3，\quad I_4 = I/2^4，\quad I_3 = I/2^5，\quad I_2 = I/2^6，\quad I_1 = I/2^7，\quad I_0 = I/2^8$$

当输入数据 D7～D0 为 11111111B 时，有

$$I_{o1} = I_7 + I_6 + I_5 + I_4 + I_3 + I_2 + I_1 + I_0 = I/2^8 \times (2^7 + 2^6 + 2^5 + 2^4 + 2^3 + 2^2 + 2^1 + 2^0)$$

$$I_{o2} = 0$$

若 $R_{fb} = R$，则

$$V_o = -I_{o1} \times R_{fb}$$

$$= -I_{o1} \times R$$

$$= -((V_{REF} / R)2^8) \times (2^7 + 2^6 + 2^5 + 2^4 + 2^3 + 2^2 + 2^1 + 2^0)R$$

$$= -(V_{REF} / 2^8) \times (2^7 + 2^6 + 2^5 + 2^4 + 2^3 + 2^2 + 2^1 + 2^0)$$

$$= -B \times \frac{V_{REF}}{256}$$

由此可见，输出电压 V_O 的大小与输入数字量 B 具有对应的关系。

11.2.2　STC89C52 与 8 位 D/A 转换器 DAC0832 的接口设计

1. DAC0832 芯片

美国国家半导体公司的 DAC0832 是使用非常普遍的 8 位 D/A 转换器。由于内部包含两个输入数据寄存器，所以能直接与 STC89C52 单片机连接。属于该系列的芯片还有 DAC0830、DAC0831，它们可以相互替换。其主要特性如下：

- 分辨率为 8 位。
- 电流输出，建立时间为 1s。
- 可双缓冲输入、单缓冲输入或直接数字输入。
- 单一电源供电（+5V～+15V）。
- 低功耗，20mW。

DAC0832 由一个 8 位输入锁存器、一个 8 位 DAC 寄存器和一个 8 位 D/A 转换器及逻辑控制电路组成。其中，"8 位输入寄存器"用于存放单片机送来的数字量，使输入数字量得到缓冲和锁存；"8 位 DAC 寄存器"用于存放待转换的数字量；"8 位 D/A 转换电路"受"8 位 DAC 寄存器"输出的数字量控制，能输出和数字量成正比的模拟电流。因此，需外接 I-V 转换的运算放大器电路，才能得到模拟输出电压。输入数据锁存器和 DAC 寄存器构成了两级缓存，可以实现多通道同步转换输出，如图 11-11 所示。

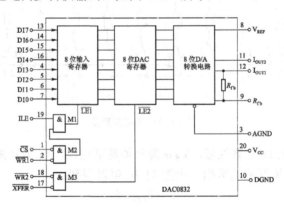

图 11-11　DAC0832 的内部逻辑结构

DAC0832 采用 20 脚双列直插式封装，其引脚如图 11-12 所示。

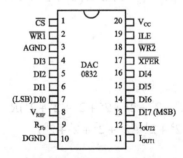

图 11-12　DAC0832 引脚

各引脚功能如下。

DI0～DI7：8 位数字信号输入端，与单片机的数据总线 P0 口相连，用于接收单片机送来的待转换为模拟量的数字量，DI7 为最高位。

$\overline{\text{CS}}$：片选端，低电平有效。

ILE：数据锁存允许控制端，高电平有效。

$\overline{\text{WR1}}$：第一级输入寄存器写选通控制，低电平有效。当 $\overline{\text{CS}}$=0，ILE=1，$\overline{\text{WR1}}$=0 时，待转换的数据信号被锁存到第一级 8 位输入寄存器中。

$\overline{\text{XFER}}$：数据传送控制，低电平有效。

$\overline{\text{WR2}}$：DAC 寄存器写选通控制端，低电平有效。当 $\overline{\text{XFER}}$=0，$\overline{\text{WR2}}$=0 时，输入寄存器中待转换的数据传入 8 位 DAC 寄存器中。

I_{OUT1}：D/A 转换器电流输出 1 端，输入数字量全为"1"时，IOUT1 最大，输入数字量全为"0"时，IOUT1 最小。

I_{OUT2}：D/A 转换器电流输出 2 端，IOUT2 + IOUT1 = 常数。

R_{fb}：外部反馈信号输入端，内部已有反馈电阻 R_{fb}，根据需要也可外接反馈电阻。

V_{CC}：电源输入端，在+5V～+15V 范围内。

DGND：数字信号地。

AGND：模拟信号地，最好与基准电压共地。

DAC0832 芯片内具有的两级输入锁存结构，可以工作于双缓冲、单缓冲和直通方式，使用非常灵活方便。

2. STC89C52 与 DAC0832 的接口

DAC0832 芯片内具有两级输入锁存结构，可以工作于双缓冲、单缓冲和直通方式，使用非常灵活方便。一般设计 STC89C52 单片机与 DAC0832 的接口电路常用单缓冲方式或双缓冲方式的单极性输出。

（1）单缓冲方式

单缓冲方式是指 DAC0832 内部的两个数据缓冲器有一个处于直通方式，另一个处于受单片机控制的锁存方式。在实际应用中，如果只有一路模拟量输出，或虽是多路模拟量输出但并不要求多路输出同步的情况下，可采用单缓冲方式。

图 11-13 所示为单极性模拟电压输出的 DAC0832 与 STC89C52 的接口电路。

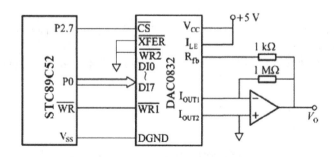

图 11-13 DAC0832 单缓冲方式接口

图中 ILE 接＋5V，I_{OUT2} 接地，I_{OUT1} 输出电流经运算放大器变换后输出单极性电压，范围为 0～+5V。$\overline{XFER}$ 和 $\overline{WR2}$ 接地，故 DAC0832 的 "8 位 DAC 寄存器" 工作于直通方式。"8 位输入寄存器" 受 $\overline{CS}$ 和 $\overline{WR1}$ 端控制，$\overline{CS}$ 由 P2.7 来控制。因此，单片机执行如下指令就可在 $\overline{CS}$ 和 $\overline{WR1}$ 上产生低电平信号，使 DAC0832 接收 STC89C52 送来的数字量。

```
MOV    DPTR,#7FFFH
MOV    A,#data
MOVX   @DPTR,A
```

单极性输出电压 $V_O = -B \times \dfrac{V_{REF}}{256}$ 可见，单极性输出 V_O 的正负极性由 V_{REF} 的极性确定。当 V_{REF} 的极性为正时，V_O 为负；当 V_{REF} 的极性为负时，V_O 为正。

【例 11-2】DAC0832 用作波形发生器。根据图 11-13，写出产生三角波和矩形波的程序。

① 三角波

```c
#include <reg52.h>
#include <absacc.h>
#define  DAC0832  XBYTE[0x7fff]            //设置 DAC0832 的访问地址
unsigned char num;
void main() {
  while(1){
    for (num=0;num<0xff;num++)            //上升段波形
        DAC0832=num;
    for (num=0xff; num > 0 ; num--)       //下降段波形
        DAC0832=num;                      //DAC0832 转换输出
  }
}
```

当输入数字量从 0 开始，逐次加 1 进行 D/A 转换，模拟量与其成正比输出。当输入数字量达到 FFH 时，逐次减 1 进行 D/A 转换，直到输入数字量为 0，然后又重新重复上述过程，如此循环，输出的波形就是三角波。

② 矩形波

```c
#include<reg52.h>
#include<absacc.h>
#define  DAC0832  XBYTE[0x7fff]            //设置 DAC0832 的访问地址
unsigned int i;
void main() {
  while (1) {
    for(i=0;i<10000;i++)                  //置上限电平对应的数字量，延时
     DAC0832=255;
    for(i=0;i<20000;i++)                  //置下限电平对应的数字量，延时
     DAC0832=0;
  }
}
```

（2）双缓冲方式

对于多路 D/A 转换需要同步转换输出的系统，应该采用双缓冲器同步方式。DAC0832 工作于双缓冲器工作方式时，数字量的输入锁存和 D/A 转换是分两步完成的。首先，CPU 的数据总线分时地向各路 D/A 转换器输入要转换的数字量并锁存在各自的输入锁存器中，然后

CPU 对所有的 D/A 转换器发出控制信号，使各个 D/A 转换器输入锁存器中的数据打入 DAC 寄存器，实现同步转换输出。

图 11-14 为一个两路同步输出的 D/A 转换接口电路。STC89C52 的 P2.5 和 P2.6 分别选择两路 D/A 转换器的输入锁存器，P2.7 接到两路 D/A 转换器的 $\overline{\text{XFER}}$ 端控制同步转换输出。

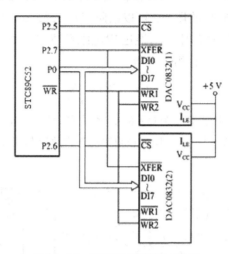

图 11-14　DAC0832 双缓冲方式接口

在需要多路 D/A 转换输出的场合，除了采用上述方法外，还可以采用多通道 DAC 芯片。这种 DAC 芯片在同一个封装里有两个以上相同的 DAC，它们可以各自独立工作，例如 AD7528 是双通道 8 位 DAC 芯片，可以同时输出两路模拟量；AD7526 是四通道 8 位 DAC 芯片，可以同时输出四路模拟量。

【例 11-3】根据图 11-14，实现两路 D/A 同步输出，产生上行、下行两路锯齿波。

```
#include<reg52.h>
#include <absacc.h>
#define  DAC1  XBYTE[0xdfff]          //设置 1#DAC0832 输入锁存器的访问地址
#define  DAC2  XBYTE[0xbfff]          //设置 2#DAC0832 输入锁存器的访问地址
#define  DAOUT XBYTE[0x7fff]          //两个 DAC0832 的 DAC 寄存器访问地址
void main (void){
    unsigned char num;               //需要转换的数据
    while(1){
        for(num =0; num <=255; num++){
            DAC1 = num;              //上锯齿送入 1#DAC
            DAC2 = 255-num;          //下锯齿送入 2#DAC
            DAOUT = num;             //两路同时进行 D/A 转换输出
        }
    }
}
```

该程序中"DACOUT=num"是一个虚写操作，旨在产生一个 DAC 寄存器的锁存信号，对被写的数据没有要求。

（3）直通方式

当 DAC0832 芯片的片选信号 $\overline{\text{CS}}$、写信号 $\overline{\text{WR1}}$、$\overline{\text{WR2}}$ 及传送控制信号 $\overline{\text{XFER}}$ 的引脚全

部接地，允许输入锁存信号 ILE 引脚接+5V 时，DAC0832 芯片就处于直通工作方式，数字量一旦输入，就直接进入 DAC 寄存器，进行 D/A 转换。

3. 双极性电压输出

在有些应用场合，需要DAC0832双极性模拟电压输出，因此要在编码和电路方面做些改变。在需要用到双极性电压输出的场合，可以按照图11-15接线。图中DAC0832的数字量由单片机送来，A1和A2均为运算放大器，V_O 通过2R电阻反馈到运算放大器A2输入端，G点为虚拟地。由基尔霍夫定律列出的方程组可解得

$$V_O = (B - 128) \times \frac{V_{REF}}{128}$$

由上式知，当单片机输出给 DAC0832 的数字量 $B \geqslant 128$ 时，即数字量最高位 b7 为 1，输出的模拟电压 V_O 为正；当单片机输出给 DAC0832 的数字量 B<128 时，即数字量最高位为 0，则 V_O 为负。

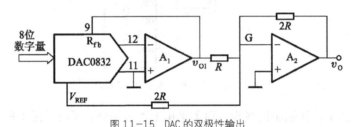

图 11-15　DAC 的双极性输出

11.3　小结

A/D、D/A 转换器是计算机测控系统中常用的芯片，它们可以把数字信号转换成模拟信号输出到外部设备，或把模拟信号转换成数字信号输入到计算机。

A/D 转换器的种类有逐次比较型、双积分型、Σ-Δ 式等。逐次比较型 ADC 由比较器、D/A 转换器、逐次逼近寄存器和控制逻辑组成。ADC0809 为逐次比较型 8 位八通道 A/D 转换器。ADC0809 片内带有三态输出缓冲器，其数据输出线可与单片机的数据总线直接相连。单片机读取 A/D 转换结果，可以采用中断方式或查询方式。在某些应用中，8 位 ADC 常常不够，必须选择分辨率大于 8 位的芯片，如 10 位、12 位、16 位 ADC。AD1674 是美国 AD 公司生产的 12 位逐次比较型 A/D 转换器。转换时间为 10μs，单通道最大采集速率 100kHz。AD1674 片内有三态输出缓冲电路，因而可直接与各种典型的 8 位或 16 位的单片机相连。

D/A 转换器主要由基准电压、模拟电子开关、电阻解码网络和运算放大器组成。从分辨率来说，有 8 位、10 位、12 位、16 位之分。位数越多，分辨率越高。DAC0832 是一种 8 位的 D/A 转换器，输出为电流型，如果需要转换结果为电压，则需外接电流－电压转换电路。

DAC0832 有三种工作方式，改变 ILE、$\overline{WR1}$、$\overline{WR2}$ 和 $\overline{XFER}$ 的连接方式，可使 DAC0832 工作于单缓冲器、双缓冲器及直通方式。

11.4　习题

1. 目前应用最广泛的 A/D 转换器主要有哪几种类型？它们各有什么特点？

2. 逐次逼近式 A/D 转换器由哪几部分组成？各部分的作用是什么？

3. A/D 与 D/A 转换器有哪些主要技术指标？

4. 根据图 11-6 所示的 STC89C52 与 ADC0809 接口电路，编写程序从该 A/D 转换器模拟通道 IN0～IN7 每隔 1s 读入一个数据，并将数据存入地址为 0080H～0087H 的片外数据存储器中。

5. D/A 转换器的主要性能指标有哪些？设有一个 12 位 DAC，满量程输出电压是 5V，试问它的分辨率是多少？

6. 对于电流输出的 D/A 转换器，为了得到电压输出，应使用什么？

7. 判断下列说法是否正确。

A. "转换速度" 这一指标仅适用于 A/D 转换器，D/A 转换器不用考虑 "转换速度" 问题。

B. ADC0809 可以利用 EOC 信号向 STC89C52 单片机发出中断请求。

C. 输出模拟量的最小变化量称为 A/D 转换器的分辨率。

D. 对于周期性的干扰电压，可使用双积分型 A/D 转换器，并选择合适的积分元件，将该周期性的干扰电压带来的转换误差消除。

第 12 章 STC 单片机应用系统设计实例

本章介绍了 STC89C52 单片机最小系统，并通过该单片机最小系统设计 3 个实例，即基于 STC89C52 单片机的智能交通灯、基于 STC89C52 单片机倒车雷达和基于 STC89C52 单片机万年历。

12.1 STC89C52 单片机最小系统简介

单片机又称单片微控制器，是在一块芯片中集成了 CPU（中央处理器）、RAM（数据存储器）、ROM（程序存储器）、定时器/计数器和多种功能的 I/O（输入/输出）接口等一台计算机所需要的基本功能部件，从而可以完成复杂的运算、逻辑控制、通信等功能。

在熟悉单片机工作原理的基础上，构建单片机的最小系统，单片机最小系统是让单片机能正常工作并发挥其基本功能时所必须的组成部分，也可理解为采用最少的元件组成的单片机最小工作单元。对 STC 系列单片机来说，最小系统一般应该包括：单片机、振荡电路、复位电路、电源、输入/输出设备等，如图 12-1 所示。

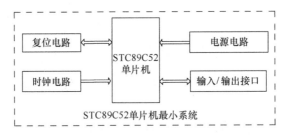

图 12-1　STC 单片机最小系统框架图

如图 12-1 所示的 STC 单片机最小系统框架图，进行 STC 单片机最小系统电路的开发与实现，如图 12-2 所示。

1. 电源模块

对于一个完整的电子设计来讲，首要问题就是为整个系统提供电源供电模块，电源模块的稳定可靠是系统平稳运行的前提和基础。STC 单片机虽然使用时间最早，应用范围最广，但在实际使用过程中，一个典型的问题就是相比其他系列的单片机，STC 单片机更容易受到干扰而出现程序跑飞的现象，克服这种现象出现的一个重要手段就是为单片机系统配置一个稳定可靠的电源供电模块。图 12-2 中包含该供电模块，VCC 为供电模块的输出电源。

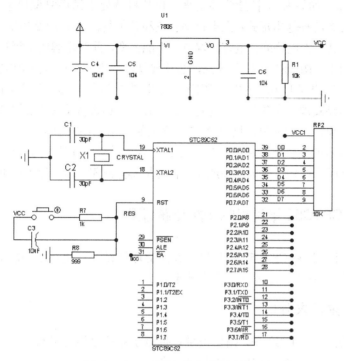

图 12-2　STC 单片机最小系统电路图

2. 振荡电路

在设计时钟电路之前，让我们先了解下 STC 单片机上的时钟管脚：XTAL1（19 脚）：芯片内部振荡电路输入端；XTAL2（18 脚）：芯片内部振荡电路输出端；XTAL1 和 XTAL2 是独立的输入和输出反相放大器，它们可以被配置为使用石英晶振的片内振荡器，或者是器件直接由外部时钟驱动。图 12-2 中采用的是内时钟模式，即采用芯片内部的振荡电路，在 XTAL1、XTAL2 的引脚上外接定时元件（一个石英晶体和两个电容），内部振荡器便能产生自激振荡。一般来说晶振可以在 1.2～12MHz 之间任选，甚至可以达到 24MHz 或者更高，但是频率越高功耗也就越大。实际运用中一般采用的是 11.0592MHz 的石英晶振，与晶振并联的两个电容的大小对振荡频率有微小影响，可以起到频率微调作用。当采用石英晶振时，电容可以在 20～40pF 之间选择（本实验套件使用 30pF）；当采用陶瓷谐振器件时，电容要适当地增大一些，在 30～50pF 之间。通常选取 33pF 的陶瓷电容就可以了。

另外值得一提的是如果读者自己在设计单片机系统的印刷电路板（PCB）时，晶振和电容应尽可能与单片机芯片靠近，以减少引线的寄生电容，保证振荡器可靠工作。检测晶振是否能起振的方法可以用示波器可以观察到 XTAL2 输出的十分漂亮的正弦波，也可以使用万用表测量（把档位打到直流挡，这个时候测得的是有效值）XTAL2 和地之间的电压时，可以看到 2V 左右的电压。

3. 复位电路

在单片机系统中，复位电路是非常关键的，当程序跑飞（运行不正常）或死机（停止运行）时，就需要进行复位。

STC 系列单片机的复位引脚 RST（第 9 管脚）出现 2 个机器周期以上的高电平时，单片机就执行复位操作。如果 RST 持续为高电平，单片机就处于循环复位状态。

复位操作通常有两种基本形式：上电自动复位和开关复位。图 12-2 中所示的复位电路就包括了这两种复位方式。上电瞬间，电容两端电压不能突变，此时电容的负极和 RESET 相连，电压全部加在了电阻上，RESET 的输入为高，芯片被复位。随之+5V 电源给电容充电，电阻上的电压逐渐减小，最后约等于 0，芯片正常工作。并联在电容的两端为复位按键，当复位按键没有被按下的时候电路实现上电复位，在芯片正常工作后，通过按下按键使 RST 管脚出现高电平达到手动复位的效果。一般来说，只要 RST 管脚上保持 10ms 以上的高电平，就能使单片机有效的复位。图中所示的复位电阻和电容为经典值，实际制作是可以用同一数量级的电阻和电容代替，读者也可自行计算 RC 充电时间或在工作环境实际测量，以确保单片机的复位电路可靠。

12.2 基于 STC89C52 单片机的智能交通灯设计

本节重点介绍基于 STC89C52 单片机的智能交通灯设计，阐述了功能需求分析、设计方案、系统硬件设计、系统软件设计及仿真结果分析。

12.2.1 系统需求分析

城市智能交通系统（ITS）中，路口信号灯控制子系统是现代城市交通监控指挥系统中重要的组成部分，在各种交通监控体系中都是一个必不可少的单元。如果能研制一种稳定、高效的灯控系统模块，能够挂接于各种智能交通控制系统下作为下位机，根据上位机的控制要求或命令，方便灵活地控制交通灯，无疑是很有意义的。传统的交通信号灯控制系统电路复杂、体积大、成本高，而采用模块化的单片机系统控制交通信号，不仅可以简化电路结构、降低成本、减小体积，而且，控制能力强，配置灵活，易于扩展，能够根据上位机对交通流量进行监测而得出的控制命令，方便高效地进行路口交通灯运行模式的设定。本书介绍的这种新型交通灯单片机控制系统，就是一种可应用于智能交通系统的交通信号控制子系统。与传统的交通信号机相比，该控制系统有很强的控制能力及良好的控制接口，并且安装灵活，设置方便，模块化、结构化的设计使其具有良好的可扩展性，系统运行安全、稳定，效率高。

12.2.2 系统设计方案

图 12-3 所示为系统框架图，利用 STC89C52 的 P0 口来控制四个交通灯，编制一个交通灯控制系统，每个路口有红绿黄三个灯，本实例采用交通灯为交通控制的指示灯，共需要 4 个红绿信号灯，由于相对方向的红绿灯的状态是一致的，可以用同一个驱动电路控制，所以只需要设计两个交通灯的控制电路即可。

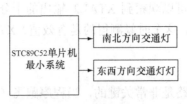

图 12-3 交通灯系统框图

12.2.3　系统硬件设计

依据图 12-3 所示的系统框架图，构造系统硬件平台如图 12-4 所示。

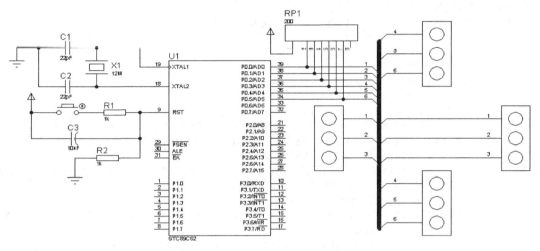

图 12-4　交通灯显示电路图

12.2.4　系统软件设计

1. 系统软件程序流程图

交通灯启动后，南北方向红灯和东西方向绿灯各亮 10 秒，然后红灯保持不变，黄灯闪烁五下，之后变为南北方向绿灯和东西方向红灯且各保持 10 秒，南北方向黄灯闪烁五秒之后转变回南北方向红灯、东西方向绿灯，系统软件程序流程图如图 12-5 所示。

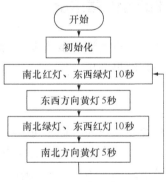

图 12-5　交通灯程序流程图

2. 系统软件程序代码

软件程序代码开始对所使用的 I/O 口进行位定义，再确定中断使用方式，用 switch 定义红绿灯的四种方式，按照时间运行不断变换方式。

```
#include <reg52.h>
#define uint unsigned int
#define uchar unsigned char
```

```
    sbit RED_A = P0^0;
    sbit YELLOW_A = P0^1;
    sbit GREEN_A = P0^2;
    sbit RED_B = P0^3;
    sbit YELLOW_B = P0^4;
    sbit GREEN_B = P0^5;
    uchar Time_Count = 0,Flash_Count = 0,Operation_Type = 1;
    void T0_INT() interrupt 1{
        TH0 = -50000/256;
        TL0 = -50000%256;
        switch(Operation_Type){
            case 1:RED_A=0;YELLOW_A=0;GREEN_A=1;
                RED_B=1;YELLOW_B=0;GREEN_B=0;
                if(++Time_Count != 100) return;Time_Count=0;Operation_Type = 2;break;
            case 2:if(++Time_Count != 8) return;Time_Count=0;
                YELLOW_A=!YELLOW_A;GREEN_A=0;
                if(++Flash_Count !=10) return;Flash_Count=0;Operation_Type = 3;break;
            case 3:RED_A=1;YELLOW_A=0;GREEN_A=0;
                RED_B=0;YELLOW_B=0;GREEN_B=1;
                if(++Time_Count != 100) return;Time_Count=0;Operation_Type = 4;break;
            case 4:if(++Time_Count != 8) return;
                Time_Count=0;YELLOW_B=!YELLOW_B;GREEN_B=0;
                if(++Flash_Count !=10) return;Flash_Count=0;Operation_Type = 1;break;
        }
    }
    void main(){
        TMOD = 0x01;
        IE = 0x82;
        TR0 = 1;
        while(1);
    }
```

12.3 基于 STC89C52 单片机的倒车雷达设计

本节重点介绍基于 STC89C52 单片机的倒车雷达设计，阐述了功能需求分析、设计方案、系统硬件设计、系统软件设计及仿真结果分析。

12.3.1 系统需求分析

随着社会的不断发展，汽车已经逐渐成为人们不可或缺的交通工具。但是，问题也由此显现出来。倒车时的后视问题就是其中一个非常重要的问题。在公路、街道、停车场、车库等拥挤、狭窄的地方倒车时，驾驶员既要前瞻，又要后顾，稍微不小心就会发生事故，从而造成经济损失和人员伤亡。所以，增加汽车的后视能力，研制汽车后部探测障碍物的倒车雷达便成为近些年来的研究热点。倒车雷达能够辅助司机安全倒车，解决倒车时司机的视觉盲区，提高安全性。

12.3.2 系统设计方案

1. 超声波测距方法

（1）通过单片机控制超声波模块的电平高低来实现其测距的功能，当检测到超声波模块输入信号时，单片机打开计时器计时开始，当超声波模块收到回响信号时，停止计时，再通过距离计算公式可得：d=s/2=(c×t)/2。

（2）计算距离之和，通过 STC 单片机初始化 LCD 液晶，使其显示出距离的具体数值，并判断是否在危险车距之内，如果判断得出在危险车距之内则发出报警语音，反之则只是显示。

2. 超声波原理

超声波测距的原理为超声波发生器 T 在某一时刻发出一个超声波信号，当这个超声波遇到被测物体后反射回来，就被超声波接收器 R 所接收到。这样只要计算出从发出超声波信号到接收到返回信号所用的时间，就可算出超声波发生器与反射物体的距离。距离的计算公式为：d=s/2=(c×t)/2，其中，d 为被测物与测距仪的距离，s 为声波的来回的路程，c 为声速，t 为声波来回所用的时间。

12.3.3　系统硬件设计

本实例的倒车雷达系统由 STC89C52 单片机最小系统、LCD 显示器模块、超声波收发模块、语音报警模块、温度传感器模块、按键模块和时钟芯片电路模块七部分组成。利用 STC 单片机实现对超声波和超声波转换模块的控制。单片机通过 INT0 引脚来控制超声波的发送，然后单片机不停的检测 INT0 引脚，当 INT0 引脚的电平由高电平变为低电平时就认为超声波已经返回。计数器所计的数据就是超声波所经历的时间，通过换算就可以得到传感器与障碍物之间的距离。当所测距离低于我们设定的值时，发出语音警报。另外，通过单片机时接受温度传感器传送的数据，并在 LCD 上显示出来。系统框图如图 12-6 所示。

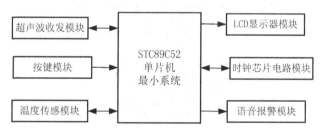

图 12-6　STC 单片机倒车雷达系统框图

通过系统框图 12-6 所示，搭建系统的硬件平台，如图 12-7 所示。

12.3.4　系统软件设计

1. 超声波倒车雷达软件程序流程图

超声波倒车雷达启动之后，先分别对定时器、中断、液晶和温度传感器进行初始化。将各个中断允许控制位打开。系统如何进入一个循环当中，在这个循环里面，系统将不断地将所读取出来的时间值、温度值和超声波处理结果经过软件转化，送往液晶当中显示。正由于不断地循环显示，所以在液晶中看到的是动态的显示，超声波倒车雷达软件程序流程图如图 12-8 所示。

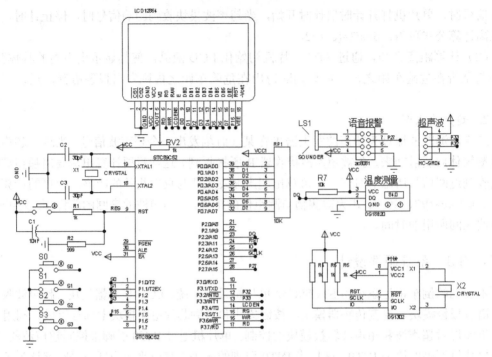

图 12-7　超声波倒车雷达电路原理图

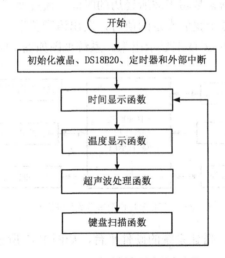

图 12-8　超声波倒车雷达程序流程图

2. 超声波倒车雷达软件程序代码

超声波倒车雷达程序主要由单片机内存外设初始化、时间处理、温度处理、超声波模块处理和键盘扫描五大部分组成。初始化主要对液晶、DS18B20、DS1302、定时器和中断进行初始化设置。时间处理部分程序主要包括时间的读取和显示。温度处理程序包括温度的处理及将处理结果送液晶显示。超声波模块处理程序包括超声波测量距离的计算及显示。按键处理程序主要包括按键扫描及调用对应按键按下时的函数。

```
#include<reg52.h>
#include<intrins.h>
```

```c
#define uint unsigned int
#define uchar unsigned char
#define LCD_data  P0                         //数据口
sbit LCD_RS = P3^5;                          //寄存器选择输入
sbit LCD_RW = P3^6;                          //液晶读/写控制
sbit LCD_EN = P3^4;                          //液晶使能控制
sbit LCD_PSB = P3^1;                         //串/并方式控制
sbit S1=P1^0;                                //按键定义
sbit S2=P1^1;
sbit S3=P1^2;
sbit S4=P1^3;
sbit DS18B20=P2^2;                           //DS18B20 的数据线
int temp1;                                   //定义温度值
uchar a,miao,shi,fen,ri,yue,nian,week,flag,temp,key1n;   //变量定义
uchar s2=0,s3=0,s4=0;
uchar nom1=0x01,nom2=0x01,nom3=0x23,nom4=0x59,nom5=0x45;//时间初始化数据
#define yh 0x80                              //第一行的初始位置
#define er 0x80+0x40                         //第二行初始位置
sbit SCLK=P2^5;                              //DS1302 相关管脚定义
sbit IO=P2^4;
sbit RST=P2^3;
sbit ACC0=ACC^0;
sbit ACC7=ACC^7;
uchar code dis1[] = {"车内: "};
uchar code dis2[] = {"℃   "};
uchar code dis3[] = {"2013-- --      "};
uchar code dis4[]={"  :   :       "};
uchar code dis5[]={"距离:              "};
uchar code dis6[]={"危险距离! "};
uchar code dis7[]={"请刹车! "};
#define delayNOP(); {_nop_();_nop_();_nop_();_nop_();};   //延时宏定义
/*****************超声波定义*********************/
sbit RX = P3^2;                              //超声波接收端
sbit TX = P3^3;                              //超声波触发端
sbit ring=P2^7;                              //语音芯片控制线
sbit GREEN=P2^0;
sbit RED=P2^1;
uint time=0;                                 //超声波往返时间
long S=0;
uchar disbuff[4]={0};                        //超声波数据显示缓存
/******************LCD12864*******************/
void delay(int ms){                          //延时函数
    while(ms--){
        uchar i;
        for(i=0;i<250;i++){
            _nop_();
            _nop_();
            _nop_();
            _nop_();
```

```
            }
        }
    }
/***检查 LCD 忙状态; lcd_busy 为 1 时, 忙, 等待; 可写指令与数据***/
bit lcd_busy(){
    bit result;
    LCD_RS = 0;
    LCD_RW = 1;
    LCD_EN = 1;
    delayNOP();
    result = (bit)(LCD_data&0x80);
    LCD_EN = 0;
    return(result);
}
/*****写指令数据到 LCD, RS=L, RW=L, E=高脉冲, D0-D7=指令码*****/
void lcd_wcmd(uchar cmd){
    while(lcd_busy());
    LCD_RS = 0;
    LCD_RW = 0;
    LCD_EN = 0;
    _nop_();
    _nop_();
    LCD_data = cmd;
    delayNOP();
    LCD_EN = 1;
    delayNOP();
    LCD_EN = 0;
}
/***** 写显示数据到 LCD, RS=H, RW=L, E=高脉冲, D0-D7=数据 *****/
    while(lcd_busy());
    LCD_RS = 1;
    LCD_RW = 0;
    LCD_EN = 0;
    LCD_data = dat;
    delayNOP();
    LCD_EN = 1;
    delayNOP();
    LCD_EN = 0;
}
/*********** LCD 初始化设定 ************/
void lcd_init(){
    LCD_PSB = 1;                          //并口方式
    lcd_wcmd(0x34);delay(5);              //扩充指令操作
    lcd_wcmd(0x30);delay(5);              //基本指令操作
    lcd_wcmd(0x0C);delay(5);              //显示开, 关光标
    lcd_wcmd(0x01);delay(5);              //清除 LCD 的显示内容
}
/***********液晶显示位置函数*********** */
void lcd_pos(uchar X,uchar Y){
    uchar pos;
    if (X==0){X=0x80;}
    else if (X==1){X=0x90;}
    else if (X==2)X=0x88;}
```

```
    {    else if (X==3)
        {X=0x98;}
        pos = X+Y;
    lcd_wcmd(pos);                      //显示地址
}
/***********DS18b20***************/
void delayb(uint count){                //延时函数
    uchar i;
    while(count){
        i=200;
        while(i>0)
            i--;
            count--;
    }
}
void DS18B20Init(void){                 //DS18B20 初始化
    uint i;
    DS18B20=0;
    i=103;
    while(i>0)i--;
    DS18B20=1;
    i=4;
    while(i>0)i--;
}
bit TempReadBit(void){                  //读一位
    uint i;
    bit dat;
    DS18B20=0;i++;                      //小延时一下
    DS18B20=1;i++;i++;
    dat=DS18B20;
    i=8;while(i>0)i--;
    return (dat);
}
uchar TempRead(void){                   //读一个字节
    uchar i,j,dat;
    dat=0;
    for(i=1;i<=8;i++){
        j=TempReadBit();
        dat=(j<<7)|(dat>>1);           //读出的数据最低位在最前面，这样刚好一个字节在 DAT 里
    }
    return(dat);                        //将一个字节数据返回
}
void TempWriteByte(uchar dat){          //写一个字节到 DS18B20 里
    uint i;
    uchar j;
    bit testb;
    for(j=1;j<=8;j++){
        testb=dat&0x01;
        dat=dat>>1;
        if(testb){                      //写 1
            DS18B20=0;
            i++;i++;
            DS18B20=1;
```

```
                        i=8;while(i>0)i--;
                    }
                    else{
                        DS18B20=0;                      //写 0
                        i=8;while(i>0)i--;
                        DS18B20=1;
                        i++;i++;
                    }
                }
        }
        void TempChange(void){                          //发送温度转换命令
            DS18B20Init();                              //初始化 DS18B20
            delayb(1);                                  //延时
            TempWriteByte(0xcc);                        //跳过序列号命令
            TempWriteByte(0x44);                        //发送温度转换命令
        }
        int GetTemp(){                                  //获得温度
            float tt;
            uchar a,b;
            DS18B20Init();
            delayb(1);
            TempWriteByte(0xcc);
            TempWriteByte(0xbe);                        //发送读取数据命令
            a=TempRead();                               //读低位
            b=TempRead();                               //读高位
            temp1=b;
            temp1<<=8;
            temp1=temp1|a;                              //两字节合成一个整型变量。
            tt=temp1*0.0625;                            //得到真实十进制温度值，因为 DS18B20 可以精确到
0.0625 度，所以读回数据的最低位代表的是 0.0625 度。
            temp1=tt*10+0.5;                            //放大十倍，这样做的目的将小数点后第一位 也转换为
可显示数字，同时进行一个四舍五入操作。
            return temp1;                               //返回温度值
        }
        void DisplayTemp(void){                         //显示温度函数
        uint i;
            uchar a,b,c;
            i = 0;
            lcd_pos(2,0);
            while(dis1[i] != '\0'){                     //显示字符
                lcd_wdat(dis1[i]);
                i++;
        }
        TempChange();
        i=GetTemp();
        a=i/100;
        lcd_pos(2,3);                                   //设置显示位置为第 3 行的第 4 个字符
        lcd_wdat(a+0x30);
        b=i/10-a*10;
        lcd_wdat(b+0x30);
        lcd_pos(2,4);
```

```
    c=i-a*100-b*10;
    lcd_wdat('.');
    lcd_wdat(c+0x30);
    i = 0;
    lcd_pos(2,5);
    while(dis2[i] != '\0'){                    //显示字符
        lcd_wdat(dis2[i]);
        i++;
    }
}
/*******************DS1302 相关函数***************/
void write_byte(uchar dat){                    //写字节函数
    ACC=dat;
    RST=1;
    for(a=8;a>0;a--){
        IO=ACC0;
        SCLK=0;
        SCLK=1;
        ACC=ACC>>1;
    }
}
uchar read_byte(){                             //读字节函数
    RST=1;
    for(a=8;a>0;a--){
        ACC7=IO;
        SCLK=1;
        SCLK=0;
        ACC=ACC>>1;
    }
    return (ACC);
}
void write_1302(uchar add,uchar dat){          //写数据进入 1302 函数
    RST=0;
    SCLK=0;
    RST=1;
    write_byte(add);
    write_byte(dat);
    SCLK=1;
    RST=0;
}
uchar read_1302(uchar add)   {                 //从 1302 里读取数据函数
    uchar temp;
    RST=0;
    SCLK=0;
    RST=1;
    write_byte(add);
    temp=read_byte();
    SCLK=1;
    RST=0;
    return(temp);
}
uchar BCD_Decimal(uchar bcd){                  //将读取数据转化成 10 进制函数
    uchar Decimal;
```

```
            Decimal=bcd>>4;
            return(Decimal=Decimal*10+(bcd&=0x0F));
    }
    void ds1302_init(){
        RST=0;
        SCLK=0;
        write_1302(0x8e,0x00);delay(5);        //控制命令，允许写操作  控制位地址是 0x8e
        write_1302(0x8c,0x13);delay(5);        //写入年份13 年
        write_1302(0x8a,0x07);delay(5);        //写入星期
        write_1302(0x88,0x06);delay(5);        //定入月分
        write_1302(0x86,0x30);delay(5);        //写入日期
        write_1302(0x84,0x23);delay(5);        //写入小时
        write_1302(0x82,0x59);delay(5);        //写入分钟
        write_1302(0x80,0x50);delay(5);        //写入秒
        write_1302(0x8e,0x80);                 //控制命令，禁止写操作
    }
    void write_sfm(uchar add,uchar dat){       //往 LCD 中写入时分秒函数
        uchar gw,sw;
        lcd_pos(1,add);
        sw=dat/10;
        lcd_wdat(0x30+sw);
        gw=dat%10;
        lcd_wdat(0x30+gw);
    }
    void write_nyr(uchar add,uchar dat){       //往 LCD 中写入年月日函数
        uchar gw,sw;
        sw=dat/10;
        lcd_pos(0,add);
        lcd_wdat(0x30+sw);
        gw=dat%10;
        lcd_wdat(0x30+gw);
    }
    void write_week(uchar week){               //往 LCD 中写入星期函数
        lcd_pos(1,6);
        switch(week){
            case 1:lcd_wdat('M');lcd_wdat('O')lcd_wdat('N');lcd_wdat(0x20);break;
            case 2:lcd_wdat('T');lcd_wdat('U');lcd_wdat('E');lcd_wdat(0x20)break;;
            case 3:lcd_wdat('W');lcd_wdat('E');lcd_wdat('N');lcd_wdat(0x20);break;
            case 4:lcd_wdat('T');lcd_wdat('H');lcd_wdat('U');lcd_wdat(0x20);break;
            case 5:lcd_wdat('F');lcd_wdat('R');lcd_wdat('I');lcd_wdat(0x20);break;
            case 6:lcd_wdat('S');lcd_wdat('A');lcd_wdat('T');lcd_wdat(0x20);break;
            case 7:lcd_wdat('S');lcd_wdat('U');lcd_wdat('N');lcd_wdat(0x20);break;
        }
    }
    /*****************************************/
    void dis_time(){                           //时间显示函数
        uint i;
        miao = BCD_Decimal(read_1302(0x81));
        fen = BCD_Decimal(read_1302(0x83));
        shi  = BCD_Decimal(read_1302(0x85));
        ri   = BCD_Decimal(read_1302(0x87));
        yue = BCD_Decimal(read_1302(0x89));
```

```
    nian=BCD_Decimal(read_1302(0x8d));
    week=BCD_Decimal(read_1302(0x8b));
     i = 0;
    lcd_pos(1,0);
    while(dis4[i] != '\0'){                    //显示字符
        lcd_wdat(dis4[i]);
        i++;
    }
    write_sfm(4,miao);
    write_sfm(2,fen);
    write_sfm(0,shi);
     i = 0;
     lcd_pos(0,0);
     while(dis3[i] != '\0'){                   //显示字符
        lcd_wdat(dis3[i]);
        i++;
    }
    write_nyr(5,ri);
    write_nyr(3,yue);
    i = 0;
    lcd_pos(0,7);
    write_week(week);
}
//**********         超声波            ********//
void chaoshengbo_conv(void){                //显示超声波数据函数
    uint i = 0;
    lcd_pos(3,0);
    while(dis5[i] != '\0'){                 //显示字符
        lcd_wdat(dis5[i]);
        i++;
    }
    if(S<200){                              //倒车报警
        ring=1;
        GREEN=1;
        RED=0;
    }
    else{
        ring=0;
    }
    if(S>8000)  {                           //如果超出测量范围
        lcd_pos( 1,0 );                     //设定起始位置，第三行第 4 列
        lcd_wdat('-');                      //显示" "
        lcd_wdat('-');                      //显示"."
        lcd_pos( 1,1 );                     //设置显示位置为第三行第五列
        lcd_wdat('-');                      //显示"-"
        lcd_wdat('-');                      //显示"-"
        cd_wdat('-');                       //显示"-"
        lcd_wdat('m');
    }
    else{                                   //如果接受正常
        GREEN=0;
            RED=1;
```

```
                    disbuff[0]=S/1000;                    //精确到 mm，所以此处单位为 m
                    disbuff[1]=(S%1000)/100;
                    disbuff[2]=(S%100)/10;
                    disbuff[3]=S%10;
                    lcd_pos( 3, 3 );
                    lcd_wdat(disbuff[0]+0x30);      //写入数据
                    lcd_wdat('.');
                    lcd_pos( 3, 4 );
                    lcd_wdat(disbuff[1]+0x30);
                    lcd_wdat(disbuff[2]+0x30);
                    lcd_wdat('m');
                    lcd_wdat(0x20);
                    lcd_wdat(0x20);
                    lcd_wdat(0x20);
                    lcd_wdat(0x20);
                    lcd_wdat(0x20);
                    lcd_wdat(0x20);
                    lcd_wdat(0x20);
        }
}
//*****************超声波时间处理*****************//
void Timer_Count(void){
    TR0=1;                          //开启计数
    while(TR0);                     //当 RX 为 1 计数并等待
    chaoshengbo_conv();             //计算
}
/***************启动超声波模块函数************/
    Void    StartModule(){          //T1 中断用来扫描数码管和计 800MS 启动模块
        TX=1;                       //800MS  启动一次模块
        _nop_(); _nop_(); _nop_(); _nop_();
        _nop_(); _nop_(); _nop_(); _nop_();
        _nop_(); _nop_(); _nop_(); _nop_();
        _nop_(); _nop_(); _nop_(); _nop_();
        _nop_(); _nop_(); _nop_(); _nop_(); _nop_();
        TX=0;
    }
void Sound(){                       //启动超声波模块
    ring=0;
    EX0=1; //启动外部中断 0;
    StartModule();                  //启动超声波模块
    while(!RX);
    Timer_Count();                  //如果接收头接收到超声波 //启动计数器进行计数
}
/*******************调整时间函数**************/
void set_S2(){    //S2 设置函数
    if(s2==1||s2==3){
        s2++;
    }
    if(s2==5){
        s2=0;
    }
    lcd_wcmd(0x90+s2);
```

```
}
void set_S3( ){                          //S3 设置函数
    if(s2==0){
        nom3=read_1302(0x85);
        nom3=(nom3/16)*10+nom3%16;
        nom3++;
        if(nom3>=24){
            nom3=0;
        }
        nom3=(nom3/10)*16+nom3%10;
        RST=0;
        SCLK=0;
        write_1302(0x8e,0x00);           //控制命令，允许写操作　控制位地址是 0x8e
        delay(5);
        write_1302(0x84,nom3);           //写入小时
        delay(5);
        write_1302(0x8e,0x80);           //控制命令，禁止写操作
        delay(5);
        dis_time();
    }
    if(s2==2){
        nom4=read_1302(0x83);
        nom4=(nom4/16)*10+nom4%16;
        nom4++;
        if(nom4>=60){
            nom4=0;
        }
        nom4=(nom4/10)*16+nom4%10;
        write_1302(0x8e,0x00);           //控制命令，允许写操作　控制位地址是 0x8e
        delay(5);
        write_1302(0x82,nom4);           //写入分钟 59 分
        delay(5);
        write_1302(0x8e,0x80);           //控制命令，禁止写操作
        delay(5);
        dis_time();
    }
    if(s2==4){
        nom5=read_1302(0x81);
        nom5=(nom5/16)*10+nom5%16;
        nom5=0;
        nom5=(nom5/10)*16+nom5%10;
        write_1302(0x8e,0x00);               //控制命令，允许写操作，控制位地址是 0x8e
        delay(5);
        write_1302(0x80,nom5);               //写入分钟
        delay(5);
        write_1302(0x8e,0x80);               //控制命令，禁止写操作
        delay(5);
        dis_time();
    }
}
void keyscan(){                          //键盘扫描函数
    if(S1==0){//按下 S1 进入调时模式
```

```
            delay(5);
            if(S1==0){
                while(!S1);
                TR1=0;
                lcd_wcmd(0x01);                      //清除 LCD 的显示内容
                while(1){
                    dis_time();
                    lcd_wcmd(0x90+s2);
                    lcd_wcmd(0x0f);                  //写入光标位置//设置光标为闪烁
                    if(S2==0){                       //光标右移一位
                        delay(5);
                        if(S2==0){
                            while(!S2);
                            s2++;
                            set_S2();
                        }
                    }
                    if(S3==0){                       //数据加
                        delay(5);
                        if(S3==0){
                            while(!S3);
                            set_S3();
                        }
                    }
                    if(S1==0){                       //按下 S1tuichu 调时模式
                        delay(5);
                        if(S1==0){
                            while(!S1);
                            lcd_wcmd(0x0C);          //显示开，关光标
                            delay(5);
                            lcd_wcmd(0x01);          //清除 LCD 的显示内容
                            delay(5);
                            TR1=1;
                            break;
                        }
                    }
                }
            }
        }
    }
}
void inint(){                                        //定时器外部中断初始化函数
    TMOD=0x19;
    TH1=0;
    TL1=0;
    TH0=0;
    TL0=0;
    EA=1;                                            //开总中断
    EX0=0;                                           //关外部中断
    IT0=1;                                           //设置为下降沿中断方式
    ET1=1;                                           //允许定时器 1 中断
    TR1=1;                                           //打开定时器 1
    TR0=0;                                           //定时器 0
```

```
        GREEN=0;
        RED=1;
}
void main(){
    inint();
    delay(10);                              //延时
    lcd_init();                             //液晶初始化
    ds1302_init();                          //DS1302 初始化
    while(1){
        DisplayTemp();                      //显示温度
        dis_time();                         //显示时间
        Sound();                            //启动超声波模块 并且显示
        keyscan();                          //键盘扫描
    }
}
void time1() interrupt 3{                   //定时器中断
}
void int0() interrupt 0 {                   //外部中断 0
    TR0=0;
    time=TH0*256+TL0;                       //计算时间
    S=0.172*time;                           //算出来是 mm  ,温度取 15°
    TH0=0;
    TL0=0;
}
```

12.4 基本 STC89C52 单片机的万年历设计

本节重点介绍基于 STC89C52 单片机的万年历设计，阐述了功能需求分析、设计方案、系统硬件设计、系统软件设计及仿真结果分析。

12.4.1 系统需求分析

美国 DALLAS 公司推出的具有涓细电流充电功能的低功耗实时时钟电路 DS1302。它可以对年、月、日、周日、时、分、秒等方面进行计时，还具有闰年补偿等多种功能，而且 DS1302 的使用寿命长，误差小。对于数字电子万年历采用直观的数字显示，可以同时显示年、月、日、周日、时、分、秒和温度等信息，还具有时间校准等功能。该电路采用 STC89C52 单片机作为核心，功耗小，能在 3V 的低压工作，电压可选用 3~5V 电压供电。

综上所述此万年历具有读取方便、显示直观、功能多样、电路简洁、成本低廉等诸多优点，符合电子仪器仪表的发展趋势，具有广阔的市场前景。

12.4.2 系统设计方案

本实例主要以 STC89S52 单片机为控制核心，外围设备包括按键模块、LCD 显示模块、时钟模块、闹钟模块、温度传感器模块等组成，如图 12-9 所示。时钟电路模块由 DS1302 提供，它是一种高性能、低功耗、带 RAM 的实时时钟电路，它可以对年、月、日、周日、时、分、秒进行计时，具有闰年补偿功能，工作电压为 2.5～5.5V。采用三线接口与 CPU 进行同步通信，并可采用突发方式一次传送多个字节的时钟信号或 RAM 数据。DS1302 内部有一个 31*8 的用于临时性存放数据的 RAM 寄存器。可产生年、月、日、周日、时、分、秒，具有使用寿命长，精度高和低功耗等特点，同时具有掉电自动保存功能；温度的采集模块由 DS18B20 构成。

为了对所有数据传送进行初始化，需要将复位脚（RST）置为高电平且将 8 位地址和命令信息装入移位寄存器。数据在时钟（SCLK）的上升沿串行输入，前 8 位指定访问地址，命令字装入移位寄存器后，在之后的时钟周期，读操作时输出数据，写操作时输入数据。时钟脉冲的个数在单字节方式下为 8+8（8 位地址+8 位数据），在多字节方式下为 8 加最多可达 248 的数据。

12.4.3 系统硬件设计

通过系统框图如图 12-9 所示，搭建系统的硬件平台如图 12-10 所示。

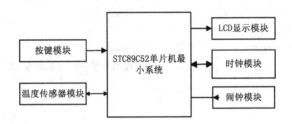

图 12-9 万年历系统框图

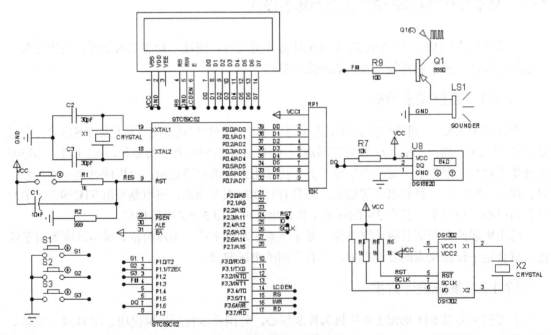

图 12-10 万年历电路原理图

12.4.4　系统软件设计

1. 系统软件程序流程图

万年历程序开始是对液晶、DS1302 模块、DS18B20 模块、定时器和外部中断进行初始化，然后进入一个循环，在循环中读取温度和时间并在液晶上显示，同时判断用户是否设置闹钟，若已设置则不断监测是否达到闹钟时间，达到则蜂鸣器响，程序流程图如图 12-11 所示。

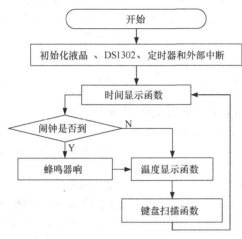

图 12-11　万年历程序流程图

2. 系统软件程序代码

万年历程序分为初始化、时间处理、温度处理和按键扫描 4 个模块。初始化部分程序主要包括定时器、中断、DS1302 模块、DS18B20 模块和液晶的初始化，时间处理部分程序主要是时间的读取和显示，温度显示部分程序主要包括温度的读取和显示。

```
#include<reg51.h>
#define uint unsigned int
#define uchar unsigned char
uchar a,b,miao,shi,fen,ri,yue,nian,week,flag,key1n,temp,miao1;
uchar shi1=12,fen1=1,miao1=0,clock=0 ;
//flag 用于读取头文件中的温度值, 和显示温度值
#define yh 0x80 //LCD 第一行的初始位置,因为 LCD1602 字符地址首位 D7 恒定为 1
#define er 0x80+0x40 //LCD 第二行初始位置（因为第二行第一个字符位置地址是 0x40）
//液晶屏的与 C51 之间的引脚连接定义（显示数据线接 C51 的 P0 口）
sbit rs=P3^5;
sbit en=P3^4;
sbit rw=P3^6; //如果硬件上 rw 接地, 就不用写这句和后面的 rw=0 了
sbit led=P2^6; //LCD 背光开关
//DS1302 时钟芯片与 C51 之间的引脚连接定义
sbit IO=P2^4;
sbit SCLK=P2^5;
sbit RST=P2^3;
sbit CLO=P1^4;
sbit ACC0=ACC^0;
sbit ACC7=ACC^7;
```

```c
sbit key1=P1^0;                          //设置键
sbit key2=P1^1;                          //加键
sbit key3=P1^2;                          //减键
sbit buzzer=P1^3;                        //蜂鸣器,通过三极管9012驱动,端口低电平响
sbit DQ=P1^6;                            //温度
/***************************************************************/
uchar code tab1[]={"20  -  -    "};      //年显示的固定字符
uchar code tab2[]={"  :  :    "};        //时间显示的固定字符
uchar code tab3[]={"  Congratulation!The New World is coming! "};   //开机动画
void delay(uint xms){                    //延时函数
    uint x,y;
    for(x=xms;x>0;x--)
    for(y=110;y>0;y--);
}
/********液晶写入指令函数与写入数据函数***************/
void write_1602com(uchar com){           //****液晶写入指令函数****
rs=0;                                    //数据/指令选择置为指令
    rw=0;                                //读写选择置为写
    P0=com;delay(1);                     //送入数据
    en=1;    delay(1);                   //拉高使能端,为制造有效的下降沿做准备
    en=0;                                //en由高变低,产生下降沿,液晶执行命令
}
void write_1602dat(uchar dat){           //***液晶写入数据函数****
    rs=1;                                //数据/指令选择置为数据
    rw=0;                                //读写选择置为写
    P0=dat;                              //送入数据
    delay(1);
    en=1;                                //en置高电平,为制造下降沿做准备
    delay(1);
    en=0;                                //en由高变低,产生下降沿,液晶执行命令
}
void lcd_init(){                         //***液晶初始化函数****
    uchar j;
    write_1602com(0x0f|0x08);
    for(a=0;a<42;a++)
        write_1602dat(tab3[a]);
        j=42;
    while(j--){
        write_1602com(0x1a);             //循环左移
        delay(700);
    }
    write_1602com(0x01);
    delay(10);
    write_1602com(0x38);                 //设置液晶工作模式,意思:16*2行显示,5*7点阵,8位
                                         //数据
    write_1602com(0x0c);                 //开显示不显示光标
    write_1602com(0x06);                 //整屏不移动,光标自动右移
    write_1602com(0x01);                 //清显示
```

```
                    /***开机动画显示hello welcome dianzizhong****/
        write_1602com(yh+1);              //日历显示固定符号从第一行第1个位置之后开始显示
        for(a=0;a<14;a++){
            write_1602dat(tab1[a]);      //向液晶屏写日历显示的固定符号部分
        }
        write_1602com(er+1);             //时间显示固定符号写入位置，从第1个位置后开始显示
        for(a=0;a<8;a++){
            write_1602dat(tab2[a]);      //写显示时间固定符号，两个冒号
        }
        write_1602com(er+0);
        write_1602dat(0x20);
    }
    /***************DS1302有关子函数*******************/
    void write_byte(uchar dat){              //写一个字节
        ACC=dat;
        RST=1;
        for(a=8;a>0;a--){
            IO=ACC0;
            SCLK=0;
            SCLK=1;
            ACC=ACC>>1;
        }
    }
    uchar read_byte( ) {                     //读一个字节
        RST=1;
        for(a=8;a>0;a--){
            ACC7=IO;
            SCLK=1;
            SCLK=0;
            ACC=ACC>>1;
        }
        return (ACC);
    }
    void write_1302(uchar add,uchar dat){    //向1302芯片写函数，指定写入地址，数据
        RST=0;
        SCLK=0;
        RST=1;
        write_byte(add);
        write_byte(dat);
        SCLK=1;
        RST=0;
    }
    uchar read_1302(uchar add) {             //从1302读数据函数，指定读取数据来源地址
        uchar temp;
        RST=0;
        SCLK=0;
        RST=1;
        write_byte(add);
        temp=read_byte();
        SCLK=1;
        RST=0;
        return(temp);
    }
```

```
    uchar BCD_Decimal(uchar bcd) {          //BCD码转十进制函数，输入BCD，返回十进制
        uchar Decimal;
        Decimal=bcd>>4;
        return(Decimal=Decimal*10+(bcd&=0x0F));
    }
    void ds1302_init( ){                    //1302芯片初始化子函数(2012-12-22,00:00:00,
week6)
        RST=0;
        SCLK=0;
        write_1302(0x8e,0x00);              //允许写，禁止写保护
        write_1302(0x80,0x00);              //向DS1302内写秒寄存器80H写入初始秒数据00
        write_1302(0x82,0x00);              //向DS1302内写分寄存器82H写入初始分数据00
        write_1302(0x84,0x00);              //向DS1302内写小时寄存器84H写入初始小时数据00
        write_1302(0x8a,0x06);              //向DS1302内写周寄存器8aH写入初始周数据6
        write_1302(0x86,0x22);              //向DS1302内写日期寄存器86H写入初始日期数据22
        write_1302(0x88,0x12);              //向DS1302内写月份寄存器88H写入初始月份数据12
        write_1302(0x8c,0x12);              //向DS1302内写年份寄存器8cH写入初始年份数据12
        write_1302(0x8e,0x80);              //打开写保护
    }
    void write_temp(uchar add,uchar dat){   //温度显示子函数，向LCD写温度数据,并指定显
示位置
        uchar gw,sw,bw;
        if(dat>=0&&dat<=128){
            gw=dat%10;                      //取得个位数字
            sw=dat%100/10;                  //取得十位数字
            bw=5;                           //取得百位数字
        }
        else{
            dat=256-dat;
            gw=dat%10;                      //取得个位数字
            sw=dat%100/10;                  //取得十位数字
            bw=-3;                          //0x30-3表示为负号
        }
        write_1602com(er+add);             //er是头文件规定的值0x80+0x40
        write_1602dat(0x30+bw);            //数字+30得到该数字的LCD1602显示码
        write_1602dat(0x30+sw);            //数字+30得到该数字的LCD1602显示码
        write_1602dat(0x30+gw);            //数字+30得到该数字的LCD1602显示码
        write_1602dat(0xdf);               //显示温度的小圆圈符号，0xdf是液晶屏字符库的该符号地
址码
        write_1602dat(0x43);               //显示"C"符号，0x43是液晶屏字符库里大写C的地址码
    }
    void delay_18B20(unsigned int i){
        while(i--);
    }
/**********ds18b20初始化函数*********************/
    void Init_DS18B20(void) {
        unsigned char x=0;
        DQ = 1;                             //DQ复位
        delay_18B20(8);                     //稍做延时
```

```
    DQ = 0;                    //单片机将 DQ 拉低
    delay_18B20(80);           //精确延时 大于 480us
    DQ = 1;                    //拉高总线
    delay_18B20(4);
    x=DQ;                      //稍做延时后 如果 x=0 则初始化成功 x=1 则初始化失败
    delay_18B20(20);
}
/***********ds10b20 读 一个字节***************/
unsigned char ReadOneChar(void){
    uchar i=0;
    uchar dat = 0;
    for (i=8;i>0;i--) {
        DQ = 0;        //给脉冲信号
        dat>>=1;
        DQ = 1;        //给脉冲信号
        if(DQ)
        dat|=0x80;
        delay_18B20(4);
    }
    return(dat);
}
/*************ds18b20 写一个字节***************/
void WriteOneChar(uchar dat){
    unsigned char i=0;
    for (i=8; i>0; i--){
        DQ = 0;
        DQ = dat&0x01;
        delay_18B20(5);
        DQ = 1;
        dat>>=1;
    }
}
/**************读取 ds18b20 当前温度***********/
uchar ReadTemp(void){
    float  val;
    uchar temp_value,value;
    unsigned char a=0;
    unsigned char b=0;
    unsigned char t=0;
    Init_DS18B20();
    WriteOneChar(0xCC);      //跳过读序号列号的操作。
    WriteOneChar(0x44);      //启动温度转换。
    delay_18B20(100);        // this message is very important
    Init_DS18B20();
    WriteOneChar(0xCC);      //跳过读序号列号的操作。
    WriteOneChar(0xBE);      //读取温度寄存器等（共可读 9 个寄存器） 前两个就是温度。
    delay_18B20(100);
    a=ReadOneChar();         //读取温度值低位。
    b=ReadOneChar();         //读取温度值高位。
    temp_value=b<<4;
    temp_value+=(a&0xf0)>>4;
    value=a&0x0f;
```

```
        val=temp_value+value;
        return(val);
    }
    //时分秒显示子函数
    void write_sfm(uchar add,uchar dat)   //向 LCD 写时分秒,有显示位置加、现示数据,两个参数
    {
        uchar gw,sw;
        gw=dat%10;                        //取得个位数字
        sw=dat/10;                        //取得十位数字
        write_1602com(er+add);            //er 是头文件规定的值 0x80+0x40
        write_1602dat(0x30+sw);           //数字+30 得到该数字的 LCD1602 显示码
        write_1602dat(0x30+gw);           //数字+30 得到该数字的 LCD1602 显示码
    }
    //年月日显示子函数
    void write_nyr(uchar add,uchar dat) {//向 LCD 写年月日,有显示位置加数、显示数据,两个
参数
        uchar gw,sw;
        gw=dat%10;                        //取得个位数字
        sw=dat/10;                        //取得十位数字
        write_1602com(yh+add);            //设定显示位置为第一个位置+add
        write_1602dat(0x30+sw);           //数字+30 得到该数字的 LCD1602 显示码
        write_1602dat(0x30+gw);           //数字+30 得到该数字的 LCD1602 显示码
    }
    void write_week(uchar week) {         //写星期函数
    write_1602com(yh+0x0c);               //星期字符的显示位置
        switch(week){
            case 1:write_1602dat('M');write_1602dat('O'); write_1602dat('N');break;
//为 1 时,显示
            case 2:write_1602dat('T');write_1602dat('U');write_1602dat('E');break;
    //为 2 时显示
            case 3:write_1602dat('W');write_1602dat('E');write_1602dat('D');break;
     //为 3 时显示
            case 4:write_1602dat('T');write_1602dat('H');write_1602dat('U');break;
    //为 4 时显示
            case 5:write_1602dat('F');write_1602dat('R');write_1602dat('I');break;
//为 5 时显示
            case 6:write_1602dat('S');write_1602dat('T');write_1602dat('A');break;
     //为 6 时显示
            case 7:write_1602dat('S');write_1602dat('U');write_1602dat('N');break;
//为 7 时显示
        }
    }
    //****************键盘扫描有关函数********************
    void keyscan(){
        if(key1==0){//--------------key1 为功能键(设置键)--------------
            delay(9);            //延时,用于消抖动
            if(key1==0){         //延时后再次确认按键按下
                buzzer=1;        //蜂鸣器短响一次
                delay(20);
                buzzer=0;
```

```
                while(!key1);
                key1n++;
                if(key1n==12)
            key1n=1;        //设置按键共有秒、分、时、星期、日、月、年、返回，8个功能循环
                switch(key1n){
                case 1: TR0=0;                              //关闭定时器
                        write_1602com(er+0x08);             //设置按键按动一次,秒位置显示
                                                                光标
                        write_1602com(0x0f);                //设置光标为闪烁
                        temp=(miao)/10*16+(miao)%10;        //秒数据写入 DS1302
                        write_1302(0x8e,0x00);
                        write_1302(0x80,0x80|temp);         //miao
                        write_1302(0x8e,0x80);break;
                case 2:  write_1602com(er+5); break;        //按2次 fen 位置显示光标
                case 3: write_1602com(er+2); break;         //按动3次, shi
                case 4: write_1602com(yh+0x0e); break;      //按动4次, week
                case 5: write_1602com(yh+0x0a); break;      //按动5次, ri
                case 6: write_1602com(yh+0x07); break;      //按动6次, yue
                case 7: write_1602com(yh+0x04); break;      //按动7次, nian
                case 8: write_1602com(er+0);write_1602dat(0x53); write_1602com
(er+0);break;
                case 9: write_1602com(er+0);write_1602dat(0x4d);write_1602com(er+0);
break;
                case 10:write_1602com(er+0);write_1602dat(0x48);write_1602com(er+0);
break;
                case 11:write_1602com(er+0);write_1602dat(0x20);
                        write_1602com(0x0c);                //按动到第8次, 设置光标不闪烁
                        TR0=1;                              //打开定时器
                        temp=(miao)/10*16+(miao)%10;
                        write_1302(0x8e,0x00);
                        write_1302(0x80,0x00|temp);  //miao 数据写入 DS1302
                        write_1302(0x8e,0x80);break;
                }
            }
        }
    //---------------------------加键 key2---------------------------
    if(key1n!=0){                                   //当 key1 按下以下。再按以下键才有效（按键次
数不等于零）
        if(key2==0){                                //上调键
        delay(10);
        if(key2==0){
        buzzer=1;delay(20);                         //蜂鸣器短响一次
            buzzer=0;
            while(!key2);
            switch(key1n){
            case 1:miao++;                          //设置键按动1次, 调秒
                if(miao==60)
                miao=0;                             //秒超过59, 再加1, 就归零
                write_sfm(0x07,miao);               //令 LCD 在正确位置显示"加"设定好的秒数
                temp=(miao)/10*16+(miao)%10; //十进制转换成 DS1302 要求的 DCB 码
```

```
                    write_1302(0x8e,0x00); //允许写，禁止写保护
              write_1302(0x80,temp); //向 DS1302 内写秒寄存器 80H 写入调整后的秒数据 BCD 码
              write_1302(0x8e,0x80); //打开写保护
              write_1602com(er+0x08);//设置液晶模式是写入数据后，光标自动右移，要指定返回
//write_1602com(0x0b);
                    break;
          case 2:fen++;
                    if(fen==60)fen=0;
                    write_sfm(0x04,fen); //令 LCD 在正确位置显示"加"设定好的分数据
                    temp=(fen)/10*16+(fen)%10;//十进制转换成 DS1302 要求的 DCB 码
                    write_1302(0x8e,0x00);//允许写，禁止写保护
                    write_1302(0x82,temp);//向 DS1302 内写分寄存器 82H 调整后的分数据 BCD 码
                    write_1302(0x8e,0x80);//打开写保护
                    write_1602com(er+5);//设置液晶模式是写入数据后，指针自动加 1，此处写回原来
的位置。
                    break;
          case 3:shi++;
                    if(shi==24)shi=0;
                    write_sfm(1,shi);//令 LCD 在正确的位置显示"加"设定好的小时数据
                    temp=(shi)/10*16+(shi)%10;//十进制转换成 DS1302 要求的 DCB 码
                    write_1302(0x8e,0x00);//允许写，禁止写保护
                    write_1302(0x84,temp);//向 DS1302 内写入调整后的小时数据 BCD 码
                    write_1302(0x8e,0x80);//打开写保护
                    write_1602com(er+2);break;//设置液晶模式是写入数据后，指针自动加1，需要光
标回位。
          case 4:week++;
                    if(week==8)week=1;
                    write_1602com(yh+0x0C);//指定'加'后的周数据显示位置
                    write_week(week);//指定周数据显示内容
                    temp=(week)/10*16+(week)%10;//十进制转换成 DS1302 要求的 DCB 码
                    write_1302(0x8e,0x00);//允许写，禁止写保护
                    write_1302(0x8a,temp);//向 DS1302 内写入调整后的周数据 BCD 码
                    write_1302(0x8e,0x80);//打开写保护
                    write_1602com(yh+0x0e);break;//因为设置液晶的模式是写入数据后，指针自动加
1，需要光标回位
          case 5:ri++;
                    switch(yue){
                        case 1:case 3:case 5:case 7:case 8:case 10:case 12:
                        if(ri>31) ri=1;break;
                        case 2:if(nian%4==0||nian%400==0)
                        {  if(ri>29) ri=1; }  else
                        {  if(ri>28) ri=1;}break;
                        case 4:case 6:case 9:case 11:ri++;
                            if(ri>30) ri=1;break;
                        }
                    write_nyr(9,ri);//令 LCD 在正确的位置显示"加"设定好的日期数据
                    temp=(ri)/10*16+(ri)%10; //十进制转换成 DS1302 要求的 DCB 码
                    write_1302(0x8e,0x00);     //允许写，禁止写保护
```

```
                    write_1302(0x86,temp);     //向 DS1302 内写入调整后的日期数据 BCD 码
                    write_1302(0x8e,0x80);//打开写保护。
                    write_1602com(yh+10);break;//
        case 6:yue++;
            switch(ri){
                    case 31:if(yue==2|yue==4|yue==6|yue==9|yue==11)   {yue++;}
                    else {if(yue>=13) yue=1;}break;
                    case 30: if(yue==2){yue++;}
                    else {if(yue>=13) yue=1;}
                    case 29:if(nian%4==0||nian%400==0)
                        {if(yue>=13) {yue=1;}}
                        else{if(yue==2){yue++;}
                        else if(yue>=13) {yue=1;}}break;
                        }
            if(yue>=13)yue=1;
            write_nyr(6,yue);//令 LCD 在正确的位置显示"加"设定好的月份数据
            temp=(yue)/10*16+(yue)%10;//十进制转换成 DS1302 要求的 DCB 码
            write_1302(0x8e,0x00);//允许写，禁止写保护
            write_1302(0x88,temp);//向 DS1302 内写入调整后的月份数据 BCD 码
            write_1302(0x8e,0x80);//打开写保护
            write_1602com(yh+7);break;//因为设置液晶的模式是写入数据后，指针自动加 1，
所以需要光标回位
        case 7:nian++;
            if(nian==100)
                    nian=0;
            write_nyr(3,nian);//令 LCD 在正确的位置显示"加"设定好的年份数据
            temp=(nian)/10*16+(nian)%10;//十进制转换成 DS1302 要求的 DCB 码
            write_1302(0x8e,0x00);//允许写，禁止写保护
            write_1302(0x8c,temp);//向 DS1302 内写入调整后的年份数据 BCD 码
            write_1302(0x8e,0x80);//打开写保护
            write_1602com(yh+4);break;//因为设置液晶的模式是写入数据后，指针自动加 1，
需要光标回位
        case 8:  write_1602com(er+8);  //设置闹钟的秒定时
            miao1++;
            if(miao1==60)miao1=0;
            write_sfm(0x07,miao1);//令 LCD 在正确位置显示"加"设定好秒的数据
            write_1602com(er+8);break;//因为设置液晶的模式是写入数据后，指针自动加 1，
在这里是写回原来的位置
        case 9:  write_1602com(er+5);  //设置闹钟的分钟定时
            fen1++;
            if(fen1==60)fen1=0;
            write_sfm(0x04,fen1);//令 LCD 在正确位置显示"加"设定好的分数据
            write_1602com(er+5);break;//因为设置液晶的模式是写入数据后，指针自动加 1，
在这里是写回原来的位置
        case 10:write_1602com(er+2);  //设置闹钟的小时定时
            shi1++;
            if(shi1==24)shi1=0;
            write_sfm(0x01,shi1);//令 LCD 在正确的位置显示"加"设定好的小时数据
            write_1602com(er+2);break;//因为设置液晶的模式是写入数据后，指针自动加 1，
```

所以需要光标回位

```
                    }
              }
        }
        //-----------------减键 key3，各句功能参照'加键'注释---------------
        if(key3==0){
              delay(10);//调延时，消抖动
        if(key3==0){
              buzzer=1;delay(20);//蜂鸣器短响一次
              buzzer=0;
        while(!key3);
              switch(key1n){
              case 1:miao--;
                          if(miao==-1)miao=59;//秒数据减到-1时自动变成 59
                    write_sfm(0x07,miao);//在 LCD 的正确位置显示改变后新的秒数
                    temp=(miao)/10*16+(miao)%10;//十进制转换成 DS1302 要求的 DCB 码
                    write_1302(0x8e,0x00); //允许写，禁止写保护
                    write_1302(0x80,temp); //向 DS1302 内写入调整后的秒数据 BCD 码
                    write_1302(0x8e,0x80); //打开写保护
                    write_1602com(er+0x08);//因为设置液晶的模式是写入数据后，指针自动加 1，在这
里是写回原来的位置
                    //write_1602com(0x0b);
                    break;
              case 2:fen--;
                          if(fen==-1)fen=59;
                    write_sfm(4,fen);
                    temp=(fen)/10*16+(fen)%10;//十进制转换成 DS1302 要求的 DCB 码
                    write_1302(0x8e,0x00);//允许写，禁止写保护
                    write_1302(0x82,temp);//向 DS1302 内写入调整后的分数据 BCD 码
                    write_1302(0x8e,0x80);//打开写保护
                    write_1602com(er+5);//因为设置液晶的模式是写入数据后，指针自动加 1，在这里
是写回原来的位置
                    break;
              case 3:shi--;
                    if(shi==-1)shi=23;
                    write_sfm(1,shi);
                    temp=(shi)/10*16+(shi)%10;//十进制转换成 DS1302 要求的 DCB 码
                    write_1302(0x8e,0x00);//允许写，禁止写保护
                    write_1302(0x84,temp);//向 DS1302 内写小时寄存器 84H 写入调整后的小时数据
BCD 码
                    write_1302(0x8e,0x80);//打开写保护
                    write_1602com(er+2);//因为设置液晶的模式是写入数据后，指针自动加 1，所以需
要光标回位
                    break;
              case 4:week--;
                    if(week==0)week=7;
                    write_1602com(yh+0x0C); //指定'加'后的周数据显示位置
                          write_week(week); //指定周数据显示内容
                          temp=(week)/10*16+(week)%10; //十进制转换成 DS1302 要求的 DCB 码
```

```
                write_1302(0x8e,0x00);  //允许写，禁止写保护
                write_1302(0x8a,temp);  //向 DS1302 内写入调整后的周数据 BCD 码
                write_1302(0x8e,0x80);    //打开写保护
                write_1602com(yh+0x0e);   //因为设置液晶的模式是写入数据后，指针自动加
1，因此需要光标回位
                break;
            case 5:ri--;
                switch(yue){
                    case 1:case 3:case 5:case 7:case 8:case 10:case 12:
                        if(ri==0) ri=31;break;
                    case 2: if(nian%4==0||nian%400==0){
                        if(ri==0) ri=29;
                        }
                        else { if(ri==0) ri=28; }break;
                     case 4:case 6:case 9:case 11:
                        if(ri==0)ri=30;break;
                }
                write_nyr(9,ri);
                temp=(ri)/10*16+(ri)%10;//十进制转换成 DS1302 要求的 DCB 码
                write_1302(0x8e,0x00);//允许写，禁止写保护
                write_1302(0x86,temp);//向 DS1302 内写日期寄存器 86H 写入调整后的日期数据
BCD 码
                write_1302(0x8e,0x80);//打开写保护
                write_1602com(yh+10);break;//因为设置液晶的模式是写入数据后，指针自动加 1,
所以需要光标回位
            case 6:yue--;
                switch(ri){
                    case 31:if(yue==2|yue==4|yue==6|yue==9|yue==11)
                        yue--;
                    else if(yue==0)yue=12;break;
                    case 30:if(yue==2){yue--;}
                    else {if(yue==0) yue=12;}
                    case 29:if(nian%4==0||nian%400==0){
                        if(yue==0) {yue=12;}}
                        else{if(yue==2){yue--;}
                        else if(yue==0) {yue=12;}}break;
                }
                if(yue==0) yue=12;
                write_nyr(6,yue);
                temp=(yue)/10*16+(yue)%10;//十进制转换成 DS1302 要求的 DCB 码
                write_1302(0x8e,0x00);//允许写，禁止写保护
                write_1302(0x88,temp);//向 DS1302 内写月份寄存器 88H 写入调整后的月份
数据 BCD 码
                write_1302(0x8e,0x80);//打开写保护
                write_1602com(yh+7);break;//因为设置液晶的模式是写入数据后，指针自动
加 1，所以需要光标回位
            case 7:nian--;
                if(nian==-1)nian=99;
                write_nyr(3,nian);
                temp=(nian)/10*16+(nian)%10;//十进制转换成 DS1302 要求的 DCB 码
```

```
            write_1302(0x8e,0x00);      //允许写，禁止写保护
            write_1302(0x8c,temp);      //向DS1302内写入调整后的年份数据BCD码
            write_1302(0x8e,0x80);      //打开写保护
            write_1602com(yh+4);break;//因为设置液晶的模式是写入数据后，指针自动加一，
所以需要光标回位
        case 8: write_1602com(er+8);  //设置闹钟的秒定时
            miao1--;
            if(miao1==-1)miao1=59;
            write_sfm(0x07,miao1);      //令LCD在正确位置显示"加"设定好秒的数据
            write_1602com(er+8);break;   //因为设置液晶的模式是写入数据后，指针自动加
一，在这里是写回原来的位置
        case 9: write_1602com(er+5);     //设置闹钟的分钟定时
            fen1--;
                if(fen1==-1)fen1=59;
            write_sfm(0x04,fen1);        //令LCD在正确位置显示"加"设定好的分数据
            write_1602com(er+5);break;   //因为设置液晶的模式是写入数据后，指针自动加
一，在这里是写回原来的位置
        case 10:write_1602com(er+2);     //设置闹钟的小时定时
            shi1--;
            if(shi1==-1)shi1=23;
            write_sfm(0x01,shi1)    ;    //令LCD在正确的位置显示"加"设定好的小时数据
            write_1602com(er+2);break;   //因为设置液晶的模式是写入数据后，指针自动加
一，所以需要光标回位
            }
        }
    }
    }
}
    //定时器0初始化程序
    void init(){                         //定时器、计数器设置函数
        TMOD=0x11;                       //指定定时/计数器的工作方式为1
        TH0=0;                           //定时器T0的高四位=0
        TL0=0;                           //定时器T0的低四位=0
        EA=1;                            //系统允许有开放的中断
        ET0=1;                           //允许T0中断
        TR0=1;                           //开启中断，启动定时器
    }
    //*******************主函数*************************
    void main(){
        buzzer=0;
        lcd_init();                      //调用液晶屏初始化子函数
        ds1302_init();                   //调用DS1302时钟的初始化子函数
        init();                          //调用定时计数器的设置子函数
        led=0;                           //打开LCD的背光电源
        buzzer=1;                        //蜂鸣器长响一次
        delay(10);
        buzzer=0;
        while(1)                         //无限循环下面的语句：
```

```
    {
        keyscan();                          //调用键盘扫描子函数
    }
}
/*************通过定时中断实现定是独处并显示数据********************/
void timer0() interrupt 1{                 //取得并显示日历和时间
    //读取秒时分周日月年七个数据（DS1302 的读寄存器与写寄存器不一样）:
    miao = BCD_Decimal(read_1302(0x81));
    fen = BCD_Decimal(read_1302(0x83));
    shi = BCD_Decimal(read_1302(0x85));
    ri = BCD_Decimal(read_1302(0x87));
    yue = BCD_Decimal(read_1302(0x89));
    nian=BCD_Decimal(read_1302(0x8d));
    week=BCD_Decimal(read_1302(0x8b));
//显示温度、秒、时、分数据:
    write_temp(11,flag);                   //显示温度，从第二行第 12 个字符后开始显示
    write_sfm(7,miao);                     //秒，从第二行第 8 个字后开始显示（调用时分秒显示子函数）
    write_sfm(4,fen);                      //分，从第二行第 5 个字符后开始显示
    write_sfm(1,shi);                      //小时，从第二行第 2 个字符后开始显示
//显示日、月、年数据:
    write_nyr(9,ri);                       //日期，从第二行第 9 个字符后开始显示
    write_nyr(6,yue);                      //月份，从第二行第 6 个字符后开始显示
    write_nyr(3,nian);                     //年，从第二行第 3 个字符后开始显示
    write_week(week);
/***********整点报时程序************/
    if(fen==0&&miao==0)
        if(shi<22&&shi>6 ){
            buzzer=1;                      //蜂鸣器短响一次
            delay(20);
            buzzer=0;
        }
/**************闹钟程序: 将暂停键按下停止蜂鸣********************/
    if(CLO==0){                            //按下 p1.3 停止蜂鸣
        clock=0; return;
    }
    if(shi1==shi&&fen1==fen&&miao1==miao)clock=1;
        if(clock==1){
        buzzer=1;delay(20);               //蜂鸣器短响一次
        buzzer=0;
        }
}
```

12.5　小结

　　本章对 STC 单片机应用系统设计实例进行阐述,重点介绍了 STC89C52 单片机最小系统,并对基于 STC89C52 单片机的智能交通灯设计、基于 STC89C52 单片机的倒车雷达设计、基于 STC89C52 单片机的万年历设计三个实例进行了系统需求分析、方案设计、硬件设计、软件设计等设计。本章内容属于综合项目型内容,希望读者好好掌握。

12.6　习题

1．简述 STC 单片机最小系统架构。

2．编写测试程序，测试整个 STC 单片机最小系统。

3．熟悉掌握 STC 单片机最小系统功能，依据实例 1，画电路图，编写程序，仿真操作一遍基于 STC89C52 单片机的智能交通灯系统，尝试采用汇编语言编程软件程序，并对其仿真进行分析。

4．熟悉掌握 STC 单片机最小系统功能，依据实例 2，画电路图，编写程序，仿真操作一遍基于 STC89C52 单片机的倒车雷达系统，尝试采用汇编语言编程软件程序，并对其仿真进行分析。

5．熟悉掌握 STC 单片机最小系统功能，依据实例 3，画电路图，编写程序，仿真操作一遍基于 STC89C52 单片机的万年历，尝试采用汇编语言编程软件程序，并对其仿真进行分析。

6．熟悉掌握 STC 单片机最小系统功能，综合 3 个实例，依据需求分析，画硬件电路图，编写软件程序，开发一种基于 STC89C52 单片机的红外遥控装置，要求通过红外遥控器控制单片机的外设，例如控制继电器开关、LED 灯开关和液晶显示屏上显示遥控数字。

第 **13** 章　实验

13.1　基础实验部分

13.1.1　实验一　数据传送

1. 实验目的

通过本次实验掌握 Keil uVision4 开发环境以及单片机汇编语言和 C 语言源程序编辑、编译、调试方式方法，熟悉单片机汇编语言指令，掌握单片机片内外存储器间数据传送的方法，用汇编语言和 C 语言编程实现单片机片内外存储器存取数据。

2. 实验要求

在本次实验前，在自己的电脑安装 Keil uVision4 以上版本的软件，根据实验内容和程序框图编写汇编语言和 C51 程序。

3. 实验器材

仿真实验：装有 Keil uVision4 以上版本软件的笔记本或台式 PC。

4. 实验内容

编写软件实现：设置单片机片内存储器存储区首地址为 30H、片外存储器存储区首地址为 3000H，存取数据字节个数 16 个，将片内存储区内容设置为 01H~10H 共 16 个字节，读取片内首地址为 30H 单元内容，将该内容传送到片外数据存储器存储区中保存，将保存在片外数据区数据依次取出送 P1。观察片内、外存储区数据变化、P1 口状态变化。

5. 程序框图

数据传送实验主程序框图如图 13-1 所示，片内数据区数据初始化子程序框图如图 13-2 所示，片内数据传送到片外数据区子程序框图如图 13-3 所示。

6. 实验步骤

（1）新建一个文件夹，用自己名字首字母-班级命名。

（2）按照教材 2.1.1 节介绍，建立一个工程，并在工程里添加用于写代码的文件，该文件名自定，但后缀名为.asm（汇编语言）或后缀名为.C（C51 程序）。

（3）对该文件进行编辑、编译、修改直到编译该源代码无错误。

（4）在 Keil 环境下 Debug 调试该程序，使用单步调试（Step)，观察寄存器（R0,R2,A,SP)

内容变换、内部数据区 30H-3FH 单元内容，片外数据区 3000H-300FH 内容以及 P1 口内容变化，或连续运行（Run)观察运行结果。

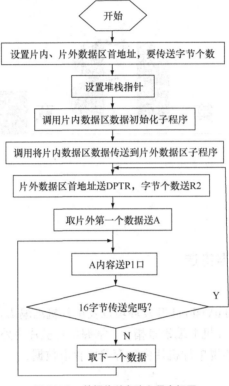

图 13-1　数据传送实验主程序框图

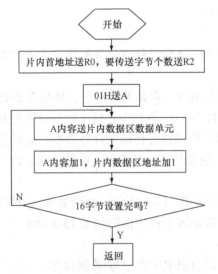

图 13-2　片内数据区数据初始化子程序框图

（5）运行结果：内部数据区 30H-3FH 单元内容为 01H-10H，片外数据区 3000H-300FH 内容为 01H-10H，P1 口循环显示 01H-10H 状态。

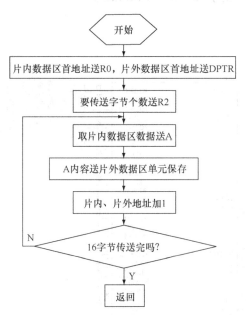

图 13-3 片内数据传送到片外数据区子程序框图

调试时注意事项：

- 打开 View，查找寄存器窗口（register windows），查找片内外数据区（memory window/Xemory），打开 Xemory 窗口，在地址处（Addres)输入：c:地址值（代码区），若输入 d: 地址值(片内数据区)，x:地址值（片外数据区），地址值为十六进制值。例如：若输入 c:0000h，则窗口内显示是首地址为 0000H 开始代码值；若输入 d:30H，则窗口内显示是片内 30H 单元开始的单元内容；若输入 x:3000H，则窗口内显示是片外数据区 3000H 单元开始单元内容。

- 打开 Peripherals，查找 I/O-Port/Port1，观察 P1 口（8 位）输出状态。

7．思考题

将片外数据区首地址为 2000H~203F 单元内容设置为 3FH~00H 数据，并将片外数据区 2000H~203FH 内容传送到片内 30H 开始连续单元中。

13.1.2 实验二 多分支实验

1．实验目的

通过本次实验掌握 Keil uVision4 和 Proteus 开发环境以及它们联机调试单片机汇编语言和 C51 源程序方式方法，熟悉单片机汇编语言指令，掌握程序散转的方法，实现程序的多分支转移。

2．实验要求

在本次实验前，在自己的电脑安装 Keil uVision4 和 Proteus7.0 以上版本的软件，使用 Proteus 软件画参考硬件原理图，如图 13-4 所示。

3．实验器材

仿真实验：装有 Keil uVision4 以及 Proteus7.0 以上版本软件的笔记本或台式 PC。

元件清单：1 个 STC89C52、1 个共阳极的七段数码管 7SEG-COM-AN-GRN，一个+5V 稳压电源。

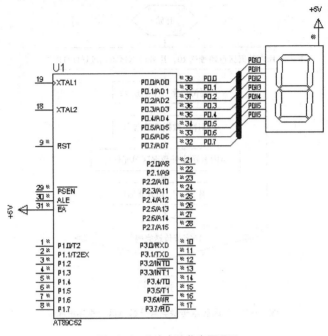

图 13-4　分支实验仿真原理图

4. 实验内容

编写软件实现：根据 STC89C52 单片机片内 30H 单元内容（00 或 01 或 02 或 03）进行散转，1 个数码管循环显示对应的数字。（为了便于观察你也可以增加一个循环，循环取分支变量，观察显示结果）

5. 分支部分程序框图

程序框图如图 13-5 所示。

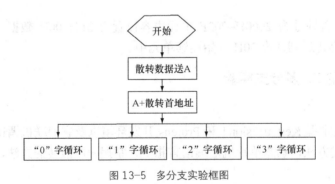

图 13-5　多分支实验框图

6. 实验步骤

（1）重复实验一的实验步骤 2 和实验步骤 3，建立本次实验的工程，并在工程加载本次实验文件（实验内容源代码），编辑、编译该文件，直到没有错误。

（2）按照教材 2.2 节介绍知识，画出图 13-4 分支实验仿真原理图。

（3）在 KEIL 环境下，调试、运行源代码。

（4）按照教材 2.3 节介绍，进行 keil μVision4 与 proteus7 Professional 的联调，在 Keil

环境，改变源代码 A 累加器内容（0~3 任意值），编辑、编译、调试、运行，观察 P0 口状态值，在 Proteus 环境下，运行程序，观察数码管显示结果。

（5）运行结果：Keil 环境下，P0 口显示 A 累加器内数字（0~3 任意值）对应的字型码（0C0H、0F9H、0A4H、0B0H 之一）。Preoteus 环境下，数码管显示 A 累加器内容。

7. 思考题

编写分支程序实现，根据 A 累加器内容变化（4~7 任意值），数码管显示对应数字。

13.1.3 实验三 外部中断与定时器/计数器中断实验

1. 实验目的

通过本次实验进一步熟悉 Keil uVision4 和 Proteus 开发环境以及它们联机调试单片机汇编语言和 C51 源程序方式方法，掌握外部中断和定时/计数器的工作原理和使用方法。

2. 实验要求

在本次实验前，使用 Proteus 软件画硬件仿真原理图如图 13-6 所示，STC89C52 的 P3.2 连接按键 K，P1.0 口连接示波器。

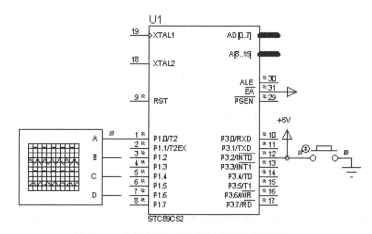

图 13-6 外部中断与定时器/计数器中断原理图

3. 实验器材

仿真实验：装有 Keil uVision4 以及 Proteus7.0 以上版本软件的笔记本或台式 PC 机

元件清单：1 个 STC89C52、1 个按键开关 BUTTON、1 个+5V 稳压电源、一个示波器。

4. 实验内容

若系统时钟频率为 6MHz，编写软件实现：按一下 K 键，产生一次外部中断 0 中断信号，启动 T1 定时，使 P1.0 输出周期为 1ms 的方波。

5. 程序框图

定时/计数器 T1 中断服务子程序框图如图 13-7 所示，外部中断 0 与定时器/计数器 T1 中断实验主程序框图如图 13-8 所示，外部中断 0 中断服务子程序框图如图 13-9 所示。

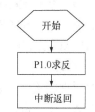

图 13-7 定时/计数器 1 中断服务子程序框图

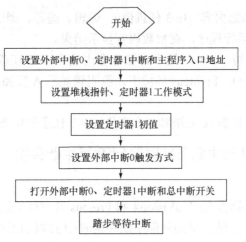

图 13-8 外部中断与定时/计数器中断主程序框图

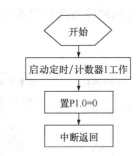

图 13-9 外部中断 0 中断服务子程序框图

13.1.4 实验四 串口双机通信

1. 实验目的

通过本次实验掌握 Keil uVision4 和 Proteus 开发环境以及它们联机调试单片机汇编语言和 C 语言源程序方式方法，熟悉单片机汇编语言指令，掌握单片机串行口通信方法。

2. 实验要求

在本次实验前，在自己的电脑安装 Keil uVision4 和 Proteus7.0 以上版本的软件，使用 Proteus 软件画参考硬件原理图，如图 13-10 所示。

3. 实验器材

仿真实验：装有 Keil uVision4 以及 Proteus7.0 以上版本软件的笔记本或台式 PC。

元件清单：2 个 STC89C52、2 个 74HC245 总线收发器、4 个 7SEG-BCD 数码管，一个 SW-SPDT-MOM 双向开关，2 个 BUTTON 按钮开关，2 个示波器，一个+5V 稳压电源。

4. 实验内容

按硬件原理图连线，编写软件实现：

假定有 A、B 两机，以方式 1 进行串行口通信，其中 A 机发送信息，B 机接收信息，双方的晶振频率 $f_{osc} = 11.0592MHz$，通信波特率为 9600。

通信协议：通信开始时，A 机首先发送一个启动信号 AA，B 机接收到后发送一个应答信号 BB 表示同意接收。

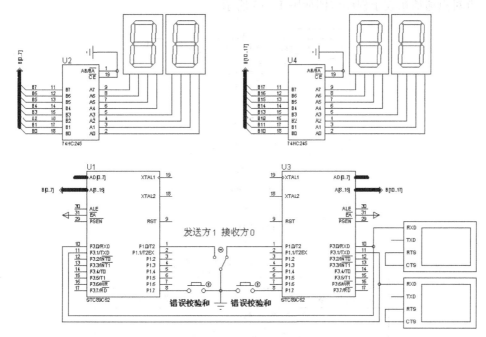

图 13-10 点对点异步通信

A 机收到 BB 后，就可以发送数据了。假定该实验发送的数据长度是 32 个字节，发送数据缓冲区为片内数据区，首地址为 30H，该数据缓冲区为 bufS，数据块发送完后要立即发送校验和，进行发送数据准确性校验。

B 机将接收到的数据存储到数据缓冲区 bufR，接收数据存放在片内数据区，接收数据首地址为片内 50H，接收数据块后，再接收 A 机发来的校验和，并将其与 B 机求出的校验和进行比较。若两者相等，说明接收正确，B 机回答 00H；若两者不等，说明不正确，B 机回答 FFH，请求重发。A 机接收到 00H，停止发送，若接收到 FFH 信号重新发送。

设计要求

（1）A、B 两机点对点的通信，该程序可以在双方机中运行，不同的是在程序运行之前，要判别 P1.0 口的输入，若 P1.0 = 1，表示该机是发送方；若 P1.0 = 0，表示该机是接收方。

（2）双方的 P1.7 为校验和控制，按钮抬起时（P1.7=1），发送方送出正确校验和，发送 1 次数据！按钮按下时（P1.7=0)，发送方送出错误校验和，则重发！

（3）发送方将发送的数据送数码管显示，接收方将接收到数据也送数码管显示。

5. 程序框图

STC89C52 单片机点对点通信主程序框图如图 13-11 所示，点对点通信发送子程序框图如图 13-12

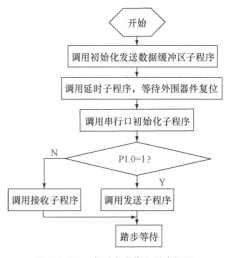

图 13-11 点对点通信主程序框图

所示。点对点通信接收子程序框图如图 13-13 所示。

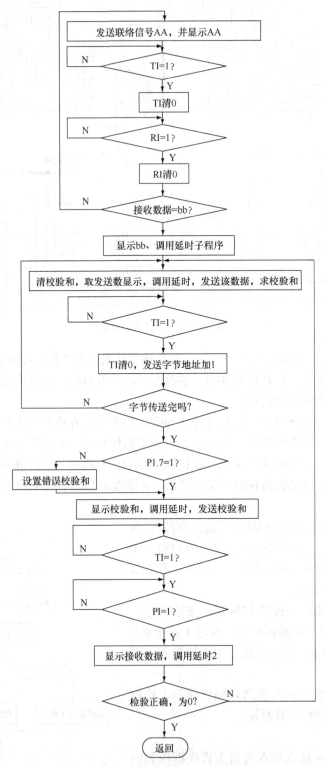

图 13-12 点对点通信发送子程序框图

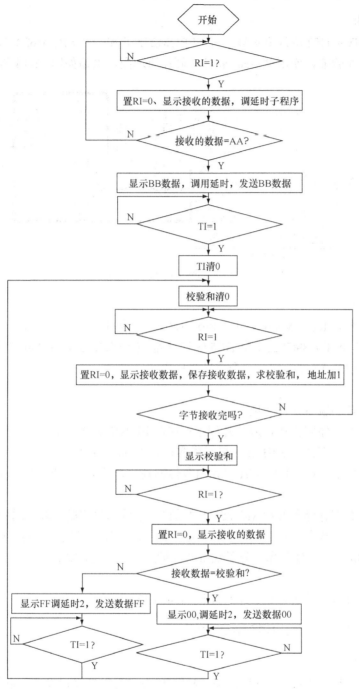

图 13-13 点对点通信接收程序框图

13.1.5 实验五 存储器扩展实验

1. 实验目的

通过本次实验进一步熟悉 Keil uVision4 和 Proteus 开发环境以及它们联机调试单片机汇编语言和 C51 源程序方式方法，掌握 STC89C52 单片机扩展外部存储器方法。

2. 实验要求

本次实验 STC89C52 单片机扩展一片 EPROM27256 和一片 SRAM62256，实现片内外数据传输。在本次实验前，使用 Proteus 软件画硬件原理图，电路如图 13-14 所示。

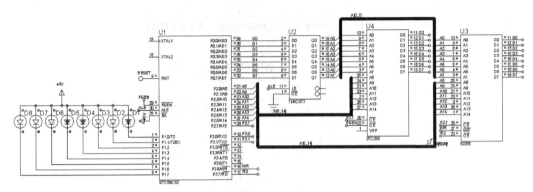

图 13-14　存储器扩展仿真电路图

3. 实验器材

仿真实验：装有 Keil uVision4 以及 Proteus7.0 以上版本软件的笔记本或台式 PC。

元件清单：1 个 STC89C52、1 个 HC573 锁存器、1 个 EPROM27C256、1 个 SRAM62256、8 个发光二极管 LED-YELLOW，一个+5V 稳压电源。

4. 实验内容

根据硬件原理图编写软件实现：

（1）将编写好程序固化在扩展片外程序存储器 EPROM27256 中。

（2）将片内数据存储区 30H-4FH 单元内容设置为 00H-1FH。

（3）将片内数据存储区 30H-4FH 单元内容传输到片外数据存储器 SRAM62256 开始的 32 个单元中。

（4）将片外数据存储器 SRAM62256 开始的 32 个单元内容循环取出送到 P1 口驱动发光二极管，二极管亮灭状态映射单元内容，对应位为"0"，该位灯亮，若为"1"灯灭，初始状态单元内容为 00H，8 个灯全亮，为了观察效果请加入适当延时程序。

5. 程序框图

单片机片内外数据传送并送显示程序框图如图 13-15 所示。

13.1.6　实验六　82C55 控制交通灯

1. 实验目的

通过本次实验进一步熟悉 Keil uVision4 和 Proteus 开发环境以及它们联机调试单片机汇编语言和 C 语言源程序方式方法，掌握 STC89C52 单片机扩展外部并行 I/O 口方法，掌握通过 8255A 并行口传输数据的方法，以控制发光二极管的亮与灭。

2. 实验要求

本次实验 STC89C52 单片机扩展一片可编程并行 I/O 口 82C55，用 8255 做输出口，控制十二个发光管亮灭，模拟交通灯管理，在本次实验前，使用 Proteus 软件画硬件原理图，电路如图 13-16 所示。

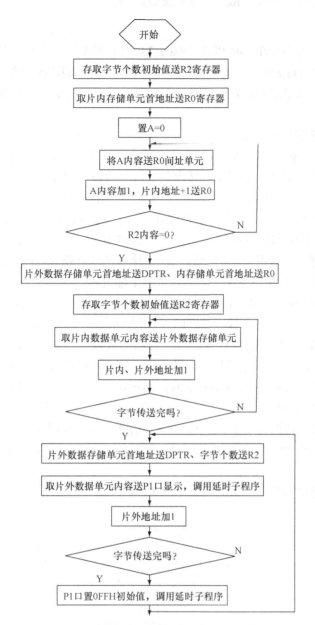

图 13-15　单片机片内外数据传送并送显示程序框图

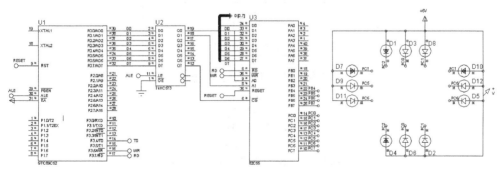

图 13-16　82C55 控制交通灯仿真电路图

3. 实验器材

仿真实验：装有 Keil uVision4 以及 Proteus7.0 以上版本软件的笔记本或台式 PC。

元件清单：1 个 STC89C52、1 个 HC573 锁存器、1 个 82C55、12 个发光二极管（4 个 LED-RED，4 个 LED-GREEN，4 个 LED-YELLOW），一个 +5V 稳压电源。

4. 实验内容

根据硬件原理图编写软件实现：

设计 1、3 方向黄绿红灯用 PC2PC1PC0 控制，2、4 方向黄绿红灯用 PC7PC6PC5 控制来模拟交通路灯的管理。要完成本实验，必须先了解交通路灯的亮灭规律，设有一个十字路口 1、3 为南北方向，2、4 为东西方向，初始状态为四个路口的红灯全亮，之后，1、3 路口的绿灯亮，2、4 路口的红灯亮，1、3 路口方向通车。延时一段时间后，1、3 路口的绿灯熄灭，而 1、3 路口的黄灯开始闪烁，闪烁若干次以后，1、3 路口红灯亮，而同时 2、4 路口的绿灯亮，2、4 路口方向通车，延时一段时间后，2、4 路口的绿灯熄灭，而黄灯开始闪烁，闪烁若干次以后，再切换到 1、3 路口方向，之后，重复上述过程。

根据交通灯亮灭规则，我们将 PC 口控制交通灯亮灭状态字列出：

- 初始状态值：红灯全亮、黄、绿灯灭，则有状态字为：110 00110B=C6H（全亮）
- 第 1 状态：1、3 路口的绿灯亮，2、4 路口的红灯亮，则有：110 00 101=C5H
- 第 2 状态：1、3 路口的绿灯灭，黄灯开始闪烁，此时 2、4 路口状态不变，则有：110 00 011=C3H 延时 110 00 111=C7H 延时，循环输入 C3H、C7H 共 8 次，闪烁 8 次
- 第 3 状态：1、3 路口红灯亮，2、4 路口的绿灯亮，则状态字为 101 00 110=A6H
- 第 4 状态：2、4 路口的绿灯熄灭，而黄灯开始闪烁，此时 1、3 路口状态不变，则有：011 00 110=66H 延时 111 00 110=E6H 延时，循环输入 66H、E6H 共 8 次，闪烁 8 次

5. 程序框图

82C55 控制交通灯实验程序框图见图 13-17。

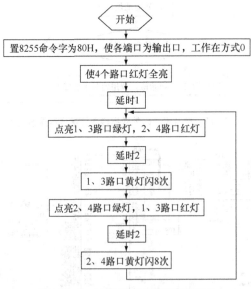

图 13-17 82C55 控制交通灯程序框图

13.1.7 实验七 键盘和显示实验

1. 实验目的

通过本次实验进一步熟悉 Keil uVision4 和 Proteus 开发环境以及它们联机调试单片机汇编语言和 C 语言源程序方式方法，掌握 STC89C52 单片机扩展可编程并行接口 82C55 方法，82C55 连接键盘和数码管，掌握扫描键盘和驱动数码管亮灭方法。

2. 实验要求

在本次实验前，使用 Proteus 软件画电路原理图，电路如图 13-18 所示。

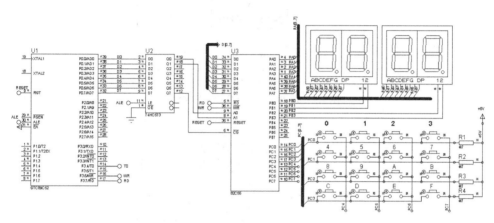

图 13-18　键盘、显示实验仿真电路图

3. 实验器材

仿真实验：装有 Keil uVision4 以及 Proteus7.0 以上版本软件的笔记本或台式 PC。

元件清单：1 个 STC89C52、1 个 HC573、1 个 82C55、2 组七段数码管 7SEG-MPX2-CA、16 个按键键盘 BUTTON、4 个 4.7K 电阻 10WATT4K7，一个 +5V 稳压电源。

4. 实验内容

根据电路原理图编写软件实现：

（1）按逐行扫描方法或反转法，编写键盘扫描子程序。

（2）编写数码管显示子程序。

（3）将从键盘输入数据送数码管显示出来。

5. 设计分析

分析图 13-18 电路 82C55 两侧知：

CPU 端：单片机数据线与 82C55 数据线相连，单片机地址线 A7 连接 82C55 片选，单片机地址线 A1A0 连接 82C55 的端口选择线 A1A0，单片机的读写线 RD、WR 与 82C55 的读写线相连。

外设端：82C55 芯片 A 口连接数码管段码端，B 口连接数码管位码端，C 口低 4 位连接键盘行线，C 口高 4 位连接键盘列线。

82C55 的 A、B、C 和控制/命令端口地址为：FF7CH、FF7DH、FF7EH、FF7FH。

6. 程序框图

方法一：逐行扫描方法，该键盘、显示实验的主程序框图如图 13-19 所示，键盘扫描子程序框图如图 13-20 所示，数码管显示子程序框图如图 13-21 所示。

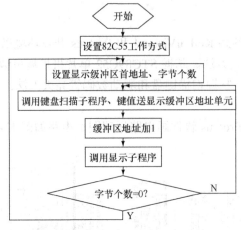

图 13-19 键盘、显示实验主程序框图

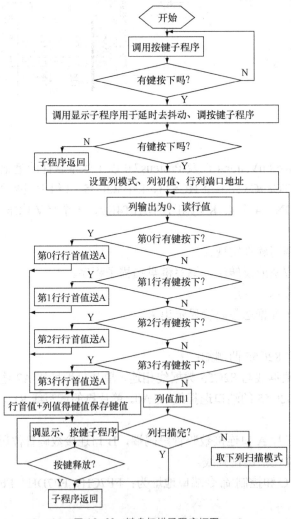

图 13-20 键盘扫描子程序框图

方法二：线反转法，PC 口低 4 位为行线，PC 口高 4 位为列线，先行线输出，读列值，然后列线输出，读行值，组合列值和行值，求反查表获得键值。

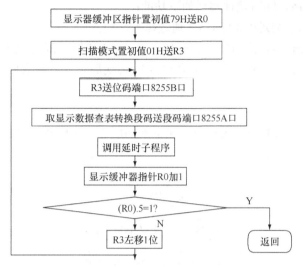

图 13-21　数码管显示子程序框图

13.1.8　实验八 A/D 转换

1. 实验目的

通过本次实验进一步熟悉 Keil uVision4 和 Proteus 开发环境以及它们联机调试单片机汇编语言和 C51 源程序方式方法，掌握 STC89C52 单片机与 ADC0809 芯片连接方法，掌握 ADC0809 芯片工作原理和使用方法。

2. 实验要求

在本次实验前，使用 Proteus 软件画 ADC0809 数据采集实验仿真原理图，电路如图 13-22 所示。

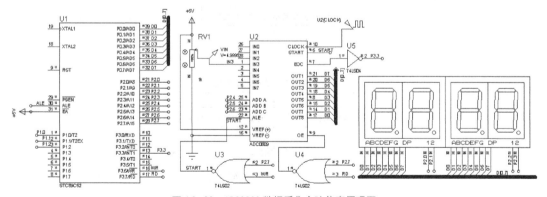

图 13-22　ADC0809 数据采集实验仿真原理图

3. 实验器材

仿真实验：装有 Keil uVision4 以及 Proteus7.0 以上版本软件的笔记本或台式 PC。

元件清单：1 个 STC89C52、1 个 ADC0809、2 组七段数码管 7SEG-MPX2-CA、一个电

位器 POT-HG、2 个或非门 74LS02，1 个与非门 74LS04。

4. 实验内容

根据图 13-22 电路。编写软件实现如下功能：

（1）上电复位启动 ADC0809 的第 3 通道模数转换。

（2）每隔 32.56ms（>转换时间）去采样 ADC0809 的第 3 通道电压值，采样值送数码管显示出来，第 1 位显示通道号，后 2 位显示 A/D 转换后十六进制数据（ADC0809 的工作频率为 500kHz）。

5. 程序框图

A/D 转换实验的单通道数据采集主程序框图如图 13-23 所示，显示格式转换子程序框图如图 13-24 所示。

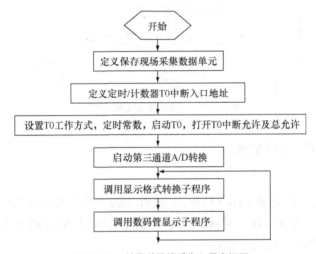

图 13-23　单通道数据采集主程序框图

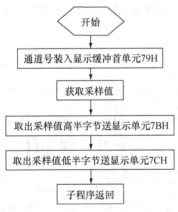

图 13-24　显示格式转换子程序

6. 实验结果

当输入电压 Vi=0V、+1.25V、+2.5V、+3.75V、+5V 时，计算 A/D 转换数字量理论值以及实际测量值。

13.1.9　实验九　D/A 转换

1. 实验目的

通过本次实验进一步熟悉 Keil uVision4 和 Proteus 开发环境以及它们联机调试单片机汇编语言和 C 语言源程序方式方法，掌握 STC89C52 单片机与 DAC0832 芯片连接方法，掌握 DAC0832 芯片工作原理和使用方法。

2. 实验要求

在本次实验前，使用 Proteus 软件画 D/A 转换实验仿真原理图，电路如图 13-25 所示。

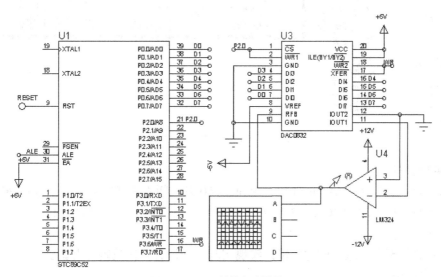

图 13-25　D/A 转换实验原理图

3. 实验器材

仿真实验：装有 Keil uVision4 以及 Proteus7.0 以上版本软件的笔记本或台式 PC。

元件清单：1 个 STC89C52、1 个 DAC0832、1 个 LM324、一个示波器、1 个 +5V 稳压电源、1 个 +12V 稳压电源和 1 个 -12 稳压电源。

4. 实验内容

根据实验原理图，编写软件实现：在 DAC0832 工作在单缓冲方式下，用示波器观察 DAC0832 输出矩形波。

设计分析：根据实验原理图知：DAC0832 片选信号 $\overline{CS}$ 和 $\overline{WR}$1 线与和单片机的 P2.0 相连，DAC0832 的 $\overline{WR}$2 和 $\overline{XFER}$ 线与和单片机写信号（P3.6）相连，DAC0832 的 ILE 直接接 +5V，可知 DAC0832 工作在单缓冲方式，DAC0832 片选地址为 FE00H。

13.1.10　实验十　实时时钟

1. 实验目的

通过本次实验进一步熟悉 Keil uVision4 和 Proteus 开发环境以及它们联机调试单片机汇编语言和 C 语言源程序方式方法，掌握 STC89C52 单片机与数码管连接方法，掌握实时时钟设计方法。

2．实验要求

在本次实验前，使用 Proteus 软件画 实时时钟实验仿真原理图，电路如图 13-26 所示。

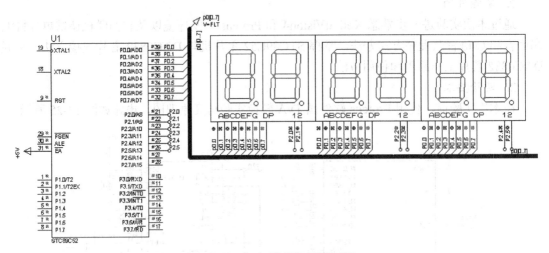

图 13-26　实时时钟仿真电路原理图

3．实验器材

仿真实验：装有 Keil uVision4 以及 Proteus7.0 以上版本软件的笔记本或台式 PC。

元件清单：1 个 STC89C52、3 组 7SEG-MPX2-CA、1 个+5V 稳压电源、

4．实验内容

根据实验原理图，编写软件实现：实现实时时钟计时并在数码管上显示。

5．程序框图

（1）汇编编程设计分析：最小计时单位是秒，如何获得 1s 的定时时间呢？从前面介绍知，定时器方式 1，最大定时时间也只能 131ms。可将定时器的定时时间定为 100ms，中断方式进行溢出次数的累计，计满 10 次，即得秒计时。而计数 10 次可用循环程序的方法实现。初值的计算如例题 6-2。片内 RAM 规定 3 个单元为 42H："秒"单元；41H："分"单元；40H："时"单元

主程序框图如图 13-27 所示，实时时钟中断服务子程序框图如图 13-28 所示。

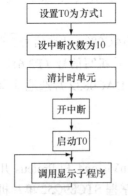

图 13-27　实时时钟主程序框图

（2）C51 编程设计分析：使用定时器 T0，工作方式 2，晶振频率为 12MHz，机器周期为 1μs，定时 250μs，定时初值 N，$(2^8-N)\times1\mu s=250\mu s$，N=06

计数初值 count，1 秒内有多少个 250μs，count=1S/250μs=1000000/250=4000 即定时 250μs 产生一次定时溢出中断，中断 4000 次，产生 1S。

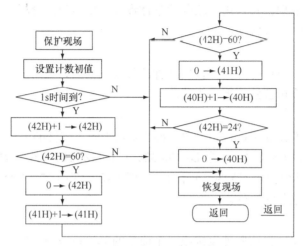

图 13-28 实时时钟中断服务子程序框图

13.2 单片机课程设计

13.2.1 自动交通管理系统

1. 设计目的

利用所学单片机的理论知识进行软硬件整体设计，培养学生分析、解决问题的能力，锻炼学生理论联系实际、综合应用的能力。

2. 设计内容

设计用单片机控制的十字路口交通灯及撞红灯报警控制系统，并实现这些功能。

3. 设备和器材

仿真实验：装有 Keil uVision4 以及 Proteus7.0 以上版本软件的笔记本或台式 PC。

元件清单：1 个 STC89C52、1 个 HC573 锁存器、1 个 82C55、12 个发光二极管（4 个 LED-RED，4 个 LED-GREEN，4 个 LED-YELLOW），一个 ADC0809、一个电位器 POT-HG、2 个或非门 74LS02，1 个与非门 74LS04，一个三极管 2N1711，3 个电阻 10WATT，一个喇叭 BUZZER、1 组七段数码管 7SEG-MPX2-CA、一个+5V 稳压电源，根据需要自选其他元件。

4. 设计要求

用红、绿、黄三支共两组发光二极管表示交通信号灯，利用单片机模拟有时间显示的定时交通信号灯控制管理。信号灯的变化规律可如下：

（1）放行线：绿灯亮放行 25 秒，黄灯亮警告 5 秒，然后红灯亮禁止。

（2）禁示线：红灯亮禁止 30 秒，然后绿灯亮放行。

（3）当某一方向的红灯亮时，若该方向有车通过，则用扬声器声报警。（撞红灯信号可用

3~5V 模拟量表示），同时用 2 位数码管进行 30 秒钟递减时间显示，（1 秒要用定时器产生）。

13.2.2　基于单片机的函数发生器设计和开发

1. 设计目的

利用所学单片机的理论知识进行软硬件整体设计，培养学生分析、解决问题的能力，锻炼学生理论联系实际、综合应用的能力。

2. 设计内容

以单片机为基础，设计并开发能输出多种波形（正弦波、三角波、锯齿波、脉冲波、梯形波等）且频率、幅度可调的波形发生器。

3. 设备和器材

仿真实验：装有 Keil uVision4 以及 Proteus7.0 以上版本软件的笔记本或台式 PC。

元件清单：1 个 STC89C52、1 个 DAC0832、1 个 LM324、1 个+12V 稳压电源、1 个-12 稳压电源、16 个按键键盘 BUTTON、4 个 4.7K 电阻 10WATT4K7、1 个+5V 稳压电源、一个示波器，根据需要自选其它元件。

4. 设计要求

（1）设计接口电路，将这些外设构成一个简单的单片机应用系统，画出接口的连接图。

（2）编写软件实现下列控制：

- 能输出正弦波、三角波、锯齿波、脉冲波、梯形波。
- 能根据键盘命令或开关进行波形切换。
- 能根据键盘命令或开关对输出波形的频率、幅度进行控制调节。

13.2.3　数字温度仪设计

1. 设计目的

利用所学单片机的理论知识进行软硬件整体设计，培养学生分析、解决问题的能力，锻炼学生理论联系实际、综合应用的能力。

2. 设计内容

利用数字温度传感器 DS18B20 或 DS1621 与单片机结合来测量温度。

3. 设备和器材

仿真实验：装有 Keil uVision4 以及 Proteus7.0 以上版本软件的笔记本或台式 PC。

元件清单：1 个 STC89C52、3 组七段数码管 7SEG-MPX2-CA、1 个数字温度传感器 DS1621、或 DS18B20、一个三极管 2N1711，3 个电阻 10WATT，一个喇叭 BUZZER、一个+5V 稳压电源，根据需要自选其他元件。

4. 设计要求

（1）利用数字温度传感器 DS18B20 或 DS1621 测量温度信号，测量值在数码管或 LCD 显示屏上显示相应的温度值。其温度测量范围为-55～-125℃，精确到 0.5℃。

（2）本温度仪属于多功能温度仪，可以设置上下报警温度，当温度不在设置范围内时，可以报警。

（3）数字温度仪所测量的温度采用数字显示，还可以用串口发送数据到 PC 并将实时采集温度值在显示器上显示。

13.2.4 简易家电定时控制仪

1. 实验目的

利用所学单片机的理论知识进行软硬件整体设计，培养学生分析、解决问题的能力，锻炼学生理论联系实际、综合应用的能力。

2. 设计内容

在单片机系统上实现对简易家电（至少 2 个）定时控制功能。

3. 设备和器材

仿真实验：装有 Keil uVision4 以及 Proteus7.0 以上版本软件的笔记本或台式 PC。

元件清单：1 个 STC89C52、3 组七段数码管 7SEG-MPX2-CA、6 个发光二极管（2 个 LED-RED，2 个 LED-GREEN，2 个 LED-YELLOW）、一个三极管 2N1711，3 个电阻 10WATT，一个喇叭 BUZZER、一个+5V 稳压电源，根据需要自选其他元件。

4. 设计要求

（1）对家电的启动进行预先定时设置，能设置并显示预设时间；

（2）对家电的工作时间预先定时设置，能设置并显示工作时间的长短；

（3）设置好家电开启和工作时间后，绿色发光二极管点亮，家电启动后，黄色发光二极管点亮。

（4）工作时间到了后，并能声音报警且红色发光二极管点亮。

（5）该控制仪还可以作为钟表用。

例如：

电饭煲定时控制：电饭煲做饭（启动）时间为 11：30，工作时间为 30 分钟停止。

空调定时控制：空调打开（启动）时间为 18：00，工作时间为 2 小时 30 分停止。

作为钟表：六个数码管分别显示时、分、秒。

单片机开发板是通过 PL2303 与 STC89C52 进行连接，其原理图如附图 1-1 所示，通过 PL2303 芯片的 TXD 与 RXD 分别与 STC89C52 单片机的 TXD 和 RXD 进行连接.

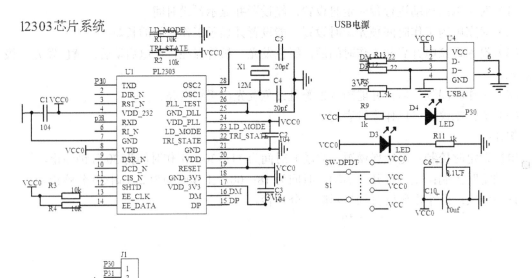

附图 1-1　　pl2303 与单片机连接原理图

1．电脑上安装 USB 驱动程序（从宏晶科技官方网站 www.STCMCU.com 查找 PL2303USB 接口驱动程序），如附图 1-2 所示。

2．驱动安装完成后，把开发板连接到电脑上，从电脑设备管理器处，检查 USB 的 COM 端口号，附如图 1-3 所示。

3．打开烧录程序，出现如附图 1-4 所示的界面（从宏晶科技官方网站 www.STCMCU.com，下载 STC-ISP.exe 烧写程序软件）。

4．选择正确的单片机型号（单片机上的第一行字即是型号），左键单击下拉箭头界面如附图 1-5 所示，选择 STC89C52。

附图 1-2　pl2303 驱动软件安装

附图 1-3　显示当前端口

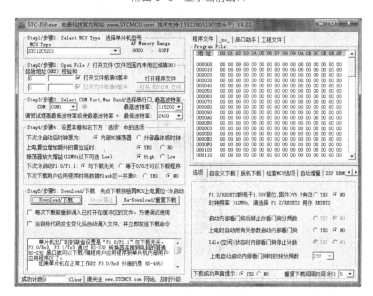

附图 1-4　打开程序界面

附图 1-5 选择端口

5. 选择需要烧到单片机的程序，鼠标左键单击 Open File ，如附图 1-6 所示。

附图 1-6 打开烧录文件

6. 选择串口模式，因为开始 USB 的串口为 COM1，顾此时同样选择 COM1 端口，如附图 1-7 所示。

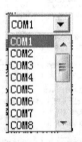

附图 1-7 选择端口

7. 单击 Download/下载 ，开始下载程序，要确保此前开发板的电源没有打开，然后给开发板上电，开发板开始下载程序，成功下载后出现如附图 1-8 所示界面。

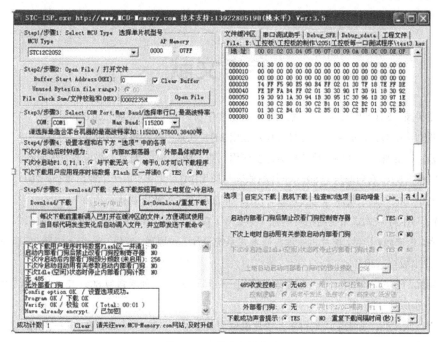

附图 1-8　程序下载成功

参考文献

[1] 宏晶科技. STC89C51RC/RD+系列单片机器件手册. http://www.stcmcu.com.

[2] 张毅刚，彭喜元，彭宇. 单片机原理及应用[M]. 北京：高等教育出版社，2003.

[3] 张毅刚，彭喜元，彭宇. 单片机原理及应用（第二版）[M]. 北京：高等教育出版社，2010.

[4] 丁向荣. STC 系列增强型 8051 单片机原理与应用[M]. 北京：电子工业出版社，2011.

[5] 王光学. 嵌入式系统原理与应用设计[M]. 北京：电子工业出版社，2013.

[6] 邱铁. ARM 嵌入式系统结构与编程（第 2 版）[M]. 北京：清华大学出版社，2013.

[7] 张齐，朱宁西，毕盛. 单片机原理与嵌入式系统设计——原理、应用、Proteus 仿真、实验设计[M]. 北京：电子工业出版社，2011.

[8] 朱兆优，陈坚，邓文娟. 单片机原理与应用——基于 STC 系列增强型 8051 单片机（第二版）[M]. 北京：电子工业出版社，2012.

[9] 林立，张俊亮，曹旭东，刘得军. 单片机原理及应用——基于 Proteus 和 Keil C[M]. 北京：电子工业出版社，2012.

[10] 李群芳，肖看. 单片机原理、接口及应用——嵌入式系统技术基础[M]. 北京：清华大学出版社，2005.

[11] Texas Instruments Incorporated. TLC2543 12-Bit Analog-to-Digital Converters With Serial Control and 11 Analog Inputs. http://www.ti.com.

[12] Dallas Semiconductor. DS18B20 Programmable Resolution 1-Wire Digital Thermometer. http://www.dalsemi.com.

[13] Dallas Semiconductor. DS1621 Digital Thermometer and Thermostat. http://www.dalsemi.com.